CRAFT SPIRITS

SCHIEDAM

Eric Grossman

クラフトスピリッツ

エリック・グロスマン 著

柴田書店

Original Title: Craft Spirits

Japanese translation rights arranged with
Dorling Kindersley Limited,London
through Fortuna Co., Ltd. Tokyo.
For sale in Japanese territory only.

Printed and bound in China

翻訳

清宮真理／平林 祥

初版印刷　2018年1月5日
初版発行　2018年1月20日
著者　エリック・グロスマン
発行人　土肥大介
発行所　株式会社柴田書店
〒113-8477
東京都文京区湯島3-26-9　イヤサカビル
営業部　03-5816-8282［注文・問合せ］
書籍編集部　03-5816-8260
URL　http://www.shibatashoten.co.jp/
ISBN 978-4-388-35352-1

本書は2016年に初版刊行された『Craft Spirits』を
日本語に翻訳して刊行した書籍です。
写真や図版は原書と同じもので、
掲載情報は原書の内容を翻訳したものです。

A WORLD OF IDEAS: See All There is to Know

www.dk.com

Contents

はじめに 6

スピリッツを知る 8

VODKA ウオッカ 30
クラフトスピリッツAtoZ 32
蒸溜所探訪 ハンガー1ウオッカ 40
ミックスアップ 50
ウオッカにインフューズ 50
ブラッディ・メアリー 52
コスモポリタン 54
モスコミュール 56
ホワイト・ルシアン 58

GIN ジン 60
クラフトスピリッツAtoZ 62
蒸溜所探訪 セイクレッド・ジン 70
ミックスアップ 80
ジンにインフューズ 80
マティーニ 82
フレンチ 75 84
ギムレット 86
ジン・フィズ 88
ジン・スリング 90

WHISKY, BOURBON, AND RYE
ウイスキー、バーボン、ライ 92
クラフトスピリッツAtoZ 94
蒸溜所探訪 ハドソン・ベイビー・バーボン 100
ミックスアップ 112
ウイスキー、バーボン、ライにインフューズ 112
ミント・ジュレップ 114
サゼラック 116
マンハッタン 118
オールド・ファッションド 120
ブラッド・アンド・サンド 122

RUM ラム 124
クラフトスピリッツAtoZ 126
蒸溜所探訪 クレマンVSOP 132
ミックスアップ 142
ラムにインフューズ 142
ダイキリ 144
ハリケーン 146
モヒート 148
ラム&ジンジャー 150
マイタイ 152

BRANDY AND COGNAC
ブランデー、コニャック 154
クラフトスピリッツAtoZ 156
蒸溜所探訪 グロスペランXO フィーヌ・シャンパーニュ 160
ミックスアップ 166
ブランデー、コニャックにインフューズ 166
サイドカー 168
ヴュー・カレ 170
ピスコ・サワー 172
コープス・リバイバー No.1 174

AGAVE SPIRITS アガベスピリッツ 176
クラフトスピリッツAtoZ 178
ミックスアップ 184
アガベスピリッツにインフューズ 184
マルガリータ 186
パロマ 188

ABSINTHE, BAIJIU, AND MORE
アブサン、白酒、焼酎ほか 190
クラフトスピリッツAtoZ 192
蒸溜所探訪 ジャド1901アブサン・シュペリウール 198
蒸溜所探訪 美鶴乃舞 204
ミックスアップ 210
アブサン、白酒、焼酎ほかにインフューズ 210
カイピリーニャ 212
ネグローニ 214
アブサン・フラッペ 216

索引 218

DTPデザイン 矢内 里 編集 木村真季/池本恵子

Introduction

はじめに | 本書に登場するのは、世界中から厳選された最上のクラフトスピリッツ。注目すべき造り手、試してみたいスピリッツ、習得するべきカクテルテクニックを紹介する。どのボトルにもそれぞれの物語があり、「クラフト」の称号にふさわしい情熱と細部へのこだわりをもって造られている。

クラフトスピリッツとは何か？

クラフトスピリッツを定義付けることは、いろいろな意味でむずかしい。まず、蒸溜所が何を製造し、商品化したスピリッツをどう販売するかを規制する公的機関がほとんどない。たとえばコニャックのように、保護機関によって品質管理されているスピリッツも一部にはあるが、造り手が「クラフト」の厳密な意味を説明することも、その製品に関する重要な情報を開示することもなく「クラフトスピリッツ」を名乗っているケースもある。

本書には、たくさんありすぎてどれを選んでいいかわからないという読者のガイドとなるべく、世界中から厳選した約250本のトップクラスのクラフトスピリッツを掲載している。スタイルもアプローチも、ひとつとして同じスピリッツはない。すべてに共通しているのは、細部と品質にこだわりをもつ真摯な造り手と、比類なき1本を世に届けたいという明確なフィロソフィだ。

規模の問題

ほとんどの場合、クラフトディスティラリー（手造り志向の蒸溜所）は小規模でごく少量の最高品質のスピリッツを生産するところから始め、やがて熱心なファンを獲得するという道のりをたどる。そして、そうこうするうちに、ファンの希望に応えるために規模を拡大し、増産すべきかどうかという問題に直面する。最高のスピリッツを造るには、厳しい管理のもとで限定生産するしかないと考える人もいる。多くの造り手は、需要を満たすことと、バッチごとに（生産単位ごとに）一貫した品質を保つことをどう両立させるかという課題に取り組むことになる。しかし、蒸溜所の規模がどうであれ、それぞれのマスターディスティラーやマスターブレンダーがつねに安定した品質のスピリッツを造ろうと努力していることには違いない。

こうした理由から、本書では、品質管理のために少量生産にこ

だわる、小規模、かつ新興の蒸溜所の製品を多く取り上げた。一方で、より歴史のある中規模のクラフトディスティラリーの製品もいくつか含まれている。後者は需要を満たすために規模の拡大を決断したわけだが、品質に妥協することなく、独自の個性をもつ製品造りを続けている。

ピープル・パワー

本書に掲載されたすべてのスピリッツの背後には人がいる。造り手や所有者が不明なスピリッツは除外した。本書で取り上げた蒸溜所の大部分は完全独立系で、製造過程をすべて独自にコントロールしている。一方で、大企業に買収されはしたものの、創業当初からの製法と品質を維持している蒸溜所も少数だが掲載した。完全独立系でなければ真の「クラフト」たりえないと考える人もいるが、クラフトスピリッツの先導者の多くが、大きな企業の経済的・知的支援を得る機会を利用して、さらなる革新と実験の道を進んでいるのもまた事実だ。

製造工程へのこだわり

クラフトスピリッツの造り手に共通する、品質への強い責任とこだわり。それは、さまざまな工程で異なる形となって現れる。多くの造り手が採用しているのが、昔から続く、手間暇のかかる伝統製法だ。彼らはけっして、効率や近道のために大切なビジョンや信念を曲げたりはしない。材料の粉砕や浸漬など、大きな蒸溜所ではオートメーション化されている工程も、多くの場合は手作業で行なわれる。また、地元産の材料を活用することで、コミュニティと持続可能性を支援する「ファーム・トゥ・ボトル」の精神を掲げる造り手も多い。

ぜひとも本書をガイドに、世界各地で尊敬を集めるスピリッツの造り手を発見していただきたい。そして、驚くべきおいしさのインフュージョンをつくり、あなた自身のシグネチャーカクテルへと結びつける術を見つけられんことを！　乾杯！

クラフトスピリッツとは何か？　その製造方法とは？　本章では、アルコールの起源に始まり、世界各地の革新者や先駆者がいかにしてスピリッツ業界を**揺さぶり**、現代のクラフトスピリッツ**革命**を起こすに至ったかを紹介する。多数の受賞歴を誇る、あるいは謎めいた未知のスピリッツの秘密を発見しよう。そして造り手が最高の製品を造るためにどのようにしてスピリッツを**蒸溜し、ブレンドし、熟成する**のかを知ろう。さらに、テイスティングから、美しいサーブの方法、インフュージョンまで、専門家のアドバイスに満ちた本章をガイドに、スピリッツを知り、飲むことを**楽しんで**いただければ幸いだ。

GETTING IN THE SPIRIT

スピリッツを知る

Distilling: a Potted History

蒸溜をめぐる歴史 | 蒸溜(distillation)の語源は、「滴り落ちる」という意味をもつラテン語「de-stillare」にある。蒸発と凝縮を通して液体を分離するプロセスのことを蒸溜という。明確な起源は定かではないが、エジプト、中国、メソポタミアに残された証拠により、紀元前2000年にはすでに蒸溜が行なわれていたと研究者らは考えている。

昔と今

蒸溜は、発酵させた材料からアルコールを分離する単純なプロセスで、当初は医療目的で活用されていた。今日でも、基本的なプロセスはほとんど変わらない。スピリッツの造り手は、アルコール度数の低い発酵体を蒸溜し、気化したアルコール蒸気をそれぞれの望むスピリッツになるよう操作し、液化する。

世紀の移り変わりとともに出現したさまざまな技術革新は、蒸溜にさらなる効率と専門化をもたらし、果たして、美酒で喉を潤したい人々の期待に応えるユニークなスピリッツが創り出されている。

紀元前

2100

初めて蒸溜酒が造られたのは、中国の夏王朝(紀元前2100〜1600年)だったとする説がある。言い伝えによれば、杜康(とこう)が切り株の空洞でモロコシ(高粱)の種を加熱したのが最初の蒸溜酒だとか。中国では、酒は「歴史の水」と呼ばれ、中国史の各時代をスピリッツの物語でたどることができる。

800

紀元前800年頃には、アジア全域で原始的な形態の蒸溜酒が造られていた。コーカサスでは、ケフィアを原料とした「エスコウ(Skhou)」と呼ばれるスピリッツが、インドではヤシ樹液や米を糖蜜と合わせた「アラック」が飲まれていた。

300

紀元前400〜300年頃、アリストテレスは次のように書き残し、スピリッツの存在を示唆した。「海水を蒸溜すれば飲める水になる。ワインやその他の液体にも同様の作用を施せる」。

紀元

200

アランビック蒸溜器は、200〜300年頃のエジプトで、錬金術師の「パノポリスのゾシモス」とその妹テオセビアにより発明されたという説が有力。この2人はその後も複数の蒸溜器と還流冷却器を考案したとされる。

800

蒸溜に関する科学的な研究として残る最古の記録がこの時代のもの。ジャービル・イブン=ハイヤーン(別名ゲベルス)やムハンマド・イブン・ザカリーヤー・アル・ラーズィー(別名ラーゼス)ら、ペルシャの錬金術師や科学者たちが蒸溜技術の進歩に大きく貢献した。

1100

世界初の医学校、イタリアのサレルノ医科大学にてアルコールの蒸溜実験が行なわれた記録が残されている。

銅製ポットスチル

最初の銅製ポットスチルが造られたのは西暦200年頃。現在までそのデザインはほとんど変わっていない。

大事なムーンシャイン（違法の密造酒）を見せる２人のアメリカ人男性。1920年代のニューヨークにて。

1700年代、ロンドンでのジン消費量の増加に、英国議会はその規制を目的とする法令を5つも通過させた。

1250

中世フィレンツェの科学者タッデオ・アルデロッティは1250年、初の分別蒸溜を行なった。その結果、アルデロッティは「生命の水（Aqua Vitae）」が製造されたと記述したほか、コイルを冷水に浸けて蒸気を凝縮するプロセスに関しても初めて書き残している。

1500

ドイツ人外科医ヒエロニムス・ブルンシュヴィヒが、蒸溜技術に関する初の専門書『Liber de arte distillandi de simplicibus（真正蒸溜法）』を出版。多くの医師や錬金術師が蒸溜に関心を抱くきっかけをつくった。

1500s

以前から造られてはいたが、西洋のスピリッツとしては初めてブランデー（オランダ語で焼いたワインを意味するBrandewijn〔ブランデウェイン〕が語源）の商品化を目的とした蒸溜が開始。ヨーロッパ全域で広く売買されるようになる。

1600s

生産と流通が拡大する中で、それ以前は医療用に限られていたスピリッツの消費に変化が見られた時代。英国議会はスピリッツに穀物の使用を奨励する法案を可決。1733年には、ロンドン一帯で3800万リットルを超える量のジンが製造されていた。

1800s

独立後のアメリカ合衆国で、トウモロコシという余剰農産物のおかげでスピリッツの生産が拡大。スピリッツはアメリカ人の暮らしの重要な一部となり、1820年代にはアメリカ国民1人当たりの年間アルコール摂取量は32リットルを記録した。

1900s

クロマトグラフィー分析法やブレンディング、インフュージョンといった分野で重要な進歩が見られた時代。造り手は、より洗練された手法でバランスのとれたスピリッツを造ることが可能になった。アメリカでは禁酒法が制定される。

アメリカ合衆国における禁酒法

1920～1933年にかけて、アメリカ合衆国ではアルコール飲料の製造、販売、輸入、流通を禁止する禁酒法が施行された。大きな蒸溜所も大部分が閉鎖を余儀なくされ、一方で人々は違法な密造酒を造り始めた。そのアルコール度数の高さから、密造酒はワインやビールよりも人気を博すようになった。禁酒法時代からほぼ１世紀近くが過ぎた現在でも、禁酒法はアメリカの蒸溜所の製品造りに影響を与えている。また、本書にも登場する通り、「禁酒法時代スタイル」のカクテルは、世界中のバーの定番ともなっている。

禁酒法時代のアメリカでは、蒸溜所の抜き打ち検査が定期的に行なわれた。

Talking 'bout a Revolution

クラフトスピリッツという革命｜品質と原産地にどこまでもこだわる

クラフトスピリッツの造り手と、少量生産の蒸溜所の出現が、
スピリッツ業界に新たな命を吹き込んだ。先駆者たちはいかにして、
ひと握りの巨大企業に占められた業界の構図に風穴をあけてきたのだろう。

ムーブメント

すべてのグローバルトレンドがそうであるように、クラフトスピリッツの台頭がどこから始まったのかを正確に特定するのはむずかしい。しかし、アメリカでは10年前に比べてマイクロディスティラリーの数が10倍に増えていることは事実だ。また、ほかの国々でも、さまざまな障壁や規制があるにもかかわらず、同様の傾向を見せている。

新興のクラフト
ディスティラリーが、
世界中のバーや店舗で
人々が選ぶスピリッツに
変化をもたらしている。

こうした新しい造り手は、経歴もそれぞれに異なる。正式な訓練を受けたことはないが、趣味で蒸溜を始めたという人もいれば、あえて有名蒸溜所を飛び出して新たな道を歩み始めた業界のベテランもいる。彼らに共通するのは、成長著しい市場に自らの場所を築き上げようとする情熱だ。右に挙げるのは、世界中に広がりつつあるクラフトスピリッツ・ムーブメントの根幹を成す、国際的トレンドのいくつかだ。

長年受け継がれてきた技術の再発見

現在のクラフトスピリッツ・ムーブメントは、1970年代のイングランドで起こったマイクロブリューイングのブームが進化したものだという説がある。それ以降、何十年にもわたって実施されていた規制や免許条件が緩和され、ロンドンには複数の蒸溜所が新たに開設された。こうした新規蒸溜所の多くは、長年受け継がれてきたレシピと伝統製法を重視し、歴史と伝統に忠実な製品造りを目指した。それを受けて、世界の消費者も伝統製法に再び注目するようになったが、なかでも昔から変わることなく手作業による丁寧な製品造りを続けてきた、フランスのブランデーやコニャックの造り手を再評価する気運が高まった。

ファーム・トゥ・ボトル

一方で、クラフトスピリッツ・ムーブメントの発端は1980年代初頭、カリフォルニアのワイナリーがブランデーやグラッパといったスピリッツ造りに乗り出した時期にあると考える人もいる。同時期には、クラフトビールの醸造所もそれぞれのノウハウを生かしてウイスキーやウオッカ、ジンなどを造り始めている。近年では、アメリカの農家がこのムーブメントに参加し、自ら栽培した穀物や農作物を原料とした高品質なスピリッツを製造。さらにイギリスでも、いくつかの蒸溜所がこうしたアメリカの農家の動きを取り入れ、穀物その他の原材料を自家栽培するようになった。クラフトスピリッツの世界的な人気の高まりを受けて、他国でも栽培から瓶詰めまでを一貫して行なう「ファーム・トゥ・ボトル」の理念を実践する蒸溜所が増えている。

小さいことはいいことだ

民家のキッチンから第二次世界大戦時の格納庫まで、世界各地の予期せぬ場所にマイクロディスティラリーが出現している。ほかにはないようなユニークな立地の蒸溜所が生まれることで、人々の酒造業界への見方が変わる。そして冒険心のある人をインスパイアし、自分でもやってみようかという勇気を与える。南アフリカがよい例だ。クラフトスピリッツの歴史こそ浅いが、マイクロディスティリングが急速に広がっている。とくに、アマチュアの愛好家が自宅でフルーツブランデーを造っているケースが多いようだ。また日本でも、スコッチウイスキーの伝統製法にならった小規模の蒸溜所が増えている。

その土地土地の材料

スウェーデン産の高級ジャガイモを使ったウオッカから、山間部で栽培されたシルバー・アガベのメスカルまで。賞を獲得するなど高い評価を得るスピリッツの場合、その土地特有の材料が重要な役割を果たしていることが多い。造り手たちは、北極圏のクラウドベリーからアフリカのバオバブまで、誰がもっとも希少な材料を調達できるかを互いに競い合っている。

遠く辺鄙な場所

多くの蒸溜所が、遠隔地や辺鄙な場所にあることを自らのセールスポイントにしている。オーストラリアは現在、クラフトスピリッツのブームに沸いているが、現代の製造工程と流通網をもってすれば、西カナダの消費者が西オーストラリアの川の水で造ったジンを堪能することも可能だ。いずれにしても、クラフトスピリッツが未知の味を楽しむ喜びを世界中の消費者に届けていると考えると、心が躍る。

The Science Behind the Craft

クラフトスピリッツを支える科学 | すべてのスピリッツは、生の材料がいくつかの段階を経て変化したもの。おもな段階はアルコールが生成される「発酵」、さまざまな方法でアルコールを分離、凝縮して取り出し、スピリッツを造り出す「蒸溜」だ。

準備

蒸溜酒（スピリッツ）の原料は、ブドウ、ジャガイモ、穀物など多種にわたる（18～19ページを参照）。スピリッツの種類と製法によって異なるが、おもに穀物は粗い粉状に粉砕し、水と熱を加えて粥状の「マッシュ」をつくり、でんぷん質から糖を生成しやすくする。穀物以外のジャガイモやサトウキビ、フルーツは加熱したり、圧搾して次のステップへと進む。

発酵

マッシュの準備ができたら、次に糖の分解プロセスである発酵に進む。発酵のプロセスには酵母が必要だ。発酵槽に加えられた酵母は、糖分を食べてそれをアルコールと炭酸ガスに分解する。造り手やスピリッツによっても工程は異なるが、開放型の発酵槽で自然発酵させる場合もあれば、科学的にコントロールされた方法を採用する場合もある。発酵にかける時間は数時間から数週間までまちまち。最終的に、「ウォッシュ」と呼ばれる低アルコールのワインやビールに似た液体ができ上がる。

1 製造するスピリッツと好みに合わせた原料を選ぶ。
2 原料を粉砕、あるいは加熱するなどしてマッシュをつくる。
3 マッシュに酵母を加えて発酵させ、低アルコールのウォッシュをつくる。
発酵槽

蒸溜

蒸溜とは、加熱と冷却を通して液体を構成する複数の成分を分離するプロセス。蒸溜器(スチル)に発酵させた低アルコールのウォッシュを入れ、沸点まで加熱する。蒸気となったウォッシュの成分はそれぞれ異なる温度で液化するが、ここで製造者は新たに造る混合物に合わせた蒸気を抽出し、そのまま瓶詰め、または濾過、ブレンディング、熟成、フレーバー付けなどの追加処理を行なう。この手順は世界各地のほとんどのスピリッツで同じだが、スチルは機能別に使い分けられている(20〜21ページを参照)。

濾過

数回の蒸溜後、スピリッツはまず不純物や澱を除去するための基礎的な濾過を経る。さらにほとんどのスピリッツは、純度と風味を高めるために炭や活性炭を使って濾過される。一方で、スピリッツに個性や旨みを加えてくれるアルコール副産物やタンニンを保持するために、あえて濾過しないという製造者もいる。濾過後のスピリッツは瓶詰め、またはブレンディング、熟成へと進む。

ブレンディングと熟成 →

ブレンディング

蒸溜を終えたスピリッツを、別のスピリッツと混ぜ合わせてブレンディングする場合がある。ウイスキー、ブランデー、コニャック、熟成させたラムなどは、ほとんどの場合、2種類以上の原酒をブレンディングする工程を経る。世界的な人気を誇るスピリッツの多くが、蒸溜所独自の調合に基づくブレンドだ。本書にも掲載されている先進的な造り手たちは、ブレンディングの実験を繰り返しながら、新たなクラフトスピリッツ造りに挑戦している。

ブレンディングという芸術

蒸溜が科学だとしたら、ブレンディングは芸術だと言ってもいいだろう。それには卓越したスキルが要求される。伝統的なウイスキーも、蒸溜まではウオッカと製法は変わらないが、ブレンディングと熟成を通してウイスキーならではの独特の個性と複雑さをもつようになる。

マスターブレンダーに課された重要な任務が、数ある原酒の中からその時点で飲み頃のものを選び出し、さまざまなフレーバーや個性を組み合わせて最高の1本を造るということ。ブレンディングの工程は、交響曲にたとえるとわかりやすい。マスターブレンダーは、いわば作曲家だ。それぞれの楽器の特徴を熟知した上で、音の強弱を最適なバランスで組み合わせながら、心地よい音楽をつくり出す。ブレンダーはまた、つねに一貫した製品を生み出す必要がある。素晴らしいブレンデッドスピリッツは、造られた年にかかわらず品質が安定しているものだ。

ブレンダーは通常、熟成したプレミアムスピリッツを少量加える。

ブレンドのベースになるのは、若くてアルコール度数の高いスピリッツ。

マスターブレンダーは、各種のベーススピリッツからブレンドするものを選び出す。

ほとんどの蒸溜所は、実験室に似た環境でまず少量の原酒を用いたブレンディングを行ない、組み合わせと比率を決めてから実際に樽同士のブレンディングやマリイングに着手する。

ブレンドの比率が決定したら、実際に生産するバッチに適用する。

ブレンドウイスキーについて

あらゆるスピリッツのうち、ブレンディングのプロセスを経ることがもっとも多いのがウイスキー。上質なブレンデッドウイスキーは、カクテルのベースとしても最適だ。ブレンデッドウイスキーには、厳格で複雑な規定が存在することもある。ここでは、その種類とそれぞれの定義を見てみよう。

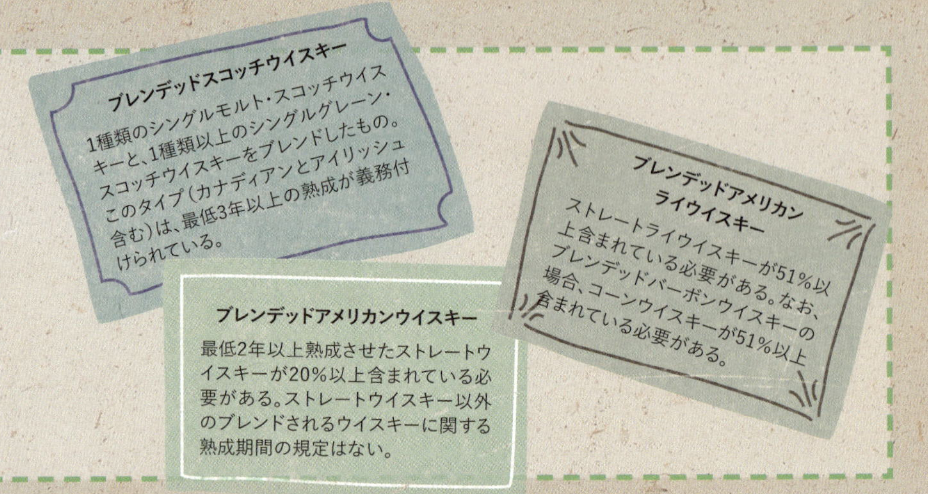

ブレンデッドスコッチウイスキー
1種類のシングルモルト・スコッチウイスキーと、1種類以上のシングルグレーン・スコッチウイスキーをブレンドしたもの。このタイプ(カナディアンとアイリッシュ含む)は、最低3年以上の熟成が義務付けられている。
ブレンデッドアメリカンウイスキー
最低2年以上熟成させたストレートウイスキーが20%以上含まれている必要がある。ストレートウイスキー以外のブレンドされるウイスキーに関する熟成期間の規定はない。
ブレンデッドアメリカンライウイスキー
ストレートライウイスキーが51%以上含まれている必要がある。なお、ブレンデッドバーボンウイスキーの場合、コーンウイスキーが51%以上含まれている必要がある。

熟成

従来、熟成のプロセスを伴うのは色の濃いスピリッツに限られていた。しかし昨今では、そうした伝統から逸脱し、たとえばジンなど、これまでは考えられなかったスピリッツを樽熟成する先進的な造り手もいる。若いウイスキーにも似た液色とフレーバーをもつ熟成ジンは、現在のクラフトスピリッツ界の寵児とも言っていい存在だが、ウオッカがそれに続くのも時間の問題だろう。

ウイスキーの樽

蒸溜したての無色透明で荒々しい味わいの液体は、ニューメイクまたはムーンシャインと呼ばれる。大部分のウイスキーはオーク樽で熟成され、その間に色が濃くなる。歴史的に、欧州などではウイスキーの熟成は3年以上と法律で定められている。熟成期間中、ウイスキーは樽の中で「呼吸」しながら、その独特の風味とアロマ、色合いを深め、洗練させていく。樽熟成が、蒸溜したてのスピリッツの雑味や粗い風味を、丸みのあるスムースな味わいへと変えてくれるのだ。熟成期間中に樽から蒸発してしまうアルコール分は、「エンジェルズ・シェア（天使の分け前）」と呼ばれる。

バーボンは内側を焦がしたアメリカンホワイトオークの新樽で熟成される。

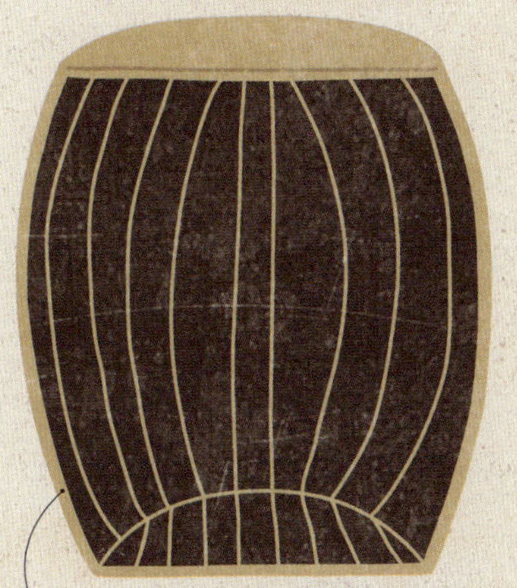

樽の内側の焦がされた木の部分がキャラメル化し、バーボンに風味と色を与える。

スコッチは通常、バーボンの熟成に使われた古樽で熟成される。

スコッチはゆっくりと熟成しながら、新鮮な花からくすぶる焚き火まで、多彩かつ複雑なフレーバーを帯びていく。樽はそれを助けるニュートラルな容器のような存在。

アイリッシュウイスキーは通常、シェリーの熟成に使われた古樽で熟成される。

樽材はスパニッシュオークで、シェリー由来のナッツやドライフルーツの風味をウイスキーに加味してくれる。

アガベスピリッツ

メキシコの法律によれば、テキーラブランコは最低2～3週間の熟成が、より高価で希少なタイプはさらに長い熟成期間が義務付けられている。造り手は、シェリー樽やスコッチ樽、フレンチオーク樽などさまざまな樽を活用することで、それぞれのテキーラに個性をもたらしている。

テキーラの熟成

テキーラブランコ
2週間以上

テキーラオーロ
2カ月以上

テキーラレポサド
1年以内

テキーラアネホ
1～3年

ブランデーとコニャック

上質なブランデーのほとんどは、ベーススピリッツの荒々しさを和らげ、風味とアロマを加えてくれるオーク樽で熟成される。コニャックは、熟成に関しておそらくもっとも厳密に規制されているスピリッツだ。リムーザンオーク樽による熟成の期間とスタイル別に等級分けされている。

コニャックの熟成

VS（Very Special）
2年半以上
（もっとも若いコニャック）

VSOP
（Very Superior Old Pale）
4年以上

XO（Extra Old）
10年以上

The Base Ingredients

原料 | あらゆる食べ物や飲み物と同様、スピリッツの品質もまた、原料の品質によって決まる。
クラフトディスティラーの多くは原料をボトルのラベルに明記することで、新鮮さ、地域性、
および持続可能性を重視した選択をアピールしている。
ここでは、スピリッツの土台をつくる原料のいくつかを紹介しよう。

トウモロコシ

アメリカにはコーンウイスキーで名を成した製造者が多い。農家としても余ったトウモロコシを在庫にしたり、腐らせたりするより、蒸溜所に卸したほうが理にかなう。蒸溜所はそうしたトウモロコシを加工して蒸溜し、スピリッツを造り出している。ウイスキーやバーボンに独特のフレーバーと優しい甘みを与えるのがトウモロコシだ。

スピリッツ：ウイスキー、ウオッカ、ムーンシャイン（密造酒）

生のトウモロコシの穀粒を乾燥・加工後に発酵させる。

大麦

大麦には、小麦やライ麦よりも多くのタンパク質と繊維質が含まれる。製麦にもっとも適した穀物であることから、スコッチをはじめとするウイスキーの主原料として有名だ。透明なスピリッツでも、コクを生むために使われることがあるが、フレーバーに個性があるので他の穀類ほど一般的ではない。

スピリッツ：ウイスキー、ウオッカ、ジン、焼酎

大麦は製麦（発芽後に乾燥するプロセス）によりフレーバーを引き出し、でんぷんを糖に変えてから使うこともある。

ライ麦

ライ麦ベースのスピリッツには、ライ麦パンの香りが漂うものがある。また多くの専門家は、トウモロコシベースのスピリッツにはない若干の苦みとスパイシーさを指摘する。そのため、純粋なライウイスキーとしてではなく、他のウイスキーをブレンドするのが一般的だ。ライウイスキーの多くは、マッシュの51%以上にライ麦を、残りにトウモロコシと大麦麦芽を用いている。

スピリッツ：ウイスキー、ウオッカ

ライ麦は主に寒冷地で栽培されるため、北米や東ヨーロッパの蒸溜所において好んで使われる。

小麦

小麦は力強くナッティなフレーバーが特徴のため、小麦ベースのスピリッツは必ずしも高い人気があるとは言えない。とくに最近は、グルテン過敏症の人も増えている。とはいえ、ほのかな甘みやパン生地の香りを得るために少量の小麦を原料に加える蒸溜所も多い。また、春小麦や冬小麦を選ぶことで個性を出そうとする傾向もある。

スピリッツ：ウイスキー、ウオッカ、ジン

小麦は挽いて外皮のふすまを取り除いてからマッシュタン（糖化槽）に加える。

ジャガイモ

ジャガイモは他の原料に比べて蒸溜しにくい、腐りやすい、不純物が出やすいといった難点がある。だがフルボディのポテトベースのウオッカは巷に氾濫しており、クリーミーな口あたりで人気も高い。また、他の材料よりも産地の個性を出しやすいという特徴があり、製造者の選ぶジャガイモの品種が、土壌や気候の違いをダイレクトに映した製品を生み出すことになる。

スピリッツ：ジン、ウオッカ

ジャガイモは茹でてつぶしてピュレまたはスープ状にすることで、でんぷん質を破壊し、発酵を促す。

フルーツ

ワインやシードルの原料として知られるブドウ、リンゴ、洋ナシといったフルーツは、クラフトスピリッツのベースとしても人気だ。果物の天然の糖分は、ブランデーやアルマニャック、カルヴァドス、ピスコといったスピリッツにすっきりとした甘さを与えてくれる。とくに小規模な製造者では、僻地の農園、険しい丘陵地、牧歌的な田園地帯など、栽培地の特色がよく表れたスピリッツを造り出している。

スピリッツ：ウオッカ、ジン、ブランデー、コニャック、ピスコ、グラッパ

洋ナシの品種ではウィリアム（バートレットとも）がもっともよく使われる。

アガベ

メキシカンスピリッツの王様はテキーラだと言われる。だがテキーラ以外にも、世界に200種類以上が存在するアガベのフレーバーを生かしたリキュールは多数ある。多肉多汁のアガベは一度しか花を咲かせない。僻地で生育したものを収穫し、加工・蒸溜するのが一般的だ。

スピリッツ：メスカル、ソトル、テキーラなどのアガベスピリッツ

ピニャと呼ばれるアガベの根茎を蒸し焼きしたのちに破砕し、発酵させるのが伝統的な製法。

サトウキビ

甘くトロピカルな味わいのサトウキビは、ラムやカシャーサのベースとして重宝されている。熱帯雨林や肥沃なジャングルで新鮮なサトウキビを収穫後に破砕して搾り、搾り汁を沸騰させて砂糖をつくる工程において、糖蜜という副産物ができる。搾り汁の糖分のおよそ半分が含まれたこの糖蜜が、大部分のラムの原料として使われている。サトウキビにはさまざまな品種があり、どれがもっとも甘く、ピュアであるかは、製造者によって意見が異なるようだ。

スピリッツ：ラム、カシャーサ、ウオッカ

細長いサトウキビの茎には、スクロースが豊富な液体が含まれている。繊維性の部分は蒸溜には使われない。

ボタニカル

ジンは基本的に、ボタニカルと一緒に蒸溜してフレーバーやアロマをつけたウオッカである。ジュニパーベリーやニガヨモギ（アブサンの主原料）、コリアンダーといった古典的なボタニカルは長年にわたり愛され続け、今や世界中のレシピに登場するようになった。乳香やカシア根のような、一般消費者にあまりなじみのないボタニカルも、製造者のクリエイティビティを刺激している。ジンやアブサンに加えて、近年ではフレーバード・クラフトスピリッツの新たな波が起こり、シナモンウイスキーやピンクペッパーウオッカが誕生している。

スピリッツ：ジン、アブサン、リキュール

シナモン

フェンネルシード

ニガヨモギ

The Stills

スチル | 蒸溜器(スチル)にはいくつかの種類があるが、単式のポットスチルと連続式のコラムスチルがもっともよく使われる。蒸溜所ごとに、好みや製造するスピリッツの特性に合わせて選ぶのが基本だ。スチルの選択については法規制を守る必要もあり、たとえばコニャックはポットスチルでしか蒸溜することができない。

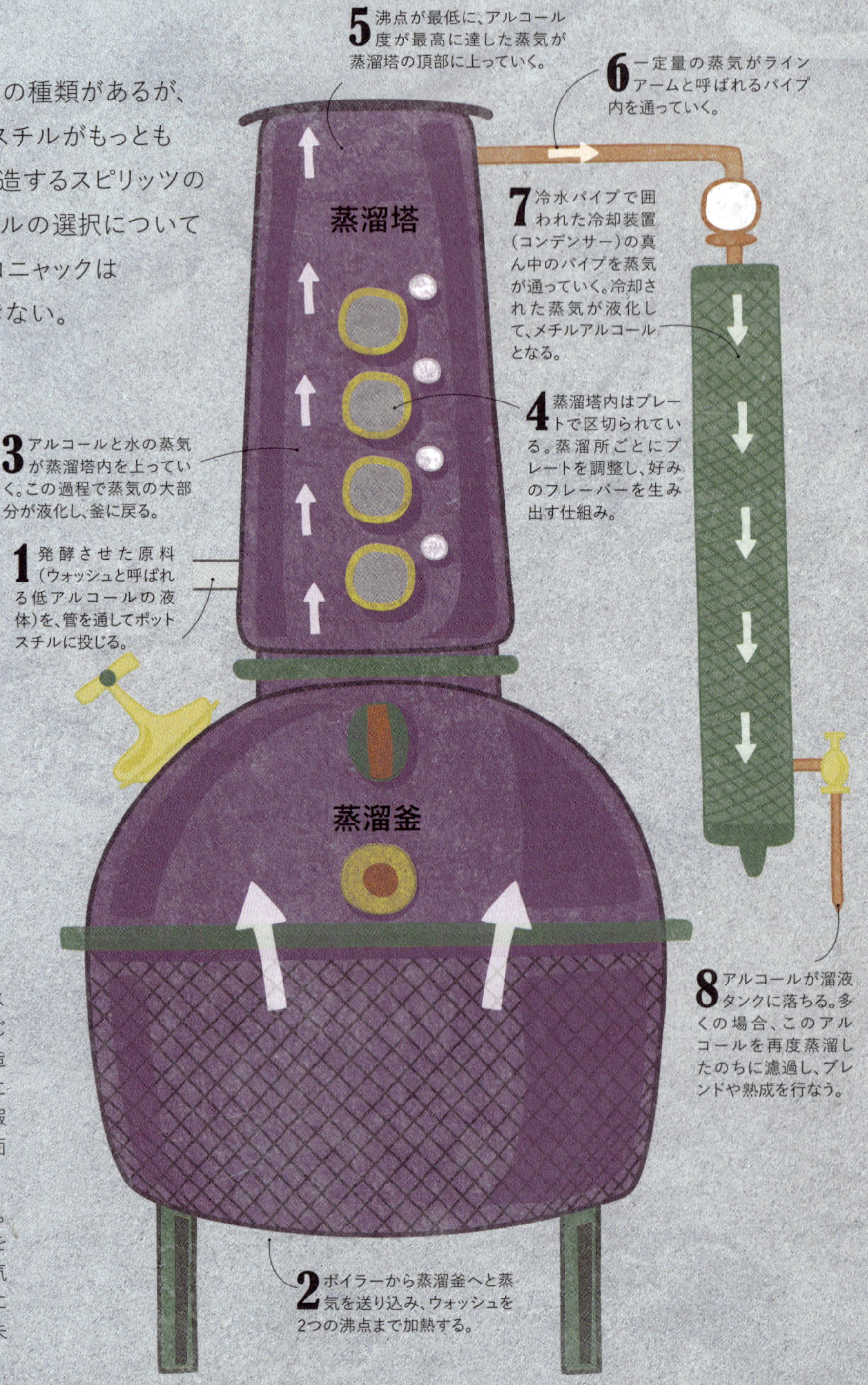

5 沸点が最低に、アルコール度が最高に達した蒸気が蒸溜塔の頂部に上っていく。
6 一定量の蒸気がラインアームと呼ばれるパイプ内を通っていく。
蒸溜塔
7 冷水パイプで囲われた冷却装置(コンデンサー)の真ん中のパイプを蒸気が通っていく。冷却された蒸気が液化して、メチルアルコールとなる。
4 蒸溜塔内はプレートで区切られている。蒸溜所ごとにプレートを調整し、好みのフレーバーを生み出す仕組み。
3 アルコールと水の蒸気が蒸溜塔内を上っていく。この過程で蒸気の大部分が液化し、釜に戻る。
1 発酵させた原料(ウォッシュと呼ばれる低アルコールの液体)を、管を通してポットスチルに投じる。
蒸溜釜
8 アルコールが溜液タンクに落ちる。多くの場合、このアルコールを再度蒸溜したのちに濾過し、ブレンドや熟成を行なう。
2 ボイラーから蒸溜釜へと蒸気を送り込み、ウォッシュを2つの沸点まで加熱する。

スピリッツとクオリティ

クラフトスピリッツの製造者は、それぞれに独自のテクニックや装置を駆使してスピリッツのクオリティを高めている。ブランデーやメスカル、シングルモルトのスコッチといったフレーバー豊かなスピリッツでは小ぶりなポットスチルが、ウオッカやホワイトラムのようにニュートラルなスピリッツではコラムスチルが用いられるのが一般的だ。

ポットスチルを使った蒸溜

スピリッツ造りに古くから用いられてきたポットスチルは小ぶりな蒸溜器で、歴史と伝統を重んじながら上質なスピリッツを造りたいと考える製造者に好まれる。銅製が一般的で、バッチごとに清掃と調整が必要であるなど、使用には手間暇がかかる。とはいえ最近のポットスチルは技術面での進化も遂げている。

ポットスチルを使った蒸溜プロセスはシンプルだ。材料をボイラーで熱して気化させ、沸点の違いを利用して水とアルコールに分離する。さらに蒸気を冷却して、液化したアルコールを溜液タンクに集める。1回蒸溜のスピリッツは刺激が強く、未熟なため、2回以上の蒸溜を行なうのが普通だ。

コラムスチルを使った蒸溜

近代的なコラムスチルは一般に、ポットスチルよりも効率性と経済性が優れているといわれる。連続したプロセスを1回の蒸溜でまかなえるからだ。また塔やパイプが複数あるため、分別蒸溜と呼ばれる工程によって、複雑な液体材料を正確に分離することができる。製造者にとっては蒸溜プロセスの柔軟性が増すという利点があるが、スピリッツの個性や複雑な味わいが損なわれるという声も聞かれる。コラムスチルにはまた、ポットスチルよりもアルコール度の高いスピリッツを造れるという特性がある。

コラムスチルで水蒸気蒸溜を行なう製造者もいる。液体材料と水蒸気を触れさせることで、植物材料からアルコール分を蒸溜、もしくはエッセンシャルオイルを抽出する手法だ。

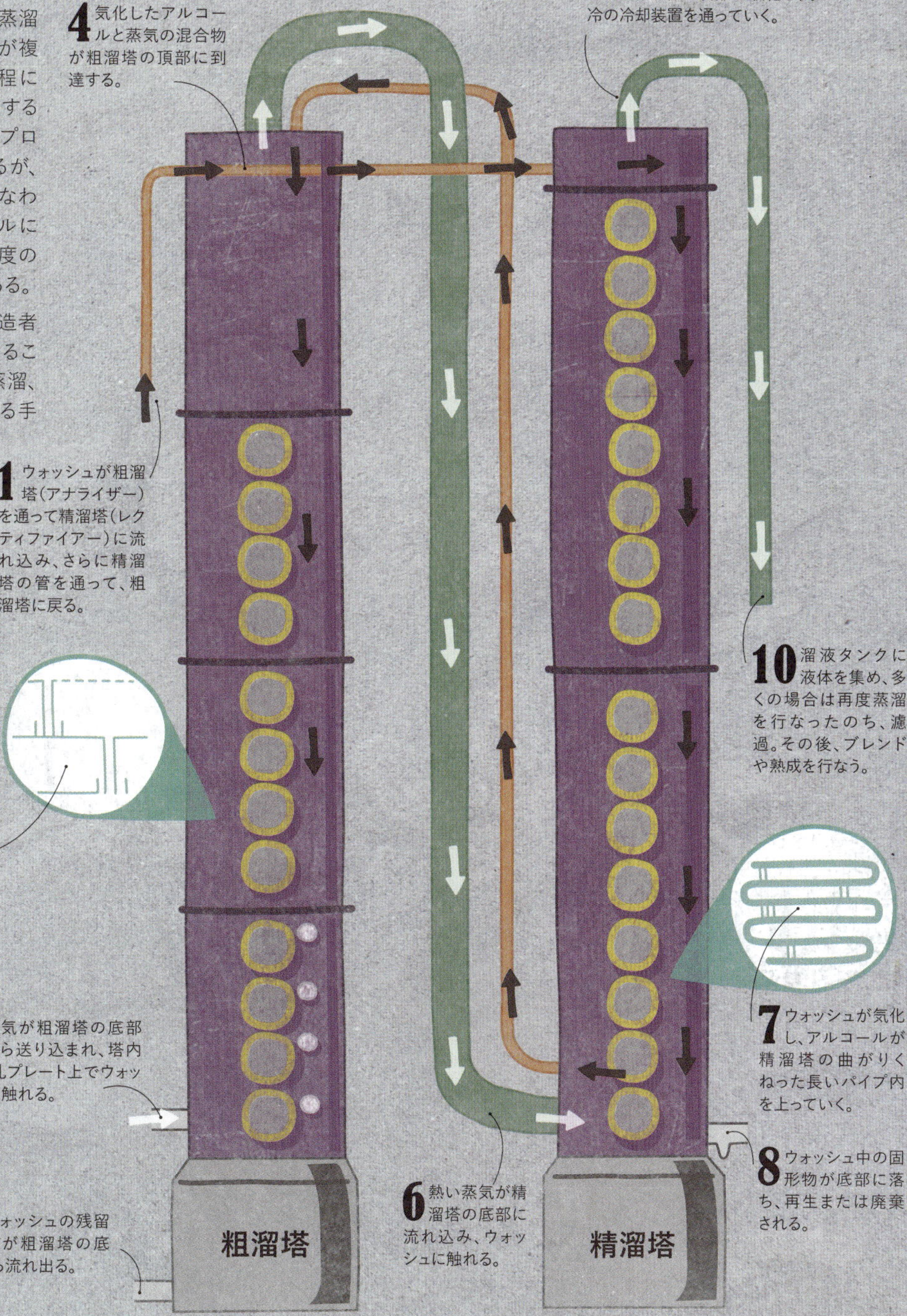

1 ウォッシュが粗溜塔(アナライザー)を通って精溜塔(レクティファイアー)に流れ込み、さらに精溜塔の管を通って、粗溜塔に戻る。

2 蒸気が粗溜塔の底部から送り込まれ、塔内の有孔プレート上でウォッシュに触れる。

3 加熱されたウォッシュが気化し、粗溜塔のプレートを通って塔の頂部に上っていく。蒸気は温度と濃度に応じて一部がプレート上に残る。

4 気化したアルコールと蒸気の混合物が粗溜塔の頂部に到達する。

5 ウォッシュの残留物が粗溜塔の底部から流れ出る。

6 熱い蒸気が精溜塔の底部に流れ込み、ウォッシュに触れる。

7 ウォッシュが気化し、アルコールが精溜塔の曲がりくねった長いパイプ内を上っていく。

8 ウォッシュ中の固形物が底部に落ち、再生または廃棄される。

9 所定のアルコール度になった蒸気が塔の頂部で液化し、水冷の冷却装置を通っていく。

10 溜液タンクに液体を集め、多くの場合は再度蒸溜を行なったのち、濾過。その後、ブレンドや熟成を行なう。

粗溜塔

精溜塔

A Taste for the Good Stuff

おいしいスピリッツを、おいしく飲むために｜丹精込めて造られたクラフトスピリッツを選んだら、次のステップはそれを飲むこと。ミックスすることで個性が生きるクラフトスピリッツもあるが、大部分はストレートで、足すとしても氷や少量の水だけで味わうのが一番だ。また、蒸溜所の多くは室温で飲むことをすすめているが、好みに応じて角氷を1個加えてもよい。

正しいテイスティングの方法

クラフトスピリッツのテイスティングは、以下の手順で行なう。まずは、ひと口飲むごとに味蕾をリフレッシュできるよう、水を用意しておく。スピリッツの個性がつかみにくい場合は、角氷1個または水1ダッシュを加えると、味が開いてくる。ただし、スピリッツは冷やすと香りやフレーバーがぼんやりするので、注意。

種類の異なる複数のスピリッツを一度にテイスティングする際は、合間にプレーンクラッカーをかじって味覚をリフレッシュさせるとよい。同種のスピリッツの複数製品を一度に試す際はもっとも若く、ライトなものから、力強く、ダークなものへという順に。グラスの中身はいっぺんに飲み干さず少し残し、交互に飲み比べると違いが感じ取れる。

1 注ぐ：グラスを選び（以下を参照）、少量のスピリッツを注ぐ。すぐに口をつけたい衝動は抑えて、まずは「目で飲む」。グラスの中身を観察し、光に当てて見たり、色合いを確かめたり（フレーバーとの関係性が深い）、グラスをゆっくりと回して、香りを立たせてみよう。ただし、多くのスピリッツは空気に長時間触れさせる必要はない。むしろ気化し、個性が損なわれてしまう。

2 嗅ぐ：グラスの約5cm上に鼻をもっていき、ゆっくりと嗅ぐ。グラスを静かに回し、アルコールに感覚が慣れてきたら、鼻をもう少しグラスに近づけて嗅ぐ。スピリッツの成分に対する嗅覚センサーの反応は人それぞれなので、味わい方も人によって違ってくる。

3 飲む：最初は少しだけ口に含み、舌の上で転がしてみる。舌の上から喉へとスピリッツが流れ、香りが鼻に抜ける感じを楽しんでみよう。さらにもうひと口含んだら、今度はじっくりと味わい、自分の口に合うかどうかを考えてみる。刺激が強すぎたら、角氷1個または1ダッシュの水かソーダを加えるとよい。

テイスティングに向くグラス

テイスティングを楽しむのに適したグラスは数種類ある。どれを選ぶにせよ、グラスはしっかりと洗うこと。ほこりや汚れがあると正しいテイスティングができない。また、食洗機で洗ったばかりのグラスは使わないこと。グラスが温かいと、中身に熱が伝わり、スピリッツ本来の個性が変わってしまうからだ。

スニフターグラス

スピリッツ：ブランデー、コニャック、ウイスキー、長期熟成のスピリッツ（ラムやテキーラ）

なぜこの形？：ステム（グラスの脚）が短いので持ちやすく、手の温もりで香りがよく開く。ボウルが大きいため回しやすく（香りが立ちやすい）、口が小さいため香りが逃げにくい。

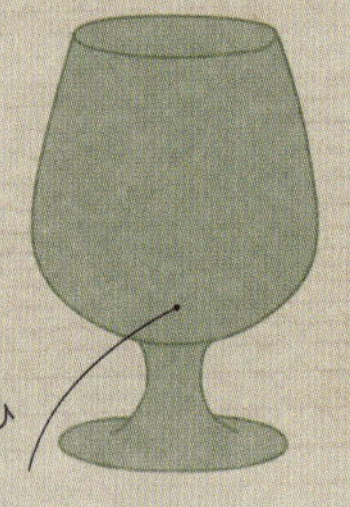

大きなボウル部分を手のひらで包み込むように持つ。

オールドファッションドグラス

スピリッツ：ウイスキー、ウオッカ、ジン

なぜこの形？：ブランデーグラスと対照的なグラス。底部に厚みがあるので氷を入れて楽しむのに最適だが、ストレートにももちろん合う。ロックで飲むとき、材料をつぶして混ぜる必要があるときに選びたい。

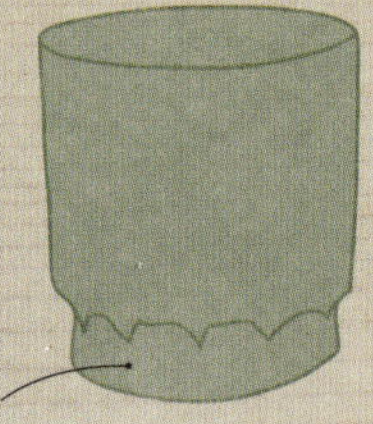

底部に厚みがあるのでロックに最適。

フレーバーホイール

スピリッツに秘められたあまたの個性をテイスティングで見つけ出すにはかなりの熟練が必要だ。そこで、このフレーバーホイール。これを参考に自分の感じたフレーバーが何であるかを見つけてみよう。

ラムはサトウキビと糖蜜を原料とするので、フレーバーホイールでは「スイート」に分類される。

ジンはボタニカルのフレーバーを特徴とするものが多い。したがってジンをテイスティングするときは、「ベジタル（植物／野菜の、の意味）」のセクションを参考に。

フルーツベースのスピリッツ（ブランデーやコニャックなど）は、「フルーツ」のセクションに分類されるものが多い。

ウイスキーは製品によってフレーバーが異なる。ウイスキーの複雑なフレーバーを嗅ぎ分けるには、「アース」のセクションを参考に。

- スイート
  - バター：アイスクリーム、トフィー、バニラ
  - キャンディ：風船ガム、サトウキビ ハチミツ、糖蜜
  - ベイクド：ペストリー、チョコレート
- スパイス
  - 辛味：つんとする辛さ、コショウ、トウガラシ、ショウガ
- フルーツ
  - 柑橘類：酸味：レモン、ライム／果皮：グレープフルーツ、オレンジ
  - 生のフルーツ：リンゴ、洋ナシ／核果：プラム、モモ／ベリー：ブドウ、ブルーベリー／トロピカル：パイナップル、マンゴー
  - ドライフルーツ：スイート：イチジク アプリコット、レーズン／ベイクド：フルーツケーキ、ミンスパイ
- アース
  - ウッディ：ナッツ、根、樹皮
  - シリアル：麦芽、トウモロコシ、小麦、ライ麦
  - ピーティ：煙：タバコ、お香、苔
- ベジタル
  - グラッシー：フレグラント：レモングラス、茶葉／リーフィ（葉のような）：ハイビスカス、キャラウェイシード
  - フローラル：パフューム：バラ、スミレ／フレッシュ：ラベンダー、カモミール
  - ハーバル：ミント、セージ、ローズマリー

コーディアルグラス

スピリッツ：ブランデー、コニャック

なぜこの形？：クラシカルで優美なデザインが、食後酒に理想的。小ぶりなワイングラスよりも薄く、繊細なものが多く、ステムが長いため香りを楽しみやすい、飲んでいるうちに中身がぬるくなる心配がない、といったメリットがある。

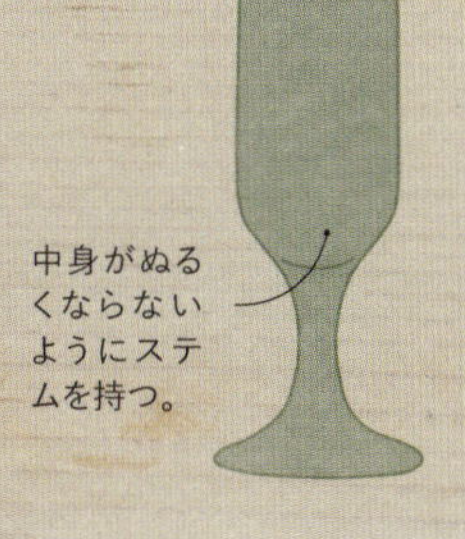
中身がぬるくならないようにステムを持つ。

グレンケアングラス

スピリッツ：ウイスキー

なぜこの形？：ウイスキーのマスターブレンダーが使うグラスに、もっともよく似ているのがこのタイプ。ボウル部分が大きいので色が見やすく、香りも立ちやすい。また、口に向かってすぼまったデザインのため、飲みやすい。

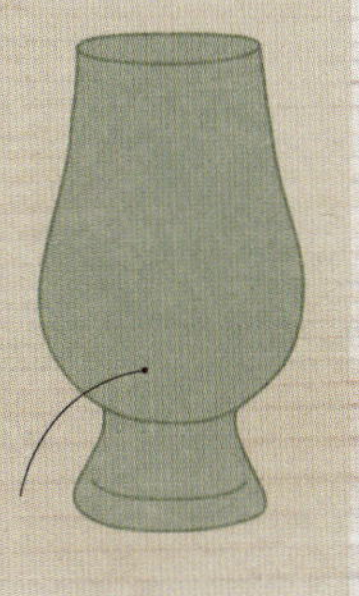
ボウル部分が大きいので色が見やすい。

Infusing Spirits

スピリッツにインフューズ | スピリッツにフレーバーをインフューズする――自分でクラフトスピリッツをつくる、一番シンプルな方法だ。以下のテクニックとこの本で紹介するクリエイティブなレシピを使って、無個性なスピリッツや淡白なスピリッツを生まれ変わらせよう。

用意するもの

- 1リットルの密封瓶（殺菌消毒する）
- 目の細かい濾し器
- 布巾やコーヒーフィルター
- ベーススピリッツ750ml
- 好みのフレーバー材料

1 道具と材料を用意する。フレーバー材料をよく洗う。1本のスピリッツで数種類のインフュージョンを試すなら、小さな密封瓶を複数用意する。

2 材料の下ごしらえをする。レモンウオッカをつくるなら、レモン5個の皮をむき、皮についた白いワタをナイフで取り除く。皮を密閉瓶に入れる。

4 瓶を軽く数回振る。白いワタや種などの不純物が混ざっていないかを確認し、日光の当たらない冷暗所に瓶をしまう。

5 毎日具合をチェックし、軽く瓶を振ってフレーバーを行き渡らせる。3日経ったら毎日味見をし、好みのフレーバーになるまで作業を繰り返す。

3 密閉瓶にベーススピリッツ（ここではウオッカを使用）を注ぐ。木のスプーンで静かにかき混ぜ、フレーバー材料を瓶内に行き渡らせる。瓶にしっかりと蓋をする。

「おり」は何度濾しても多少残ってしまうので気にしなくてよい。

6 好みの味になったら中身をいったん水差しに移し、濾し器を使って清潔な瓶に戻す。布巾を使ってもう1度濾したら完成。

インフューズのコツ

各章で紹介するインフューズのレシピをためす際は、以下のコツを参考にインフュージョンの質と純度を高めよう。

■空気、熱、大きなカスは大敵。インフュージョンには密閉瓶を使い、スピリッツはしっかりと濾すこと。

■賞味期間を長くするには、完成したフレーバードスピリッツを冷蔵庫で保管する。

■インフュージョンの土台をつくるのはベーススピリッツである。最初はあまり高価ではない、中くらいの値段で良質なスピリッツで試すのがおすすめ。アルコール度は高いほうが、材料のフレーバーをしっかりと引き出せる。

■ニュートラルなウオッカが、ベーススピリッツとしてはもっとも一般的。最初はライトスピリッツで試すとよい。ダークスピリッツでちょうどよいバランスを探すのは簡単ではない。

■新鮮な材料を使う。材料はすべてしっかり洗うこと。材料は好みできざんだり、スライスしたりしてもよいが、茎や芯、葉などの食べられない部分は捨てる。

■ドライフルーツを使えば簡単。生のフルーツほどはっきりとしたフレーバーは望めないが、スピリッツに漬けてやわらかくなったドライフルーツを食べるのも楽しみのひとつ。

飲み頃

以下の日数を目安として、必ず毎日味見をし、漬かり具合を見ることが大切。

■ **ハーブ、チリペッパー、バニラの莢、シナモンスティック：**
1〜3日

■ **メロン、ベリー類、核果、柑橘類：**
3〜5日

■ **野菜、ショウガ、リンゴ、洋ナシ：**
5〜7日

■ **乾燥スパイス：**
7〜14日

Bittersweet Symphonies

ビタースイート・シンフォニー｜ ビターズやシンプルシロップは、料理に使う塩やコショウ、スパイスと同様、カクテルに奥行きをもたらす。主原料にはならないが、カクテルに足すことでフレーバーをより複雑にし、ビターな、あるいはスイートなアロマを際立たせてくれる。

クラシックビターズ

小さな瓶に入った濃厚で力強い香りのビターズは、花やハーブ、果物のエキスをアルコールやグリセリンに溶かし込んで造られている。かつては医療用だったが、今やバーになくてはならない存在だ。クラシックビターズは独特のアロマで味わいに深みを与え、スピリッツの酸味や刺激的な香りを中和する役割を果たす。

ペイショーズ

ビターズ　35度

製造者：サゼラック・カンパニー
アメリカ、ルイジアナ州 1830年設立

ペイショーズビターズは1793年、ニューオーリンズ在住のアントワーヌ・アメディ・ペイショードの開発による万能薬として誕生した。ペイショードがこの万能薬を世界最古のカクテルのひとつとされる「ブランディ・トディ」に入れたのが、ペイショーズビターズの始まりである。多くのクラシックビターズに比べるとよりライトで苦味の少ないペイショーズは、サクランボ、クローブ、ナツメグがほのかに香る。「サゼラック」や各種のオールドファッションド・カクテルに欠かせない材料だ。

アンゴスチュラ

ビターズ　44.7度

製造者：ハウス・オブ・アンゴスチュラ トリニダード島 1824年設立

ベネズエラの小さな町にちなんで名づけられたアンゴスチュラビターズは、医薬品として使われていた1824年に歴史をさかのぼる、秘密のレシピに基づいて造られる。1870年になって拠点をトリニダード島に移し、アンゴスチュラビターズは今や世界中のバーに置かれるようになった。古典的なハーバルフレーバーとビターなアロマが特徴で、「マンハッタン」をはじめとするスタンダードカクテルのレシピがビターズとしてアンゴスチュラを指定している。

シンプルシロップをつくる

透明な甘味料のシンプルシロップは白砂糖でつくるのが普通だが、ブラウンシュガーを使ってカラメルのような味と色合いを楽しむのも一興だ。

1 大きなソースパンで500mlの水を中火で沸かす。

2 白砂糖500gを加えて混ぜ、溶けたら火から下ろす。

3 冷やしてから、殺菌消毒した密閉容器または密閉瓶に移し、冷蔵庫に保存。約2週間もつ。テーブルスプーン1のウオッカを混ぜれば、4週間ほどもつ。

アレンジ：フレーバーを足したい場合は、果物やハーブ、ナッツ（バナナ、サクランボ、ミント、アーモンドなど）のエキス（テーブルスプーン2）を加える。

クラフトビターズ

クラフト系の造り手は、伝統的な苦みや甘みをたくみにアレンジし、舌に与えるかずかずの刺激によってフレーバーの万華鏡を生み出している。

ビターズとシンプルシロップは、カクテルに奥行きをもたらす魔法の一滴。

スパイシービターズは、チリや黒コショウといった辛みの特徴を示すもの。

スパイスドチョコレートビターズは、「ホワイト・ルシアン」に深みをもたらす。

チリビターズは、ベジタルフレーバーのスピリッツにパンチを出したいときに。テキーラによく合う。

フルーティービターズは、ルバーブ、柑橘系、ベリー系など、甘いものから酸味のあるものまでさまざま。

シトラスビターズは軽くフレッシュなジン、ウオッカ、テキーラのカクテルに。

チェリービターズはウイスキーベースのカクテルに甘みをもたらす。

ハーバルビターズは伝統的なハーブはもちろん、アジア由来のガランガル、コブミカンのフレーバーまで含む。

ミントビターズは「モヒート」やラム＆ジンジャーに深みを出してくれる。

コリアンダービターズは「マイタイ」やジンベースのカクテルに変化をもたらす。

ベジタルビターズはセロリ、キュウリ、アマトウガラシのフレーバーをもつもので、スイートカクテルにバランスをもたらす。

「ブラッディ・メアリー」や「ジン・トニック」にセロリビターズを2ダッシュ足せば、今までにない味わいに。

Serving With Style

カクテルを美しくサーブする｜この上なくおいしいカクテルも、見た目の美しさを無視してサーブしてはもはやカクテルとは呼べない。カクテルという名のアートに敬意を表して、ぜひともふさわしいグラスを選び、「カクテルを飲む」という体験を極上のものへと変えるプラスアルファを施してサーブしてほしい。

グラスのすべて

あらゆるカクテルを完璧なものへと昇華させるため、グラスは進化を遂げてきた。注がれるカクテルの量に合わせてつくられたグラスもあれば、温度を管理するため、あるいは香りを立たせるためにデザインされたグラスもある。専門店に行けば何十種類という形状やサイズが手に入るが、家で楽しむ分には4～5種類のグラスがあれば充分だろう。それに、手持ちのもので創造性を追求するのもそうむずかしいことではない。たとえば、清潔なジャムの瓶はちょっと変わったコリンズグラスとして利用できる。

マティーニグラス（カクテルグラス）

カクテル：マティーニ、マンハッタン、コスモポリタン、ブラッド・アンド・サンド

サイドが斜めになっているので、オリーブのスティックがよく映える。スティックに刺した材料がばらばらになる心配もない。
長いステムのおかげで、ボウル内の冷たいカクテルに手のぬくもりが伝わりにくい。

カクテルグラスの「アイコン」と言えるマティーニグラスは、エレガンスを演出してくれる。シェイクまたはステアしたカクテルを氷なし（いわゆる「ストレートアップ」）で提供するときに最適なグラスだ。ステムが長いのでカクテルに手のぬくもりが伝わりにくく、円錐形のデザインが香りを立たせてくれる。

ダブル・オールドファッションドグラス（ロックグラス）

カクテル：ネグローニ、サゼラック、ホワイト・ルシアン、オールドファッションド、マイタイ、カイピリーニャ

シェイカーを使わず、グラス内で混ぜるタイプのカクテルに昔から用いられてきた。容量は伝統的なオールドファッションドグラスが175～240mlで、ダブル・オールドファッションドグラスはその2倍である。

口が広いので、細かく砕いたガーニッシュを散らすのに最適。
どっしりとした平らな底面のおかげで、グラス内で材料を混ぜやすい。

手づくりのガーニッシュ

多くのバーテンダーが、酢漬けや砂糖漬けにした、あるいは果物や野菜の乾燥チップスでカクテルを飾っている。よくできたガーニッシュは、カクテルに新たな次元を加え、「カクテルを飲む」という体験を一段階高めてくれる。

あぶった柑橘類の皮

柑橘類の皮を軽くあぶったガーニッシュで、スモーキーな柑橘系のアロマをカクテルに足してみよう。柑橘類の皮2.5 ～ 5cmを用意する。マッチを擦り、カクテルの7.5cm上にそっともっていく。マッチの7.5cm上に、表皮を下に向けて皮をもっていく。マッチの上で皮をひねり、さらにグラスの縁に皮を滑らせる。

燻液の角氷

燻液は手頃な値段でスモーキーフレーバーを楽しめる、使いやすい商品。角氷をつくるときに数滴たらせば、氷がカクテルに溶ける際にスモーキーフレーバーを醸してくれる。「マンハッタン」や「オールドファッションド」のように力強く、味わいのくっきりとしたカクテルを完璧なものにしてくれるはず。

リムドのテクニック

グラスの縁に砂糖や塩、スパイスをまぶす「リムド」のテクニックで、カクテルの見た目、口あたり、フレーバーを変化させてみよう。

1 くし切りの柑橘類をグラスの縁に滑らせる、またはシンプルシロップやアガベシロップ、カクテルのベーススピリッツにグラスの縁を浸す。

2 砂糖やスパイスなど好みのコーティング材を広げた皿に、グラスを逆さにしてつける。

さらなるヒント： 最初は粗塩（クリスタル塩）やグラニュー糖からトライ。次からは、チリパウダー、（ほのかな甘みや旨みのある）スモークソルト、挽きたてのシナモンなどで！

クープグラス

カクテル：ダイキリ、サイドカー、ギムレット、コープス・リバイバーNo.1

もとはシャンパンに用いられてきたクープグラス。縁が広いので、香り高く冷たいカクテルに最適だ。

形が似ているマティーニグラスより安定感があり、中身がこぼれる心配も少ないクープグラスは、カクテルの世界がまだフォーマルなものだった時代を思い起こさせる。カクテルのアロマが飲む人の鼻にすぐに届くよう、グラスの縁までたっぷり注ぎたい。

エレガントなステムのおかげで、マティーニグラスよりも持ちやすい。

コリンズグラス（ハイボールグラス）

カクテル：ブラッディ・メアリー、モヒート、ジン・フィズ、ジン・スリング、パロマ、アブサン・フラッペ

チムニーグラス（煙突型グラスの意味）とも呼ばれる背高のコリンズグラスは、角氷で満たし、アルコールを含まない割り材を多めに使う冷たいカクテルに用いられる。今風のバーテンダーは、コリンズグラスの代わりに大ぶりな瓶を使うのを好むようだ。

背高のコリンズグラスは、氷できんきんに冷やしてサーブするカクテルに最適。

ウオッカは、グラッシー、ハーバル、**スイート**、**スパイシー**など、繊細かつ幅広いフレーバーを特徴とした**クリーンなスピリッツ**。1000年以上前にポーランドとロシアで初めて造られ、現在では**世界中で高い人気**を誇る。発酵させた**穀物粒**やジャガイモを蒸溜するのが伝統的な製法だが、本書で紹介するように、モダン派の造り手たちはブドウ、乳清（ホエー）、ハチミツといった原料を蒸溜するなど、**既成概念にとらわれない**。あらゆるスピリッツのなかでもっとも多彩に応用できるウオッカは、**真っさらなキャンバス**のように、新たな試みの機会を与えてくれる。フレーバーたっぷりのインフュージョンを楽しむのも、スタンダードカクテルから自分だけの**オリジナル版を創造する**のも、ウオッカなら簡単だ。

VODKA

ウオッカ

Arbikie

アービキー

ウオッカ　43度

蒸溜所 アービキー蒸溜所　スコットランド、アンガス　2014年設立

フィロソフィ 単一農場の原料だけを用いる、いわゆるシングルエステートの蒸溜所として、伝統的な「ファーム・トゥ・ボトル」の製法を採用。

スピリッツ 敷地内で栽培したジャガイモを、旨みがピークに達したときに収穫し、発酵させる。できあがった「ウォッシュ」を地元アンガス・ヒルズの水とともに銅製スチルで蒸溜。

テイスト 黒コショウの香りが余韻まで長く続き、ホワイトチョコレートと洋ナシのほのかな香りも楽しめる。口あたりはスムースかつクリーミー。

Babička

バビッカ

ウオッカ　40度

蒸溜所 スタロレツナ蒸溜所　チェコ共和国、プロスチェヨフ　2007年に初リリース

フィロソフィ 500年前からチェコに伝わる「魔女の製法」の謎と魔法を今によみがえらせる。

スピリッツ 手摘みのニガヨモギ、モラビア産のヤングコーン、1万年前から湧いている泉の水などの天然素材を用い、6つのステップを踏んで蒸溜している。炭で濾過することでスムースな口あたりに。

テイスト クリーンでソフトなテクスチャーと、かすかな甘みが特徴。フェンネルとアニスのほのかな香りが漂う。

Bainbridge Organic

ベインブリッジ・オーガニック

ウオッカ　40度

蒸溜所 ベインブリッジ・オーガニック・ディスティラーズ　アメリカ、ワシントン州　2009年設立

フィロソフィ 有機農法と持続可能性をモットーに、100%トレーサブルな原料のみを使用。

スピリッツ 細粒に加工したやわらかい白小麦で造る複雑なウオッカ。細粒加工は毎日行なう。発酵液は丹念に4回蒸溜し、独特の粘度を生み出している。

テイスト 柑橘類の皮、バニラ、若いフレッシュハーブなどのアロマが、スムースでほのかに甘い味わいを生んでいる。フィニッシュはミネラル感が強く、スパイスの香りも楽しめる。

Barr Hill
バー・ヒル

ウオッカ　40度

蒸溜所 カレドニア・スピリッツ　アメリカ、バーモント州　2011年設立

フィロソフィ 養蜂家でナチュラリストで農場主のトッド・ハーディが設立した蒸溜所だからこその、農業との深いかかわりを重視。

スピリッツ 1バッチに約900kgの生ハチミツを使用。約3週間の発酵プロセスでできたハチミツ酒を特製のスチルで2回蒸溜している。蜜蝋を用い、すべてのボトルを手作業で封印するのも特徴だ。

テイスト 生ハチミツを使っているため、ひと口ごとに独特のピュアでやさしいボタニカルエッセンスの風味が味わえる。

Black Cow
ブラック・カウ

ウオッカ　40度

蒸溜所 ブラック・カウ　イングランド、ウエストドーセット　2012年設立

フィロソフィ 受賞歴のあるチーズメーカーが自家乳牛のミルクの応用を目指し、独自の製法でウオッカを製造。

スピリッツ 新鮮なミルクをチーズ用の凝乳（カード）と、ウオッカ用の乳清（ホエー）に分離。乳清を発酵させたミルクビールをつくり、それを蒸溜、ブレンドし、3回濾過したのち、手作業でボトル詰めする。

テイスト スムースかつまろやかで、甘いバニラとシナモンの香りが特徴。フィニッシュは温かく、ややクリーミー。

Blue Duck
ブルー・ダック

ウオッカ　43度

蒸溜所 デインレイン蒸溜所　ニュージーランド、ベイオブプレンティ　2013年に初リリース

フィロソフィ ドイツ人のマスターディスティラーがニュージーランドで技術を駆使して手造りするウオッカ。売上の一部はブランド名にもなっているブルー・ダック（アオヤマガモ）の保護活動に寄付。

スピリッツ 添加物、砂糖、防腐剤、軟化剤を一切使用せず、100%ピュアな乳清抽出液だけで造られている受賞歴のあるウオッカ。地元の湧水を5回濾過したのち、銅製のリフラックス・ポットスチルで7回蒸溜している。

テイスト レモンと小麦、わらのやさしいアロマが香る。コショウとレモンの味わいがほのかにあり、口あたりは温かくベルベットのようになめらかで、ぴりりとした刺激も感じられる。

Bootlegger 21 NY

ブートレッガー 21NY

ウオッカ　40度

蒸溜所 プロヒビション蒸溜所　アメリカ、ニューヨーク州　2010年設立

フィロソフィ 風光明媚なキャッツキル山地の麓で受賞歴のある蒸溜所が造る、ピュアな味わいのスピリッツ。

スピリッツ ニューヨーク州で採れたトウモロコシだけを原料とする蒸溜液を、360kgのオーク炭を使い24時間以上かけてゆっくりと濾過。無添加かつ細部にこだわったこの独特の製法が比類のないスムースな口あたりを生む。

テイスト 臭みのないおだやかなウオッカで、やさしい飲み心地とシルキーな口あたりが楽しめる。スムースでクリーンなフレーバー。喉が焼ける感じや嫌な後味が一切ない。

戦没者追悼の象徴であるケシの花。

ボトルの美しく華麗な模様は、禁酒法時代（プロヒビション）にアメリカで人気だったアールヌーヴォー様式へのオマージュ。

CapRock

キャップロック

ウオッカ　40度

蒸溜所 ピーク・スピリッツ・ファーム蒸溜所　アメリカ、コロラド州　2005年設立

フィロソフィ 「ファーム・トゥ・ボトル」を実践する蒸溜所。「クリーンな栽培環境」によってつくられる最高の原料を使用している。

スピリッツ バイオダイナミック農法で栽培したシャンブルサン種ブドウを、市販酵母を使わず全房で自発発酵させる。この発酵液を2度蒸溜したのち、さらにルーマニア産の有機冬小麦の蒸溜液を加えて再蒸溜する。

テイスト ブドウを房ごと用いているため、果実のやさしいタンニンが感じられ、芳醇かつオイリーな飲み口が楽しめる。香りは淡く、フィニッシュはドライかつクリーンで心地よい。

Cathead
キャットヘッド

ウオッカ　40度

蒸溜所 キャットヘッド蒸溜所　アメリカ、ミシシッピ州　2010年設立

フィロソフィ 南部を彩る豊かな音楽史を映し、地元で開催されるミュージックコンサートを支援する慈善事業も展開。

スピリッツ トウモロコシのマッシュを6回蒸溜し、ステンレスタンクで熟成させたのち、炭を使った濾過を含め、濾過工程を数回繰り返している。

テイスト クリーンかつ芳醇なフレーバーがあり、スムースで甘いフィニッシュが楽しめる。

Charbay
シャーベイ

ウオッカ　40度

蒸溜所 シャーベイ蒸溜所　アメリカ、カリフォルニア州　1983年設立

フィロソフィ クラフトスピリッツ・ムーブメントの先駆けとなった、家族経営の蒸溜所兼ワイナリー。

スピリッツ 第13代マスターディスティラーが、非遺伝子組み換えトウモロコシを100%使用。純度を高めるためにアルコール度を96度で蒸溜したのち、やさしく濾過をして、独自の加水工程により40度まで下げている。

テイスト トウモロコシのほのかな甘みが、シルキーな口あたりと、しっかりとしたボディ、温かなフィニッシュを調和させている。

Chase
チェイス

ウオッカ　40度

蒸溜所 チェイス蒸溜所　イングランド、ヘレフォードシャー州　2008年設立

フィロソフィ いわゆるシングルエステートの家族経営の蒸溜所として、全製造工程にこだわり、瓶詰めや封印も一本一本手作業で行なっている。

スピリッツ キングエドワードおよびレディクレアという2種類のジャガイモを栽培。加工後に特注の銅製ポットスチルで4回蒸溜している。ボトル1本に約300個のジャガイモを使用。

テイスト えもいわれぬフルボディのクリーミーなテクスチャーが味わえる。バターマッシュポテト、シナモン、ナツメグ、ショウガが入り混じった複雑なフレーバーが楽しい。

Cold River
コールド・リバー

ウオッカ　40度

蒸溜所 メイン・ディスティラリーズ　アメリカ、メイン州　2004年設立

フィロソフィ「グウランド・トゥ・グラス」を掲げ、原材料であるジャガイモの栽培を含め、すべての製造工程を一貫して蒸溜所が行なう。

スピリッツ ジャガイモを丸ごとつぶして「ポテトスープ」をつくり、これを発酵させて「ポテトワイン」に。ワインを蒸溜後、近くを流れるコールド・リバーの水とブレンドしている。

テイスト スムースな飲み口のフルボディのウオッカ。個性的かつ複雑なフレーバーがあり、クリーミーなでんぷん質のジャガイモと、ほのかな黒コショウの香りが漂う。

Corbin Sweet Potato
コービン・スイート・ポテト

ウオッカ　40度

蒸溜所 スイート・ポテト・スピリッツ　アメリカ、カリフォルニア州　2009年設立

フィロソフィ 世界で最初に「ファーム・トゥ・ボトル」を実践した蒸溜所のひとつとして広く知られ、多彩なサツマイモのスピリッツを製造。

スピリッツ 1本のスピリッツを造るのに携わるスタッフは約50人。地元で栽培されるサツマイモの破砕、加熱処理、発酵、蒸溜を含む製造工程に、多大なる人手がかけられている。

テイスト ナッツのほのかな香りから、カラメルのアロマに至るまで、原料のサツマイモらしさがストレートに感じられるシルキーな口あたりのウオッカ。

Death's Door
デスドア

ウオッカ　40度

蒸溜所 デスドア蒸溜所　アメリカ、ウィスコンシン州　2005年設立

フィロソフィ 持続可能な方法で栽培される穀物と地元産の原料を使うことで地場経済を支援する、コミュニティ志向の蒸溜所。

スピリッツ 小麦、大麦、トウモロコシを原料に、添加物を一切加えずに蒸溜。複雑な濾過工程を経ることで、非常にスムースでまろやかなスピリッツに仕上げている。

テイスト バターのような芳醇な口あたり。かすかな甘みがあり、バニラのほのかな香りとコショウのスパイシーさが楽しめる。

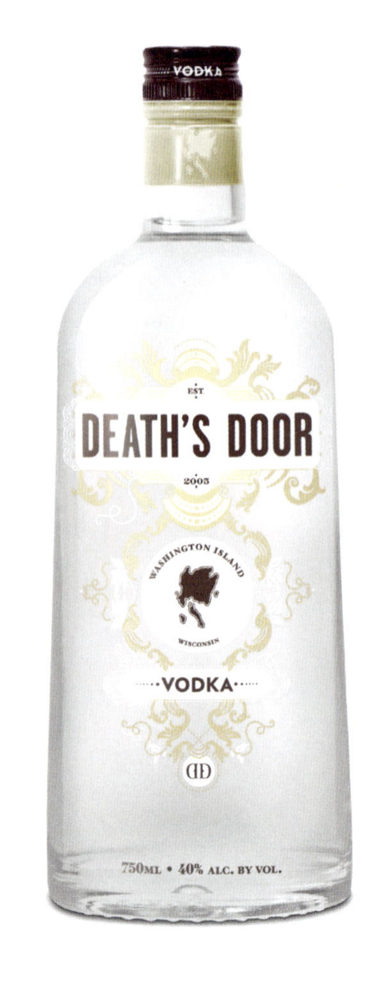

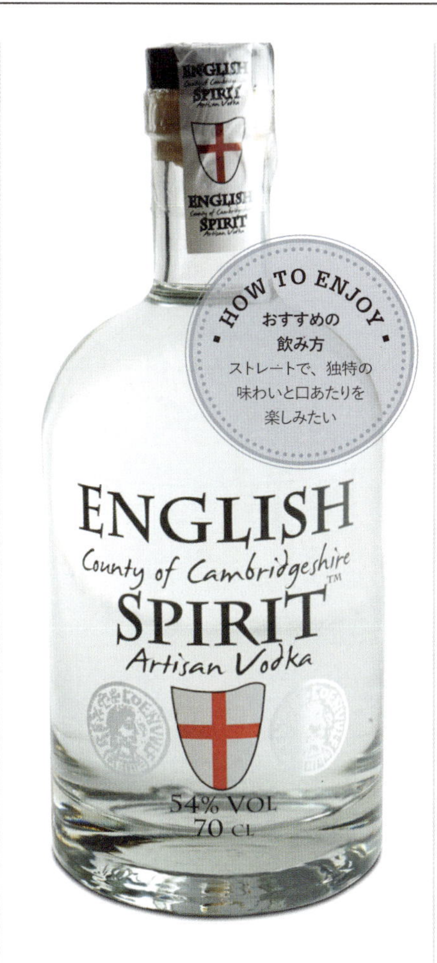

HOW TO ENJOY
おすすめの飲み方
ストレートで、独特の味わいと口あたりを楽しみたい

English Spirit
イングリッシュ・スピリット

ウオッカ　54度

蒸溜所 イングリッシュ・スピリット蒸溜所　イングランド、ケンブリッジシャー州　2009年設立

フィロソフィ 独立系蒸溜所としての誇りをもち、多種多様なスピリッツを手造りで少量生産。

スピリッツ 英国東部イースト・アングリア産のテンサイ、酵母、水という3つの原料だけで造られる個性的なウオッカ。銅製のポットスチルを用い、1回だけ蒸溜を行なって少量生産している。

テイスト クリーンな味わいでわずかにオイリーな口あたりがあり、バニラ、カラメル、フェンネルなどの複雑なフレーバーが楽しめる。

Fair
フェア

ウオッカ　40度

製造者 フェア・ウオッカ　フランス、コニャック　2009年に初リリース

フィロソフィ フランス人蒸溜家とアンデス地方の農家のコラボレーションが生み出す、独自の製造工程。

スピリッツ アンデス山脈の肥沃な火山性土壌で有機栽培されたグルテンフリーのキヌアを使用。フェアトレードで取引してコニャックに輸送し、5回の蒸溜を行なう。

テイスト フルーティで繊細なアロマ。わずかにコショウのフレーバーがあり、ややオイリーなミディアムボディのフィニッシュが味わえる。

Fire Drum
ファイア・ドラム

ウオッカ　40度

蒸溜所 サリヴァンズ・コーヴ　オーストラリア、ホバート　1994年設立

フィロソフィ 世界有数の原初的な土地で育まれた天然素材から生まれるウオッカ。

スピリッツ 大麦麦芽と山からの清水というタスマニアの2つの最高の天然素材を使って少量生産。伝統的な銅製ポットスチルで2回蒸溜したのち、炭で濾過している。

テイスト 個性的な味わいのウオッカで、大麦麦芽とバニラのやわらかく甘い香りが特徴。

Florida Cane (St. Augustine)

フロリダ・ケイン（セントオーガスティン）

ウオッカ　40度

蒸溜所 セントオーガスティン蒸溜所　アメリカ、フロリダ州　2014年設立

フィロソフィ フロリダで最高の農法に基づき、すべてを手造りすることによって、個々の原料がもつ味わいを輝かせる。

スピリッツ 手間暇をかけた製造工程により、ポットスチルで蒸溜後の濾過はほぼ不要。フロリダ産サトウキビの個性が前面に出た製品に仕上がっている。

テイスト 自然な甘みのあるやさしい味わいで、白コショウ、アニス、グリーンアップルの香る長い余韻が楽しめる。

Freimut

フライムート

ウオッカ　40度

蒸溜所 フライムート・スピリトゥオーゼン社　ドイツ、ヴィースバーデン　2013年設立

フィロソフィ 天然素材だけを用い、カクテルの味わいに深みを与える個性に満ちたウオッカを製造。

スピリッツ 北ドイツ産「シャンパーニュ」ライ麦麦芽と湧水だけを用い、無添加で手造りする「単一穀物」のウオッカ。麦芽は、家族経営の有機製麦所でつくられたもの。

テイスト ライ麦パンとローストしたヘーゼルナッツのフレーバーのかぐわしいウオッカ。

HOW TO ENJOY
おすすめの飲み方
エクストラドライ・マティーニに最適

Hangar 1

ハンガー1

ウオッカ　40度

蒸溜所 ハンガー1ウオッカ　アメリカ、カリフォルニア州　2001年設立

フィロソフィ 良質なワイン用ブドウと穀物の仕入れから、蒸溜、瓶詰めに至るすべての製造工程に従事。

スピリッツ アメリカでもっとも人気のあるウオッカのひとつ。ワイン用ブドウをポットスチルで蒸溜したものと、国内産小麦をコラムスチルで蒸溜した蒸溜液をブレンドして造られる。蒸溜所名と商品名は、第二次世界大戦時の航空機格納庫（ハンガー）で製造が始まったことに由来。

テイスト フローラル香が漂う、完璧なバランスのウオッカ。ナシとスイカズラがほのかに香る。まろやかな味わいはすぐにドライに変化し、フィニッシュにはかすかな芳香が感じられる。

Hanson of Sonoma Organic
ハンソン・オブ・ソノマ・オーガニック

ウオッカ　40度

蒸溜所 ハンソン蒸溜所　アメリカ、カリフォルニア州　2013年設立

フィロソフィ 家族所有・経営の蒸溜所で、100%ブドウ原料のオーガニックウオッカを少量生産。

スピリッツ 有機農法で育てたブドウを破砕、発酵させてワインをつくり、ポットスチルと50段のコラムスチルの両方で蒸溜している。

テイスト 香りと口あたりのバランスに優れたシルキーなウオッカ。長い余韻で楽しませてくれる。

Hophead
ホップヘッド

ウオッカ　45度

蒸溜所 アンカー・ブリューイング＆ディスティリング・カンパニー　アメリカ、カリフォルニア州　1993年設立

フィロソフィ サンフランシスコからアメリカ全土へと、現代のクラフトスピリッツ・ムーブメントを広めた革新的な蒸溜所。

スピリッツ 国内最多の受賞歴を誇るアンカー社は現在、ホップを原料としたスピリッツを多数生み出している。ウオッカは、2種類の香り高い乾燥ホップを使い、小ぶりな銅製ポットスチルで製造。

テイスト ホップのみずみずしさと香りが引き出されている。苦みは一切なく、ビールやジンによく似た香りに続き、グレープフルーツ、グラッシーでフローラルなフレーバー。

Ironworks
アイアンワークス

ウオッカ　40度

蒸溜所 アイアンワークス蒸溜所　カナダ、ノバスコシア州　2008年設立

フィロソフィ できる限り新鮮な地元産の天然素材を使用し、手造りで少量生産。

スピリッツ アナポリス・ヴァレー産のリンゴを破砕し、ドイツ産の白ワイン用酵母と混ぜたのち、6～8週間かけて発酵。17時間にわたる2度の蒸溜を行ない、濾過後に精製水を加えている。

テイスト なめらかなテクスチャーと甘いリンゴとバタースコッチのほのかな香り、やさしいフレーバーが楽しめる。

Hangar 1 Vodka

ハンガー１ウオッカ｜

ハンガー１ウオッカは2001年にアメリカ・カリフォルニア州に設立された。
第二次世界大戦時の航空機格納庫を最初の蒸溜施設としたことが、その名の由来となっている。
新鮮なワイン用ブドウをポットスチルで、国内産小麦をコラムスチルでそれぞれ蒸溜したのちにブレンドするという、珍しい製造方法が特徴だ。

成り立ち

旧世界の蒸溜方法にインスピレーションを得て、地元産の新鮮な原料を用いて製造を行なっているハンガー１ウオッカ。「もぎたてのカリフォルニアン・ウオッカ（Fresh Picked California Vodka）」をキャッチフレーズに、ヨーロッパ伝統のオー・ド・ヴィー製造技術を取り入れ、中西部産の小麦と熟したカリフォルニア産ワイン用ブドウを原料としている。完成したスムースなウオッカは、やわらかな果物のエッセンスが感じられる逸品だ。
ヘッドディスティラーのケイリー・シューメイカー率いるチームは、ウオッカに新鮮な果物を漬け込んだのちにポットスチルで蒸溜を行なう、フレーバードウオッカも製造。コブミカンやブッシュカンなど、アメリカ国内産の季節の果物とスパイスを使っている。

現在とこれから

ハンガー１は2016年、地元アラメダと海軍航空基地の歴史を祝してビジターセンターを新設。果樹園と植物園に囲まれたビジターセンターは、サンフランシスコ湾を見晴らすショップも併設する。来訪者はシューメイカー氏によるウオッカ造りの解説が聞けるほか、メイン製品や少量生産のフレーバードスピリッツなどさまざまな製品を試すことができる。

右）ハンガー１ウオッカのフラッグシップ製品を生み出す、2塔のコラムを備えた特注の銅製ポットスチル。

Hangar 1® VODKA

左）ヴィンテージ風の味わいあるロゴを、薬瓶を思わせるモダンなボトルデザインと組み合わせている。いずれも、ハンガー1の実験的なワークショップで生まれたデザインだ。

造り手

自称「スピリッツおたく」で、ウオッカ業界では数少ない女性ディスティラーのケイリー・シューメイカーは、蒸溜工程に起こる化学反応が製品のクオリティやテクスチャー、フレーバーにどのような影響をおよぼすかに魅了されるという。革新的なヘッドディスティラーとして、地元ベイエリアでふんだんに採れる季節の素材からインスピレーションを得て、個性的なウオッカを造り続けている。

地元ベイエリアでふんだんに採れる季節の素材がインスピレーションの源

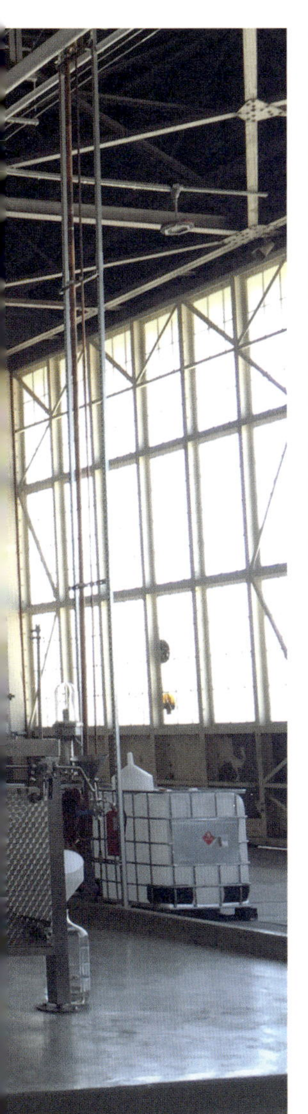

上）ブランドの核であり、主力製品である「ハンガー1ストレートウオッカ」のラベリングライン。

2001年 設立

1度に 1バッチの 少量生産

2016年 ビジターセンターとテイスティングルームをオープン

ストレート、マンダリン・ブロッサム（マンダリンの花）、マクルートライム（コブミカン）、ブッダスハンドシトロン（ブッシュカン）の 4製品が主要ラインアップ

Jewel of Russia

ジュエル・オブ・ロシア

ウオッカ　40度

製造者 ジュエル・オブ・ロシア　ロシア、モスクワ　1999年に初リリース

フィロソフィ 伝統製法にのっとり、昔ながらのロシアン・ウオッカだけがもつ個性を守り続けている。

スピリッツ 硬い冬小麦とライ麦、深井戸から汲んだ水を合わせて5回蒸溜。蒸溜液を紙、砂、桃とアンズの種炭で5回濾過している。

テイスト フルボディながらスムースな飲み心地で、控えめな甘さと、かすかなミネラル感、ほのかにスパイシーなライ麦の香りが楽しめる。

Kalevala

カレヴァラ

ウオッカ　40度

蒸溜所 ノーザン・ライツ・スピリッツ　フィンランド、ノースカレリア　2012年設立

フィロソフィ 最高品質の原料のみで製造する、有機認証取得のマイクロディスティラリー。

スピリッツ 有機栽培の小麦でつくった発酵液を5回蒸溜したのち、蒸溜所所有の新鮮な井戸水で加水する。

テイスト 柑橘類の香りが際立つシルキーな飲み口のウオッカ。さわやかなフレーバーがたっぷり味わえ、フィニッシュは温かくスパイシー。

Karlsson's Gold

カールソンズ・ゴールド

ウオッカ　40度

蒸溜所 スピリッツ・オブ・ゴールド　スウェーデン、グリスプホルム　2007年設立

フィロソフィ ウオッカの伝統を称え、伝統製法によって原料のもつ芳醇かつ自然なフレーバーを引き出している。

スピリッツ 貴重なヴァージン・ニュー種のジャガイモをボトル1本あたり約8kg使い、1回蒸溜。無濾過で仕上げた香り豊かな手造りのウオッカ。

テイスト フルボディの芳醇なウオッカ。独特のフレーバーと力強い個性が楽しめる。

King Charles
キング・チャールズ

ウオッカ　40度

蒸溜所 チャールストン・ディスティリング社　アメリカ、サウスカロライナ州　2009年設立

フィロソフィ 地元農園の穀物を手作業で厳選し、蒸溜所の敷地内で製粉、糖化、発酵、蒸溜、熟成、ブレンド、ボトリングの全工程を行なう。

スピリッツ トウモロコシとライ麦を混合使用。蒸溜工程の一部において穀物を残しておくことにより、フレーバーを最大限に引き出している。

テイスト 主原料であるスイートコーンと酸味のあるライ麦が、甘みとスパイシーさのバランスを生み出している。

Konik's Tail
コーニックス・テイル

ウオッカ　40度

蒸溜所 ポルモス・ビャウィストク　ポーランド、ビャウィストク　2010年に初リリース

フィロソフィ ポーランドの原始林に生息する野生のポニーにちなんで名付けられた。3種類の穀物を用いて限定生産を行なっている。

スピリッツ 厳選したスペルト小麦、ゴールデンライ麦、初冬小麦が完璧な味わいを生み出す。600年以上前に遡るポーランドの伝統製法を踏襲。

テイスト 穀物の熟成味とフルボディの芳醇な口あたりを備えた唯一無二の逸品。スパイシーかつナッティなフレーバーがあり、フィニッシュにやさしい柑橘類の香りが広がる。

The Lakes
ザ・レイクス

ウオッカ　40度

蒸溜所 ザ・レイクス蒸溜所　イングランド、カンブリア州　2014年設立

フィロソフィ イングランドの僻地で伝統製法により生み出される、土地の特徴がにじみ出るようなクリーンテイストのスピリッツ。

スピリッツ 詩人ウィリアム・ワーズワースで有名なダーウェント川の水を使った、小麦原料のウオッカ。手づくりの小ぶりな銅製ポットスチルで3回蒸溜を行なっている。

テイスト スムースかつシルキーな口あたりで、小麦の個性を感じさせる芳醇なアロマが味わえる。

Napa Valley
ナパ・ヴァレー

ウオッカ　40度

蒸溜所 ナパ・ヴァレー蒸溜所　アメリカ、カリフォルニア州　2009年設立

フィロソフィ アメリカ随一のワイン生産地において、ブランデー用スチルでワインを蒸溜してウオッカを造る革新的な蒸溜所。

スピリッツ ナパ・ヴァレー産のソーヴィニヨン・ブランワインを、高級ブランデー用につくられた銅製ポットスチルで蒸溜。ウオッカに必要なアルコール度に達するまで蒸溜する。

テイスト フレーバーと個性が際立つ、芳醇なアロマが漂うウオッカ。飲み口はスムースで、グリーンアップルとバニラの香りが特徴的。

New Deal
ニュー・ディール

ウオッカ　40度

蒸溜所 ニュー・ディール蒸溜所　アメリカ、オレゴン州　2004年設立

フィロソフィ 伝統的なものからオフビートな製品まで、幅広い上質なスピリッツを少量生産で製造。

スピリッツ 粗く粉砕した地元産の小麦を5日間発酵させたのち、ざっと蒸溜を行ない、22段の銅製コラムスチルで本蒸溜。敷地内で手作業で工程を進めることにより、品質を管理している。

テイスト クリーンで飲みやすいウオッカ。ほのかな小麦とフローラルの香りが特徴で、まろやかで心地よい口あたりが楽しめる。

North Shore
ノース・ショア

ウオッカ　40度

蒸溜所 ノース・ショア蒸溜所　アメリカ、イリノイ州　2004年設立

フィロソフィ 入手できる最高の原材料を用いて、フレーバーたっぷりのスピリッツを少量生産。

スピリッツ 中西部産の小麦とトウモロコシが相互に影響して生まれた、個性的なフレーバー。ミシガン湖の濾過水を使うことで、もっと飲みたくなる独特のテクスチャーに仕上がった。

テイスト クリーンかつスムースですっきりとした味わいの、受賞歴がある万能タイプのウオッカ。テクスチャーはまろやかで、フィニッシュはほのかに甘い。

Okanagan Spirits
オカナガン・スピリッツ

ウオッカ　40度

蒸溜所 オカナガン・スピリッツ　カナダ、ブリティッシュコロンビア州　2004年設立

フィロソフィ 地元産の果物だけを使い、添加物や化学薬品、人工香料を一切加えることなく選りすぐりのスピリッツを製造。

スピリッツ ブリティッシュコロンビア産の最高級フルーツを混ぜ合わせ、ヨーロッパでつくられた銅製ポットスチルで蒸溜後、湧水を加水。人工的な香料や着色料、エキスは一切使っていない。

テイスト ほのかなフルーツ香とスムースなフィニッシュが特徴のエレガントなウオッカ。

Prince Edward Potato
プリンス・エドワード・ポテト

ウオッカ　40度

蒸溜所 プリンス・エドワード蒸溜所　カナダ、プリンス・エドワード島　2007年設立

フィロソフィ 自律的かつ環境にやさしい製法により、2人の女性ディスティラーが製造。地元農家とのパートナーシップを通じ、島の豊かな作物を活用する。

スピリッツ カナダ初のポテトウオッカで、1本に約8kgのジャガイモが使われている。3回蒸溜したのちに瓶詰め。

テイスト でんぷん質を多く含むジャガイモを原料としているだけあり、クリーミーでスムースなテクスチャーと、洗練された味わいが楽しめる。

プリンス・エドワード島のシンボルである灯台の絵。島の海岸線には、さまざまな形や大きさの灯台が並んでいる。

ボトル下部には誇らしげにカナダ国旗が。プリンス・エドワード・ポテトの原料はすべて国内で栽培・生産されたものだ。

Purity
ピュリティ

ウオッカ　40度

蒸溜所 ピュリティ・ウオッカ蒸溜所　スウェーデン、スカニア　2002年設立

フィロソフィ 天然素材を使い、スウェーデンの伝統製法にのっとって、緻密なプロセスでスムースなオーガニックスピリッツを製造。

スピリッツ 有機栽培の冬小麦と大麦麦芽を個性的な金銅製スチルで34回蒸溜。この工程で液体の90%が失われるため、結果的に濾過は不要となる。

テイスト ホワイトチョコレート、バラのつぼみ、ライムの香りが、芳醇かつモルティな味わいを引き立てている。口あたりはおだやかで心地よい。

Silver Tree (Leopold Bros.)
シルバー・ツリー(レオポルド・ブラザーズ)

ウオッカ　40度

蒸溜所 レオポルド・ブラザーズ　アメリカ、コロラド州　1999年設立

フィロソフィ 家族所有・経営の蒸溜所で、禁酒法時代以前の伝統製法により天然素材を使って製造。

スピリッツ コロラド産大麦を、昔ながらのモルティングルームとキルンで製麦・乾燥処理。この大麦麦芽にジャガイモと小麦を加え、屋外にある木製の発酵槽で発酵させたのちに、高さ9mのコラムスチルで蒸溜を行なう。

テイスト 涼しい環境で長時間にわたり発酵を促すことにより、やさしくおだやかな味わいに。ジャガイモ由来のクリーミーさも感じられる。

Snow Leopard
スノウ・レパード

ウオッカ　40度

蒸溜所 ポルモス・ルブリン　ポーランド、ルブリン県　2010年に初リリース

フィロソフィ 世界初のスペルト小麦を原料としたウオッカ。売上の一部をユキヒョウの保護活動に寄付している。

スピリッツ ナッティなスペルト小麦と、蒸溜所所有の自噴井戸から汲み上げた水で少量生産。最新の連続式蒸溜器(コンティニュアス・コラムスチル)で6回蒸溜している。

テイスト ほのかにフローラルなアロマが、ナッツとスパイスの豊かなフレーバーを引き立たせている。クリーミーなバニラとハチミツのかすかな香りも楽しめる。

Spring44
スプリング44

ウオッカ　40度

蒸溜所 スプリング44ディスティリング　アメリカ、コロラド州　2010年設立

フィロソフィ ひとつの泉から汲んだ水だけを使い、蒸溜所のコアバリューである品質、持続可能性、信頼、透明性を体現。

スピリッツ 原料の60%にロッキー山脈の鉱泉水（標高2700mに位置する湧水）を、40%にアメリカ産トウモロコシから造ったニュートラルなエタノールを使用する。

テイスト ほのかに甘くドライな飲み口に続いて、粘板岩と雨水の香りがわずかに漂う。ベルベットを思わせるクリーミーなテクスチャーがあり、フィニッシュは長くスパイシー。

Square One Organic
スクエア・ワン・オーガニック

ウオッカ　40度

蒸溜所 ディスティルド・リソーシズ社　アメリカ、アイダホ州　2006年に初リリース

フィロソフィ 家族経営のスピリッツメーカーとして、環境に配慮した製法により革新的なオーガニック製品を製造。

スピリッツ 有機栽培のアメリカ産ライ麦とティトン山脈由来のピュアな水を原料とするウオッカ。4塔の連続式スチルで1回蒸溜を行ない、マイクロペーパーで1回濾過することにより、輝くような清澄さを生み出している。

テイスト フレーバーと個性がたっぷり詰まっている。水晶のように澄んだ色合いとナッティで芳醇な味わい、国産ライ麦由来のテクスチャーが楽しめる。

True North
トゥルー・ノース

ウオッカ　40度

蒸溜所 グランド・トラヴァース蒸溜所　アメリカ、ミシガン州　2007年設立

フィロソフィ「グレーン・トゥ・ボトル」を掲げ、1度の仕込みを少量にすることで最高品質のスピリッツを製造。

スピリッツ 五大湖の清水を濾過して使用。ポットスチルで3回蒸溜後、36段のコラムスチルに通すことで、合計39回の蒸溜を行なっている。

テイスト 地元で栽培されたライ麦がやさしい甘みを生み出す。ファッジやエッグクリーム、トーストしたライ麦パンの味わいが口内に広がり、フィニッシュは極めてスムース。

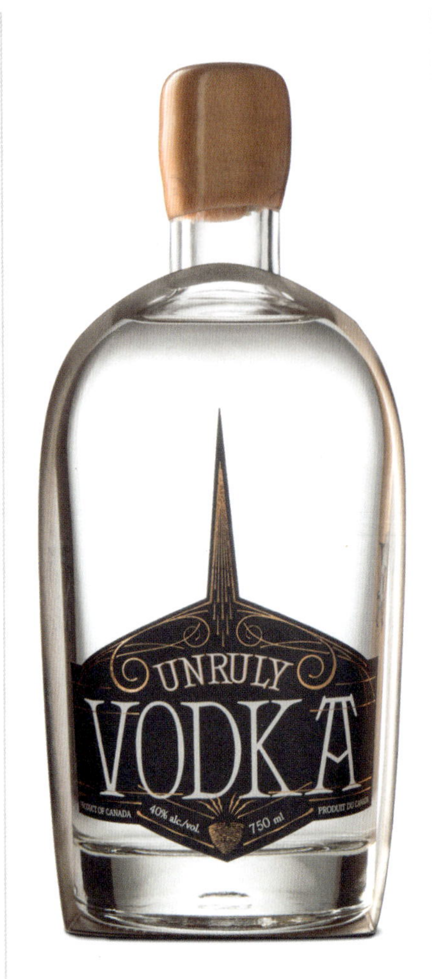

Unruly
アンルーリー

ウオッカ　40度

蒸溜所 ウェイワード・ディスティレーション・ハウス　カナダ、ブリティッシュコロンビア州　2014年設立

フィロソフィ 伝統と創造性のバランスを保つ、職人的な手造りの蒸溜所。カナダで初めて、すべてのスピリッツのベースにハチミツを使用する。

スピリッツ 低温殺菌を行なわず、天然素材だけを原料とする。氷河水、特殊な酵母、州北部の野生クローバー畑で採れるハチミツを用いている。

テイスト フルボディでスムースな飲み口。ハチミツのフレーバーとバニラの風味が口内で混ざり合う。

Vestal
ヴェスタル

ウオッカ　40度

蒸溜所 ヴェスタル・ウオッカ　ポーランド、グウフチツェ 2008年に初リリース

フィロソフィ 少量生産を貫き、地元のテロワールを大切にすることで、異なる個性をもった高品質スピリッツを製造。

スピリッツ 地元原産の新ジャガイモと上質な水を用い、1回だけの蒸溜により、バッチごとに異なるエキゾチックなアロマとフレーバーを引き出している。

テイスト ヴィンテージによって異なる繊細な味わいがあり、リンゴ、キウイ、ミント、アマトウガラシ、マンダリンオレンジ、タバコなど多彩なフレーバーが楽しめる。

HOW TO ENJOY
おすすめの飲み方
フルーティなカクテルに向く、理想的なベーススピリッツ

Watershed
ウオーターシェッド

ウオッカ　40度

蒸溜所 ウオーターシェッド蒸溜所　アメリカ、オハイオ州　2010年設立

フィロソフィ：地場の農業と産業を積極的に支援している。「完璧」をどこまでも追求し、多様なハイクオリティスピッツを製造。

スピリッツ 地元産のトウモロコシでマッシュをつくり、火入れをし、冷ましたのちに発酵させている。マッシュは3000リットルのスチルで4回蒸溜。各ボトルのラベルにバッチナンバーが書き込んである。

テイスト フローラルなアロマに続いて、かすかな甘みと柑橘類の香りが広がり、フィニッシュはクリーンでドライ。

Whitewater (Smooth Ambler)

ホワイトウオーター(スムース・アンバー)

ウオッカ　40度

蒸溜所 スムース・アンバー・スピリッツ　アメリカ、ウエストバージニア州　2009年設立

フィロソフィ 品質と勤勉を重んじる家族経営の蒸溜所。アパラチア山脈で多彩なスピリッツを製造する。

スピリッツ 地元産のトウモロコシ、小麦、大麦を原料に、ポット&コラムスチルで蒸溜している。

テイスト クリーミーな口あたり。フルーツのエッセンスとほのかな甘みが楽しめる。

Woody Creek

ウッディ・クリーク

ウオッカ　40度

蒸溜所 ウッディ・クリーク・ディスティラーズ　アメリカ、コロラド州　2012年設立

フィロソフィ「ファーム・トゥ・ボトル」を掲げ、原料の収穫から加工、瓶詰めに至るすべてのプロセスを手作業で行なう。

スピリッツ 地元産のジャガイモを皮むき後にマッシュにし、山の湧水と混ぜている。蒸溜は、職人に頼んでカスタムメイドした銅製ポットスチルで1回だけ行なう。

テイスト そそるようなフレッシュな香気が漂う、スムースだが力強いウオッカ。シルキーな飲み口に続いて、バニラと甘いクリームがほのかに香る。

MORE to TRY

次に試すなら

Boyd & Blair

ボイド&ブレア

ウオッカ　40度

蒸溜所 ペンシルベニア・ピュア・ディスティラリーズ　アメリカ、ペンシルベニア州　2010年設立

フィロソフィ 伝統的なアルチザン製法により、最高級のクラフトスピリッツを製造。

非遺伝子組み換えのペンシルバニア産ジャガイモを使い、手作業により少量生産されているウオッカ。ボトルにはスチルマスターによるバッチナンバーの記載と署名入り。ジャガイモ由来のかすかな甘みがあり、クリーンな口あたりと長く心地よい余韻が楽しめる。

Debowa Oak

デボワ・オーク

ウオッカ　40度

蒸溜所 デボワ・ポルスカ　ポーランド、シェドレツ　2001年に初リリース

フィロソフィ 良質な天然素材と数世紀の歴史をもつ伝統的な蒸溜製法により、ポーランド随一の受賞歴を誇るウオッカのひとつ。

ポーランド産ライ麦、ニワトコ、オーク(木片がボトルに入っている)、自噴井戸から汲んだ水を原料とする個性的なウオッカ。口あたりはクリーミーで香り高い。最大の個性を生んでいるのがオークの木片で、ほかには見られない色合いと、ほのかに甘いフレーバーをもたらす。

Double Cross

ダブル・クロス

ウオッカ　40度

蒸溜所 GASファミリア　スロバキア、スタラーリュボフニャ　2008年に初リリース

フィロソフィ 数世紀の歴史を誇る上質なスピリッツ造りの伝統に、近代的な製造テクニックを兼ね備える。

地元産の冬小麦とタトラ山脈の深さ65mの帯水層から汲み上げた水を使い、コラムスチルで7回蒸溜後、炭と石灰石で7回濾過している。シルキーかつクリーミーな飲み口で、白コショウとレモンの皮の香りがあり、フィニッシュは温かい。

Infusing Vodka

ウオッカにインフューズ

もっともクセのないスピリッツであるウオッカは、インフュージョンを自家製するにはもってこいのオプションだ。クリーンな味わいの、フレーバーにあまり個性のないものを選び、好きなフレーバーや材料でお試しあれ。インフューズのくわしい方法は24 ～ 25ページを参照のこと。

Tomato
トマト

グラッシーなフレーバーのウオッカと、ジューシーでフレッシュな香りのトマトの組み合わせを楽しむ。

材料 トマト450g（4分の1にカット）、ウオッカ750ml

漬け込み期間 5～7日

さらなるヒント 好みのフレッシュハーブひとつかみを加える。タラゴンやタイムがおすすめ。

Bubble-gum
風船ガム

風船ガムのフレーバーが好きなら、風船ガム味の市販のウオッカは使わずに、自分でつくってみては。

材料 やわらかい風船ガム1～2箱、ウオッカ750ml

漬け込み期間 3～5日

さらなるヒント ピンク色の風船ガムに加えてサクランボまたはブルーベリーひとつかみを入れると、フレーバーが増す。

Beetroot
ビーツ

色鮮やかなビーツは、甘みと野菜くささをウオッカに加えてくれる。

材料 中くらいのビーツ2～3個（皮をむいてぶつ切り）、ウオッカ750ml

漬け込み期間 5～7日

さらなるヒント フレッシュバジルひとつかみ、またはレモンの皮1個分（内側の白いワタは取り除く）を加える。

Tea
茶葉

茶葉をインフューズしたウオッカは、さまざまなカクテルに個性を与えてくれる。

材料 上質なティーバッグ2～3個、ウオッカ750ml

漬け込み期間 1～2日

さらなるヒント 紅茶、緑茶、ジャスミンティー、アールグレイなどのフレーバーティー、チャイ用など、種類は何でもよい。ライムやオレンジの皮1個分を加えると柑橘系のさわやかなフレーバーに仕上がるが、苦みがあるので内側の白いワタは取り除く。

Chocolate
チョコレート

チョコレートをインフューズしたウオッカは、デザートカクテルに最適。

材料 ダークチョコレート60～85g（細かく割る）またはココアパウダー100g、ウオッカ750ml

漬け込み期間 2～3日

さらなるヒント チョコレートにフレーバーを加えるときと同じように、オレンジの皮1個分（白いワタは取り除く）、おろしショウガ、バニラの莢、シナモンスティックなどを足す。

Horseradish
ホースラディッシュ

スパイシーな「キック」をつけるなら、ホースラディッシュがおすすめ。スタンダードなブラッディ・メアリーに生き生きとしたアクセントが出る。

材料 ホースラディッシュ60g（皮をむいておろす）、ウオッカ750ml

漬け込み期間 1日

さらなるヒント ティースプーン1/2の黒コショウ（ホール）を足せば、風味とスパイシーさがいっそう増す。

Bloody Mary

ブラッディ・メアリー

ブラッディ・メアリーは世界でもっとも人気の高い
セイヴォリーカクテル。
言い伝えによれば、1921年にパリの「ニューヨーク・バーで
初めてシェイクされたという。
かつては調合が複雑だと考えられていたが、現在では
クイック＆イージーなブランチカクテルとして愛されている。
スタンダードなスタイルで、あるいは遊び心のある
独創的なひねりを加えたカクテルで、味わってみよう。

スタンダードレシピ

**シンプル、スパイシー、かつフレッシュな
スタンダードレシピのフレーバーを楽しむ。**

1 よく冷やしたコリンズグラスに角氷を入れる。

2 グラスにトマトジュース120mlを注ぐ。

3 ウオッカ60mlを加える。

4 フレッシュのレモン果汁（ティースプーン1.5）を加える。

5 タバスコとウスターソース各1ダッシュを加え、10秒間ステアする。

仕上げ 味をととのえ、セロリスティック、オリーブ、くし切りレモンを飾る。

自分だけのシグネチャーカクテルをつくる

基本のつくり方

1 グラスに**角氷**を入れる。
トマトジュースやビーフストックを凍らせたものを角氷の代わりに使うと、フレーバーが増す。

2 グラスに**トマトジュース120ml**を注ぐ。
香りのよい上質な瓶入りトマトジュースを選ぶ。濃度を高めたければ、1～2個の生トマトをピュレにしたのち、濾して加える。

3 **ウオッカ60ml**を加える。
チリペッパーやトマト、柑橘類をインフューズしたウオッカを使うと個性が際立つ。

4 フレッシュの**レモン果汁**
（ティースプーン1.5）を加える。
フレッシュのライム果汁1/4個分とシトラスビターズ1ダッシュを加えるとフレーバーが増す。

5 **タバスコ**と**ウスターソース各1ダッシュ**を加え、ステアする。
ソースの代わりに野菜のすりおろしやピクルス、調理した小エビを使って、旨みを足してもよい。

仕上げのアレンジ

ガーニッシュ 大エビやロブスターテールなど、目を引くガーニッシュを選ぶ。

シーズニング 色とフレーバーを足す。スモークソルトやクリスタル塩、パプリカパウダー、挽きたてのピンクペッパーなど。

ビターズ スモーキーなもの、スパイシーなもの、あるいは酸味のあるものなど、刺激的なビターズを1～2ダッシュ加えて、オフビートなフレーバーに。

デコレーション 生野菜、ピクルス、乾燥野菜、角切りチーズ、固ゆでのうずら卵、キャンディードベーコンなどをカクテルスティックに刺して飾る。

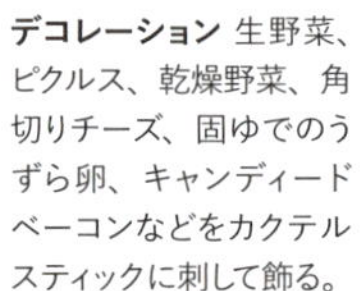

クラフトカクテル

多くのバーテンダーがハリッサやアレッポトウガラシといったスパイス、あるいは紫ニンジンや黄インゲンなどの伝統野菜を使って、ブラッディ・メアリーをカスタマイズしている。No.1 セイヴォリーカクテルのフレッシュでモダンなレシピを 3 つ紹介する。

Beefy Bloody Bull
ビーフィ・ブラッディ・ブル

液体の材料をすべてシェイカーに入れて10秒間シェイクし、氷を入れたコリンズグラスに注ぐ。セロリソルトと黒コショウで味をととのえ、くし切りレモンを飾る。

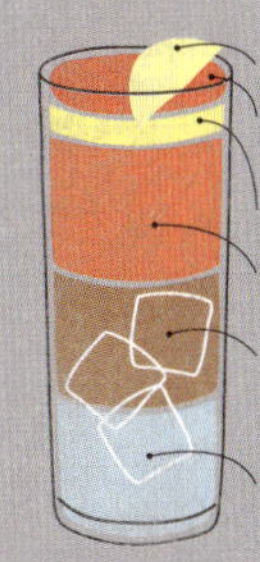

Spicy Bloody Maria
スパイシー・ブラッディ・マリア

テキーラ、ジュース、ビターズとチリソース各1ダッシュをシェイカーに入れて10秒間シェイクし、氷を入れたコリンズグラスに注ぐ。塩、カイエンペッパー、各1ダッシュのビターズとチリソースを加える。

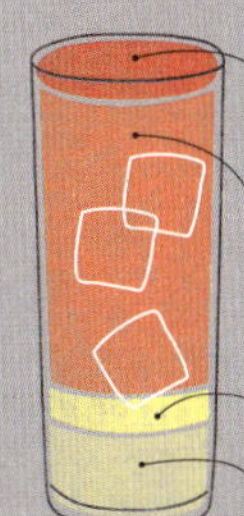

◀ Blonde Mary
ブロンド・メアリー

ウオッカ、ビネガー、ビターズ1ダッシュ、トマトピュレ、果汁をシェイカーに入れて10秒間シェイクし、氷を入れたグラスに注ぐ。味をととのえる。ビターズ1ダッシュを加え、レモンとスティックを飾る。

Cosmopolitan

コスモポリタン

コスモポリタン、またの名を「コスモ」が誕生したのは1970年代のこと。しかし世界的にその名が知られるようになったのは1990年代、アメリカの連続テレビドラマ『セックス・アンド・ザ・シティ』でフィーチャーされてからだ。ドラマはともかく、この飲みやすく刺激的なカクテルは、スムースなスイートカクテル好きのお気に入り。右のスタンダードレシピは、ツイストをするベースとしても完璧だ。

スタンダードレシピ

フルーティでスイートなスタンダード・コスモポリタンは、つくりやすく、飲みやすいカクテル。

1 ウオッカ90mlをシェイカーに入れる。

2 トリプルセック（柑橘系リキュール）30mlを加える。

3 クランベリージュース30mlを注ぎ入れる。

4 フレッシュのライム果汁（テーブルスプーン1）を加える。

5 シェイカーに角氷を入れ、10秒間シェイクする。よく冷やしたマティーニグラスにストレーナーを使って注ぐ。

仕上げ レモンツイストを飾る。

自分だけのシグネチャーカクテルをつくる

基本のつくり方

1 ウオッカ90mlをシェイカーに入れる。
レモン、クランベリー、オレンジ、パイナップルなどのフレーバードクラフトウオッカでも。

2 トリプルセック30mlを加える。
トリプルセックを使うとフルーティさとアルコール度が増す。クラフトブランデーやシュナップスなどのフルーツリキュールでも、フレーバーに深みを出すことができる。

3 クランベリージュース30mlを注ぎ入れる。
濃縮ジュースではなく、フレッシュの果汁を使いたい。クランベリーが手に入らない場合は、ブドウやサクランボなど香り高いほかの果物に。

4 フレッシュのライム果汁（テーブルスプーン1）を加える。
分量をテーブルスプーン2に増やせば、刺激を強め、甘さを抑えられる。

5 シェイカーに**角氷**を入れ、10秒間シェイクする。よく冷やしたグラスにストレーナーを使って注ぐ。
砕いた氷やクラッシュドアイスを使えば、ストレーナーを通り抜けた微細な氷がグラスに入り、カクテルのテクスチャーがよりなめらかになる。

フレッシュのライム果汁
クランベリージュース
トリプルセック
ウオッカ

仕上げのアレンジ

ビターズ ビターズを数ダッシュ入れてもよい。ボタニカルなものから、苦みの強い刺激的なものまで、いろいろ。

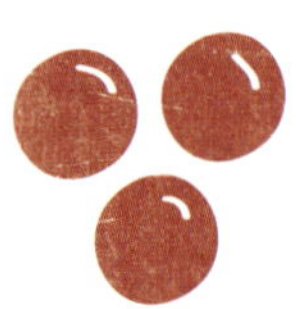

ガーニッシュ スタンダード・コスモポリタンは人工的な着色料やフレーバーが用いられることがよくある。ライムパウダーやフローズンクランベリーなど、新しい印象のガーニッシュで「クラフト」らしさを出そう。

クラフトカクテル

コスモポリタンはスイートカクテルだが、ミクソロジストはスパイシーな材料や酸味のある材料を加えたり、果物の天然フレーバーを足したりもする。コスモポリタンを新たな高みへと引き上げる、3つの革新的なバリエーションを紹介しよう。

Sour Apple Cosmo
サワー・アップル・コスモ

ウオッカ、シュナップス、果汁、ビターズ、角氷をシェイカーに入れ、10秒間シェイクする。よく冷やしたマティーニグラスにストレーナーを使って注ぎ入れ、リンゴのスライスを飾る。

Creamy Peach Cosmo
クリーミー・ピーチ・コスモ

ウオッカ、シュナップス、レモン果汁、モモ果汁またはネクター、角氷をシェイカーに入れ、10秒間シェイクする。よく冷やしたマティーニグラスにストレーナーを使って注ぎ入れ、桃を飾る。

◀Spicy Pineapple Cosmo
スパイシー・パイナップル・コスモ

ウオッカ、果汁、ビターズ、角氷をシェイカーに入れ、10秒間シェイクする。よく冷やしたマティーニグラスにストレーナーを使って注ぎ入れ、パイナップルとハラペーニョを飾る。

Moscow Mule

モスコミュール｜

モスコミュールは1941年、ハリウッドのとあるバーで“発明”されたという。この店はウオッカと自家製ジンジャービールの大量の在庫を抱えていた。そこへロシア人女性が父親のショップの銅マグ2000個を売りに現れ、アイコニックなカクテルが生まれたというわけだ。まずはスタンダードレシピを知ったうえで、自分なりのアレンジや、モダンなバリエーションに挑戦しよう。

スタンダードレシピ

もっとも簡単なカクテルのひとつであるモスコミュールは、ジンジャービールのキック（辛さ）が「決め手」だ。

1 よく冷やした銅製マグにウオッカ60mlを注ぎ入れる。

2 フレッシュのライム果汁（テーブルスプーン1）を加える。

3 ジンジャービール150mlを注ぎ入れる。

4 よくステアし、マグをクラッシュドアイスで満たす。

仕上げ ライムの輪切りを飾る。

自分だけのシグネチャーカクテルをつくる

基本のつくり方

1 よく冷やした銅製マグに**ウオッカ60ml**を注ぎ入れる。

グラッシーな、またはハーバルなクラフトウオッカを選ぶこと。

2 フレッシュの**ライム果汁（テーブルスプーン1）**を加える。

マイヤーレモンや柚子など、ジンジャーに合う香り高いフルーツの果汁に替える手も。

3 ジンジャービール150mlを注ぎ入れる。

スパイシーなアロマを楽しむために、生のショウガやタマリンドペーストをインフューズしたソーダを使う。甘口のジンジャーエールは避ける。

4 よくステアし、マグを**クラッシュドアイス**で満たす。

ペブルドアイス（小石状の氷）を使ったり、ショウガをインフューズした水で氷をつくり、クラッシュドアイスにして用いてもよい。

クラッシュドアイス
ジンジャービール
フレッシュのライム果汁
ウオッカ

仕上げのアレンジ

ガーニッシュ ライムの代わりにほかの柑橘類の輪切りを飾る。または、バジルやタイムなどのハーブを使っても。

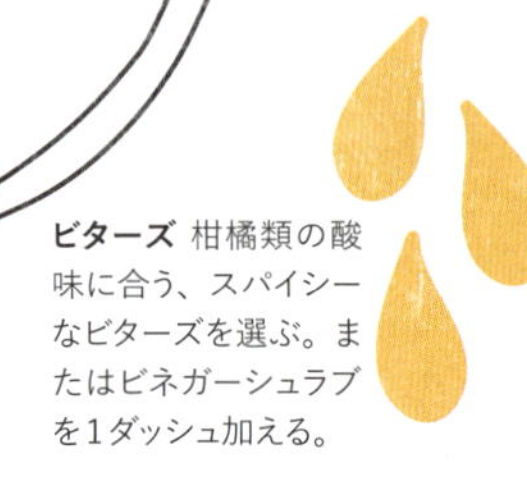

ビターズ 柑橘類の酸味に合う、スパイシーなビターズを選ぶ。またはビネガーシュラブを1ダッシュ加える。

デコレーション キンセンカなど季節のエディブルフラワーがおすすめ。あるいは、乾燥させたバナナやレモンの輪切りを添えればフレーバーがアクセントになる。

クラフトカクテル

モスコミュールはツイストレシピが続々と誕生しているが、
つねに変わらないものがひとつある。銅製のマグだ。
ツイストは多様で、果物のピュレやリキュールで甘みを足したり、
スパイスで刺激を加えるミクソロジストもいる。
右は、「ミュール」の進化系レシピ。

Fig Mule
フィグ・ミュール

ウオッカ、ライム果汁、アガベシロップ、セージ、イチジクのピュレをシェイカーに入れ、10秒間シェイクする。氷で満たした銅製マグにストレーナーを使って注ぐ。さらにジンジャービールを注ぎ入れる。

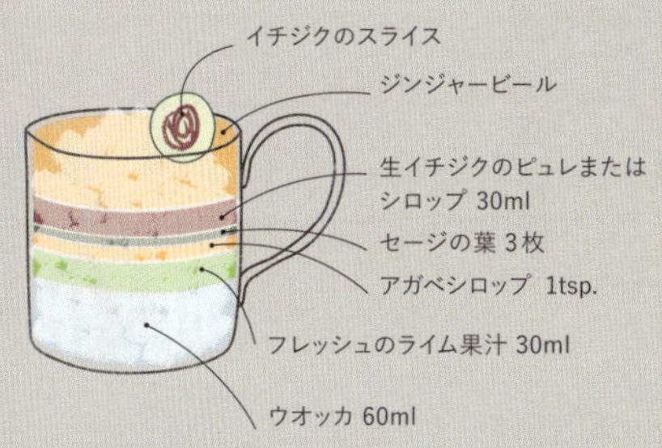

Apple Cider Mule
アップルサイダー・ミュール

ウオッカ、サイダー、ライム果汁、シナモンパウダー（ティースプーン1/4）を銅製マグに入れてステアし、クラッシュドアイスを加える。ジンジャービールを注ぎ、シナモンスティックとリンゴを飾る。

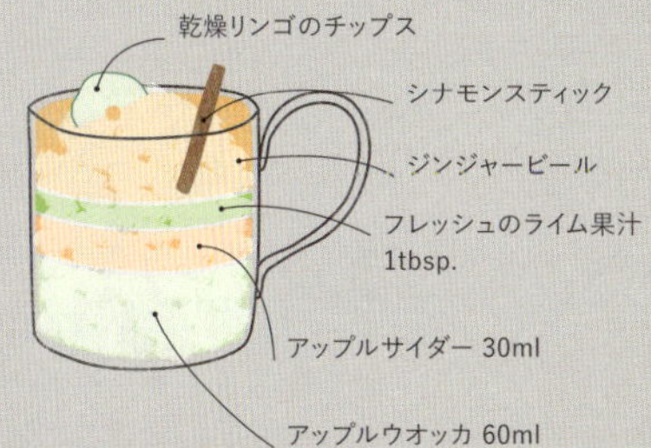

◀Blueberry Mint Mule
ブルーベリー・ミント・ミュール

ミント、ブルーベリー、ライム果汁をシェイカーに入れてつぶし混ぜ、ウオッカを加えて10秒間シェイク。氷で満たしたマグにストレーナーを使って注ぐ。ジンジャービールを注ぎ、ミントを飾る。

White Russian

ホワイト・ルシアン｜

ホワイト・ルシアンは、すべてのクリーミー系スイートカクテルの「母」なる存在。20世紀半ばにアメリカで誕生したとされ、現在はデザートにドリンクを楽しみたい人にとても人気がある。スタンダードレシピではウオッカとコーヒーリキュールが主役だが、レシピを大胆に変えてもおもしろい。

スタンダードレシピ

少ない材料でつくれるスタンダードなホワイト・ルシアンは、パーティーでの提供にも好適。

1 よく冷やしたダブル・オールドファッションドグラスに角氷を入れる。

2 よく冷やしたウオッカ60mlをグラスに注ぐ。

3 コーヒーリキュール30mlを加える。

4 ダブルクリーム30mlを加え、ゆっくりステアする。

自分だけのシグネチャーカクテルをつくる

基本のつくり方

1 よく冷やしたダブル・オールドファッションドグラスに**角氷**を入れる。

このカクテルは分離してしまうことがある。分離を避けるには、溶けにくい上質な大きめの角氷を使う。フレーバーを強めたい場合は、牛乳や水出しコーヒーで氷をつくるとよい。

2 よく冷やした**ウオッカ60ml**をグラスに注ぐ。

クセのないクリーンなウオッカが最適だが、チョコレートまたはチェリーフレーバーのウオッカを使うのもおもしろい。あるいは、クセのないウオッカにコーヒー豆やシナモンをインフューズしても。

3 コーヒーリキュール30mlを加える。

コーヒーリキュールは、ものによっては甘すぎることがあるが、自分でつくれば甘さを抑えられる。おすすめレシピは、水出しコーヒーとラムを混ぜたもの20ml、ブラウンシュガーのシロップ10ml、バニラエクストラクト1ダッシュ。

4 ダブルクリーム30mlを加え、ゆっくりステアする。

新鮮で上質な脂肪分の高いクリームや牛乳を使うと、ベルベットのようなテクスチャーのホワイト・ルシアンに仕上がる。乳製品はココナッツミルクなどに変更すれば、ひと味違ったフレーバーに。

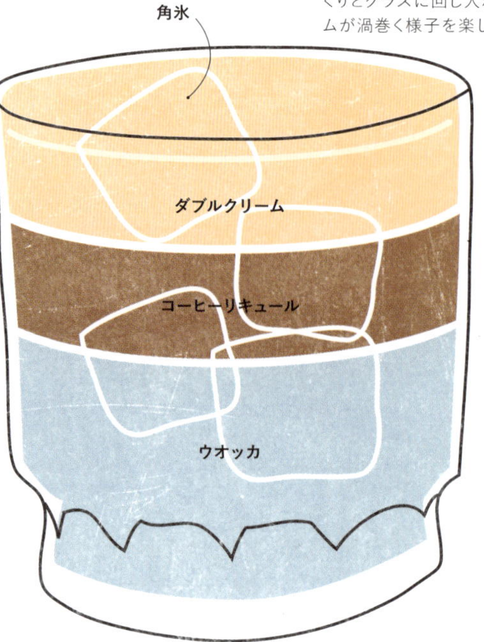

仕上げのアレンジ

クリームの注ぎ方 最後にステアする代わりに、クリームをゆっくりとグラスに回し入れ、クリームが渦巻く様子を楽しむ。

コーヒー ドリップコーヒーやシングルエスプレッソを1ダッシュ加え、カフェインの刺激を楽しむ。

ガーニッシュ 砕いたナッツ（アーモンドなど）、すりつぶしたシナモン、あるいはナツメグを散らす。

クラフトカクテル

ミクソロジストがホワイト・ルシアンを作る場合、乳製品を替えて
さらにクリーミーにしたり、新しいフレーバーを足したりすることが多い。
3つの新しいバリエーションで、ホワイト・ルシアンを
いま一度見直してみてはどうだろう。

Toasted Almond
トーステッド・アーモンド

シェイカーに氷と液体の材料を入れ、軽くステアしたのち、氷を入れたダブル・オールドファッションドグラスにストレーナーを使って注ぐ。静かにステアし、砕いたアーモンドを散らす。

Skinny Russian
スキニー・ルシアン

シェイカーに氷、ウオッカ、コーヒー、アガベシロップ、ミルクを入れ、軽くステアしたのち、氷を入れたダブル・オールドファッションドグラスにストレーナーを使って注ぐ。ステアし、ナツメグを散らす。

◀ Colorado Bulldog
コロラド・ブルドッグ

シェイカーに氷、ウオッカ、コーヒーリキュール、クリームを入れ、混ぜる。氷を入れたダブル・オールドファッションドグラスにストレーナーを使って注ぐ。コーラを注いでステアし、ナツメグを散らす。

ナツメグ
コーラ 60ml
ダブルクリーム 30ml
コーヒーリキュール 30ml
ウオッカ 45ml

無色透明のスピリッツのなかではもっとも**芳醇な**味わいをもつジン。基本的には、ニュートラルなウオッカにフレーバーを加えて**再蒸溜**したものがジンということになる。**独特**の味わいは、おもにジュニパーベリーや柑橘類の皮、コリアンダーをはじめとする伝統のボタニカルに由来するものだ。ジンの原型は**ジュネヴァ**と呼ばれるスピリッツで、16〜17世紀のオランダに起源がある。世界的に人気の高いジンのタイプといえば、トニックウォーターとの相性も抜群な**ロンドンドライジン**。**ジュニパーの香味が強く**、砂糖を加えないのが特徴で、ほかのタイプのジンよりもアルコール度数が高いことが多い。近年では、革新的な造り手たちが、**新しい蒸溜技術**を駆使するとともに、多大な労力をかけてさまざまな種類の**ボタニカル**を調達している。ぜひジンの多様性を知ったうえで、あなたの創造の力を働かせてほしい。

GIN

ジン

Adnams Copper House
アドナムス・コッパー・ハウス

ジン　40度

蒸溜所 コッパー・ハウス蒸溜所　イングランド、サフォーク州　2010年設立

フィロソフィ 同じ敷地内で醸造と蒸溜の両方を手がける、イングランドの革新的な造り手。

スピリッツ 6種のボタニカルを加え、銅製ポットスチルで蒸溜したロンドンドライジン。ベースのスピリッツは、地元東イングランド産麦芽を原料とした同社の大麦ウオッカ。

テイスト エレガントで飲みやすい。アドナムスを代表するフラッグシップ製品であり、温かみのある味わいと伝統的なジュニパーのパンチ、続いてフローラルとシトラスの香りが楽しめる。

Amato
アマート

ジン　43.7度

蒸溜所 アマート・ジン蒸溜所　ドイツ、ヴィースバーデン　2014年設立

フィロソフィ 地域性を感じさせる手造りの少量生産ジン。イタリアのフレーバーがインスピレーションになっている。

スピリッツ トマトと厳選したボタニカルを約24時間浸漬したのち、2回の蒸溜を行なっている。

テイスト 柑橘類、コリアンダー、モモのフレッシュな香りから、タイム、コリアンダー、トマト、キュウリが織り成す魅力的なフレーバーへと展開する。

Aviation
アヴィエーション

ジン　42度

蒸溜所 ハウス・スピリッツ蒸溜所　アメリカ、オレゴン州　2004年設立

フィロソフィ 太平洋岸北西部屈指の蒸溜所が造る、受賞歴のあるスピリッツ。禁酒法時代以前のアメリカ産ジンから着想を得た。

スピリッツ アメリカ産のニュートラルなグレーンスピリッツに、新鮮なボタニカルを約24時間浸してフレーバーを抽出。その後特注のポットスチルで蒸溜し、望ましい度数になるまで精製水を加水する。

テイスト 複雑な味わいとフレーバーが高く評価されているジン。カルダモン、コリアンダー、アニスシード、ドライオレンジピール、ラベンダー、インディアン・サルサパリラ、ジュニパーなど、伝統的な材料と現代的な材料が調和している。

The Botanist

ザ・ボタニスト

ジン　46度

蒸溜所 ブルイックラディ蒸溜所　スコットランド、アイラ島　2010年に初リリース

フィロソフィ 自称「ヘブリディーズ諸島の進歩的な蒸溜所」。手摘みした地元アイラ島のボタニカルを使用して造る、革新的なドライジン。

スピリッツ 30種類以上の原料を、フレーバーを最大限に引き出すためにゆっくりと時間をかけて蒸溜。蒸溜器は世界でも数少ない旧式のローモンドスチルで、親しみを込めて「アグリー・ベティ」と呼ばれている。

テイスト メントールからコリアンダーまでさまざまなアロマが広がる。スムースな飲み口で、複雑でスパイシーなフレーバーが楽しめる。

Buss No. 509 Raspberry

バスNo.509 ラズベリー

ジン　37.5度

蒸溜所 バス・スピリッツ　ベルギー、アントワープ　2014年に初リリース

フィロソフィ 型破りな手法で造られる、素晴らしい品質の職人的なフレーバードジン。

スピリッツ バス・スピリッツ社の製品第1号。3週間漬け込んだ生のラズベリー由来の独特なフレーバーと液色が特徴的なラズベリージン。

テイスト やさしくおだやかな飲み心地で、ラズベリーの天然の甘みと香りが感じられる。ジンが苦手という人にすすめる入門の1本としても最適。

ミニマルでモダンなデザインの“ナチュラルクロージング”キャップ。

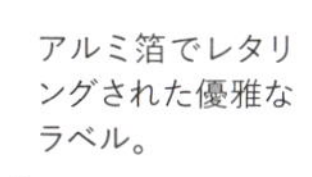
アルミ箔でレタリングされた優雅なラベル。

すべてのボトルに創業者でフレーバースペシャリストのセルジュ・バスのサイン入り。

Caorunn
カルーン

ジン　41.8度

蒸溜所 バルメナック蒸溜所　スコットランド、クロムデール　2009年に初リリース

フィロソフィ 少量生産のジン。製品名は、このスピリッツの骨格を成すケルトのボタニカル「ローワンベリー（ナナカマドの実）」を意味するゲール語。

スピリッツ マスターディスティラーのサイモン・ビューリーが、世界で唯一の「コッパー・ベリー・チャンバー」を使用して蒸溜。蒸溜器の先に付けられた銅製容器のことで、11種のボタニカルの蒸気が内側の4段のトレーを通る仕掛けになっている。

テイスト クリーンでさわやかなフレーバーと、ドライで長いフィニッシュが楽しめる。

Citadelle
シタデール

ジン　44度

蒸溜所 ロジ・ダンジャック　フランス、アルス　1997年に初リリース

フィロソフィ コニャックの造り手として知られる「メゾン・フェラン」社長のアレクサンドル・ガブリエルが、18世紀のレシピをもとに造る上質なジン。

スピリッツ 複雑なスパイスの組み合わせとポットでの蒸溜が必要とされるレシピ。フランス産全粒小麦、天然水、独自にブレンドしたボタニカルを銅製ポットスチルで3回蒸溜している。1年の半分は、同じスチルをコニャック「ピエール・フェラン」を蒸溜するのに使用。

テイスト やわらかくスムースな飲み心地。繊細な味わいで、余韻の長い後味には複雑なアロマの展開が感じられる。

The Cutlass (West Winds)
ザ・カットラス（ウエスト・ウィンズ）

ジン　50度

蒸溜所 テイラー・メイド・スピリッツ・カンパニー　オーストラリア、マーガレットリバー　2011年設立

フィロソフィ 豊富な雨水と最高の天然資源に恵まれた土地の利を生かす、小さな蒸溜所。

スピリッツ オーストラリア産の小麦を原料にしたベーススピリッツを銅製ポットスチルで1回蒸溜。12種のボタニカルをバッチごとに加えて最大限のフレーバーを抽出している。

テイスト 白コショウを思わせるクリーミーな口あたり。シナモンマートルやレモンマートル、オーストラリア原産ブッシュトマトなどのほかにはない珍しいフレーバーが豊かに広がる。

Death's Door
デスドア

ジン　47度

蒸溜所 デスドア蒸溜所　アメリカ、ウィスコンシン州　2005年設立

フィロソフィ 原料には持続可能な穀物や地元の材料を調達し、地元経済を支えるコミュニティ精神にあふれた蒸溜所。

スピリッツ 独自に配合した3種類の穀物（小麦、大麦、トウモロコシ）が原料のベーススピリッツを使用。ジュニパーベリー、コリアンダーシード、フェンネルというシンプルな組み合わせのボタニカルのフレーバーを、蒸気抽出方式で加えている。

テイスト ジュニパーの生き生きとしたフレッシュな香りが立ちのぼり、口に含むとクリーミーな飲み口が楽しめる。フィニッシュは清涼なアニスの香りが感じられ、フレッシュでクリーンな後味が残る。

Dorothy Parker
ドロシー・パーカー

ジン　44度

蒸溜所 ニューヨーク・ディスティリング・カンパニー　アメリカ、ニューヨーク州　2009年設立

フィロソフィ ニューヨークのブルックリンを拠点に、上質でオリジナリティあふれるスピリッツを造る蒸溜所。禁酒法時代のニューヨークのアメリカンカクテルの伝統を愛し、継承している。

スピリッツ 長い時間と手間暇をかけたジン。1000リットルのポットスチルで、ニュートラルなグレーンスピリッツと濾過水、さらに「ボタニカル・ビルド」と称される8種の材料を合わせて蒸溜する。

テイスト バランスのよい軽快なジン。ほのかなジュニパーと柑橘類に加え、濃厚な花の香りと繊細なフルーツの風味が感じられる。

HOW TO ENJOY
おすすめの飲み方
マティーニをつくるのに最適

Dutch Courage
ダッチ・カレッジ

ジン　44.5度

蒸溜所 ズイダム・ディスティラーズ社　オランダ、バールレ・ナッサウ　2004年に初リリース

フィロソフィ 世界中から集めた最高の原料を使用する家族経営の蒸溜所。

スピリッツ イタリア産イリス根、モロッコ産コリアンダー、インド産甘草根を含む9種のボタニカルを銅製ポットスチルで別々に蒸溜するという独特な製法をとる。フレッシュかつドライで、複雑で多層的なフレーバーが特徴。

テイスト フレッシュな柑橘類と土臭いジュニパーが感じられるクリーンな香り。スパイスとバニラの魅惑的なニュアンスが楽しめる。

Elephant
エレファント

ジン　45度

蒸溜所 エレファント・ジン蒸溜所　ドイツ、メクレンブルク=フォアポンメルン州　2013年設立

フィロソフィ 19世紀のアフリカ探検家が発見したボタニカルにインスパイアされたジンで、収益の一部をアフリカゾウの保護活動に寄付している。

スピリッツ 手作業で厳選した14種のボタニカルを使用。近隣の果樹園で採れた新鮮なリンゴのほか、アフリカ原産の希少なブチュ(ミカン科の低木)、ニガヨモギ、バオバブなどを銅製ポットスチルで浸漬。これを地元の天然水で希釈し、ニュートラルなスピリッツと合わせて再蒸溜している。

テイスト スムースな口あたりで、ハーブやフルーツ、スパイスがミックスされた独特の香りが口中いっぱいに広がる。希少なアフリカ原産のボタニカルに由来する、ほかに類を見ない味わい。

Ferdinand's Saar
フェルディナンズ・ザール

ジン　44度

蒸溜所 アヴァディス蒸溜所　ドイツ、ヴィンヘリンゲン　2013年に初リリース

フィロソフィ ルクセンブルクとフランスに国境を接するエリアにある、ブドウ畑に隣接する小さな蒸溜所。地域特有のフレーバーを反映した魅力的なスピリッツを造っている。

スピリッツ 丁寧に手摘みされたリースリング種のブドウと30種以上のボタニカルが生み出す、複雑なフレーバー。

テイスト マルメロやラベンダー、ローズヒップ、アンジェリカ、ホップの花、レモンタイムなどの地元で栽培された原料が、ブドウの酸味を引き立たせている。

天然コルクを地元産の蜜蝋で密封。

ワイン生産地である近隣のザール地方に敬意を表し、伝統的なワインボトルを使用。

製品名は、プロシア王国の森林監督官で、ドイツを代表するブドウ畑の共同設立者として知られるフェルディナンド・ゲルツに由来。

ヴィンテージ感あふれるラベルデザインは、リースリング種のブドウの絡み合う蔓を思わせる。

Few Barrel
フュー・バレル

ジン　46.5度

蒸溜所 フュー・スピリッツ　アメリカ、イリノイ州　2011年設立

フィロソフィ 地元産の穀物の発酵から蒸溜、熟成、ボトリングまですべて敷地内で行なう、真の「グレーン・トゥ・グラス」を実践する蒸溜所。

スピリッツ アルコール度数の高いニュートラルなグレーンスピリッツにボタニカルを漬け込み、ジン専用スチルで再蒸溜。その後、アメリカンオークの新樽と、バーボンとライウイスキー樽で6～9カ月熟成している。

テイスト オーク由来のバニラの甘みとスパイシーなボタニカルのフレーバーが調和した、ウイスキーとジンの中間のような味わい。ほのかなシナモン、グレープフルーツ、バニラ、黒コショウの風味が感じられる。

Filliers Dry Gin 28
フィラーズ・ドライジン28 バレルエイジド

ジン　43.7度

蒸溜所 フィラーズ蒸溜所　ベルギー、バフテ=マリア=レールネ　1928年に初リリース

フィロソフィ 4世代にわたって継承されてきた門外不出の秘伝のジュネヴァのレシピに基づき、伝統的な銅製スチルで自家製のモルトワインを蒸溜。

スピリッツ 熟練したマスターディスティラーが、製粉機による原料の粉砕から、ジュニパーの蒸溜液をオーク樽で熟成させるまで一貫して管理する。

テイスト マイルドでやさしい穀物のフレーバーが詰まった淡い黄色の液体。木やバニラ、モルトワインの香りが楽しめる。

Fords
フォーズ

ジン　45度

蒸溜所 テムズ・ディスティラーズ　イングランド、ロンドン　2012年に初リリース

フィロソフィ 8代目マスターディスティラー、チャールズ・マックスウェルが受け継ぐ偉大なジンの遺産。

スピリッツ 英国産小麦を原料としたニュートラルなグレーンアルコールに、中国産ジャスミン、トルコ産グレープフルーツの皮、ポーランド産アンジェリカを含む9種のボタニカルを浸漬。蒸溜には、伝説的なスチル製造者ジョン・ドーリーが手がけた独特な鋼製スチル2基が使用されている。

テイスト アロマティック、フレッシュかつフローラル。オレンジの花や柑橘類、ジュニパーのエレガントな香りが感じられ、フィニッシュはスムースで長い。

Geranium
ジェラニウム

ジン　40度

蒸溜所 ラングリー蒸溜所　イングランド、ウェスト・ミッドランズ　2009年に初リリース

フィロソフィ 英国有数の歴史を誇るジン蒸溜所の長年の経験と技術を生かしたスピリッツ。

スピリッツ 最高品質の英国産小麦100%のピュアなグレーンスピリッツをベースとした、正統派ロンドンドライジン。10種のフレッシュまたはドライのボタニカルを48時間インフューズしている。

テイスト さわやかなフローラルのアロマが立ちのぼり、続いてジュニパーの軽快なフレーバーとカシアやオレンジ、甘草の甘みが広がる。

Gin 27
ジン27

ジン　43度

蒸溜所 アッペンツェラー蒸溜所　スイス、アッペンツェル　2013年に初リリース

フィロソフィ スイスを代表する蒸溜所が、スイスのバー&レストランの専門家とのコラボレーションで造り出す最高品質のジン。

スピリッツ スイスの有名なハーブリキュール「アッペンツェラー・アルペンビター」の造り手によるドライジン。最新鋭の蒸溜システムと各種のボタニカルを使用している。

テイスト コリアンダーや柑橘類の皮から、シナモンやナツメグ、カルダモンまで、フレッシュでバランスのとれたフレーバーが最初から最後まで展開する。

Gin Mare
ジン・マーレ

ジン　42.7度

蒸溜所 MG蒸溜所　スペイン、バルセロナ　2010年に初リリース

フィロソフィ 地中海で栽培された、最高の原料（完全に生産者までたどれる）を、250リットルの小さなクラフトスチルで蒸溜。

スピリッツ それぞれの原料を別々に、最低でも24時間かけてゆっくりと蒸溜。柑橘類は手作業で皮をむき、特製瓶に詰めて1年間以上浸漬する。1回の仕込みごとにアルベキーナ種のオリーブ15kgを手作業でブレンドする。

テイスト 松やローズマリー、トマト、黒オリーブのスパイシーでハーバルな香り。かすかな苦みのあるフィニッシュは、タイムやローズマリー、バジルの余韻が感じられる。

Greenhook Ginsmiths

グリーンフック・ジンスミス

ジン　47度

蒸溜所 グリーンフック・ジンスミス蒸溜所　アメリカ、ニューヨーク州　2012年設立

フィロソフィ ジンを愛するディアンジェロ兄弟がニューヨークのブルックリンで運営する、受賞歴のある少量生産の蒸溜所。

スピリッツ 沸点を下げて低い温度で蒸溜する減圧蒸溜法を採用。これにより、従来の蒸溜プロセスのように高温によって繊細なボタニカルのアロマが弱まることを防ぐ。

テイスト クリーンなジュニパーと柑橘類の香りが立ちのぼる。口に含めば、エレガントでシルキーなテクスチャーの余韻が舌先に残り、やがて複雑かつ鮮やかなフィニッシュを迎える。

G'Vine Floraison

ジーヴァイン・フロレゾン

ジン　40度

製造者 ユーロワインゲート・スピリッツ＆ワイン　フランス、コニャック　2001年設立

フィロソフィ 個性的なジン造りを実践する蒸溜所による、珍しいブドウベースのジン。

スピリッツ 多くのジンと異なり、ブドウが原料のベーススピリッツを使用。さらに、同社が所有する名高いブドウ畑で採れる、希少なブドウの花を含む10種のボタニカルを加えて風味を高めている。

テイスト 爽快なブドウ畑のエッセンスと夏の暖かさをボトルに閉じ込めたような、軽快で生き生きとしたフローラル香が楽しめる。

Helsinki

ヘルシンキ

ジン　47度

蒸溜所 ザ・ヘルシンキ・ディスティリング・カンパニー　フィンランド、ヘルシンキ　2013年設立

フィロソフィ ヘルシンキ初の独立系蒸溜所が造る、職人の手によるプレミアムジン。

スピリッツ 手摘みされた9種のボタニカル（北極圏のリンゴンベリーを含む）を、フィンランド産のニュートラルなグレーンスピリッツに24時間浸漬したのち再蒸溜する。さらに、とりわけ繊細なボタニカルは蒸気抽出法によりアロマを加えている。

テイスト スムースで心地よい飲み口。すぐにフェンネル、コリアンダー、イリス根、アンジェリカが入り混じった独特の香りがほとばしり、ほのかにバラの花びらの芳香も感じられる。

Sacred Gin

セイクレッド・ジン |

セイクレッド・ジンは美しく調和のとれたスピリッツだ。ディスティラーのイアン・ハートと、彼の北ロンドンの自宅内に設えられたマイクロディスティラリーの勝利と言っていい。おそらく商業用蒸溜所としては最小規模であろうセイクレッドは、従来のポット蒸溜に代わって減圧蒸溜法を採用することで、ジンの常識を覆した。

成り立ち

セイクレッドが造り出すのは、まさに唯一無二のジン。まず、すべて有機栽培されたボタニカルのそれぞれの特徴を保つために、ハートはボタニカルをひとつずつ別々に英国産小麦のスピリッツに浸漬している。皮も身も丸ごと使う柑橘類をはじめとする原料は、最低でも4～6週間という非常に長い時間をかけて浸漬し、空気に触れさせないのが特徴だ。

続いてハートは、ボタニカルをガラス製の減圧蒸溜器で個々に蒸溜する。真空ポンプで空気を吸い出して減圧した蒸溜器では、ポット蒸溜よりもずっと低い温度で蒸溜することができる。この方法だと、それぞれのボタニカルの蒸溜液はフレッシュさと豊かな風味を保ったままブレンドされ、ジンになる。切りたてのフレッシュオレンジと、高温で煮たマーマレードの違いを思い浮かべてもらうといいかもしれない。

現在とこれから

クラシックタイプのジンに加えて、2種類のフレーバードジン（ピンクグレープフルーツとカルダモン）、ウオッカ、ベルモット、そして英国版カンパリともいうべき「ローズヒップ・カップ・リキュール」などをラインアップ。試行錯誤をつねに重ねている同社では、スロージンやウイスキーなどの新製品も開発中だ。

2013年 サンフランシスコ・ワールド・スピリッツ・コンペティション最優秀金賞受賞

2009年5月22日 セイクレッド・ジンの製造開始

2日間 2人の人間が80kgのグレープフルーツを浸漬用に準備するのにかかる時間

SACRED

上）ロゴにあしらわれたコマドリとナイチンゲールは、セイクレッド蒸溜所があるロンドンのハイゲート地区を表す。「ナイチンゲールに寄す（Ode to a Nightingale）」で知られる英詩人ジョン・キーツがハイゲート地区に住んでいたことに由来する。

左）セイクレッドには5基の特注の蒸溜器がある。これらはすべてハートがデザインし、ガラス製造業者に、セイクレッド用に特別につくらせたものだ。

上）フレーバーとアロマを保つために、蒸気は最終的に液体窒素冷却コンデンサーに通される。

造り手

イアン・ハート（右）は幼い頃から科学が大好きな少年だった。酸化窒素や酸化塩素で実験していた11歳の頃にはすでに“蒸溜”を行なっていたという。ケンブリッジ大学で自然科学を学んだのち、携帯電話業界からウォール街の銀行までさまざまな領域で仕事をしたが、2008年に失業したのをきっかけにジン造りに着手。23回の実験の末、セイクレッド・ジンが誕生した。

セイクレッド・スピリッツ社は、ハートと妻のヒラリー・ホイットニーが共同で創業し、現在も共同経営している。ヒラリーも以前に飲料業界で働いた経験はない。

Hernö
ヘルネ

ジン　40.5度

蒸溜所 ヘルネ・ジン蒸溜所　スウェーデン、オンゲルマンランド　2011年設立

フィロソフィ スウェーデン初のジン専門蒸溜所であり、本書執筆時点では世界最北の蒸溜所。それぞれケルスティンとマリットと命名された2基の打ち出しの銅製スチルが核となっている。

スピリッツ 有機小麦のベーススピリッツを銅製スチルで2回蒸溜。ジュニパー、カシア、レモンピール、バニラ、コリアンダー、リンゴンベリー、黒コショウ、シモツケの8種のボタニカルを使用し、ジュニパーの木樽で1カ月熟成させる。

テイスト フレッシュなジュニパーとウッディな香りが楽しめる、スムースで丸みのある味わいのジン。フィニッシュはほのかなハチミツと柑橘類の風味が感じられる。

HOW TO ENJOY
おすすめの飲み方
ギムレットなどのシンプルなカクテルで試してみたい

Junipero
ジュニペロ

ジン　49.3度

蒸溜所 アンカー・ブリューイング&ディスティリング・カンパニー　アメリカ、カリフォルニア州　1993年設立

フィロソフィ サンフランシスコからアメリカ全土へと、クラフトスピリッツ・ムーブメントを広めた革新的な蒸溜所。

スピリッツ 正統派ロンドンドライジンの伝統にのっとって手造りされるジュニペロは、禁酒法時代後のアメリカで初めて造られたクラフトジン。12種以上のボタニカルを小さな銅製ポットスチルで蒸溜している。秘伝のレシピは、自社のビール部門の「クリスマスエール」に配合されたハーブやスパイス、ボタニカルにヒントを得たもの。

テイスト 軽くさわやかでクリーンだが、フレーバーの立ったジン。濃厚なスパイシーさと繊細なニュアンスを併せもっている。

Langley's No. 8
ラングリーズNo.8

ジン　41.7度

蒸溜所 ラングリー蒸溜所　イングランド、ウエスト・ミッドランズ　2009年に初リリース

フィロソフィ 伝統的な製法にこだわり、家族経営の独立系蒸溜所としては英国最大の規模を誇る。

スピリッツ 英国産小麦のグレーンスピリッツ、水、ボタニカルを1回蒸溜。蒸溜器は、マスターディスティラーの亡くなった母親にちなんで「コニー」と名付けられた3000リットルのポットスチル。

テイスト まずジュニパーとコリアンダーのアロマが立ちのぼり、フレッシュで草を思わせるフィニッシュには、松の香りとそれを引き立てる甘草の甘みが感じられる。

HOW TO ENJOY
おすすめの飲み方
上質なトニックウォーターと合わせると美味

Letherbee
レザビー

ジン　48度

蒸溜所 レザビー・ディスティラーズ　アメリカ、イリノイ州　2011年設立

フィロソフィ バーテンダーが、バーテンダーのために考案したカクテルフレンドリーなスピリッツ。

スピリッツ 手の込んだ製法を用いて、ベーススピリッツの風味を高めている。コリアンダーやカルダモンからピリッとしたキュベブベリーまで、バランスのとれた11種のボタニカルを使用。ノンチルフィルタード（冷却濾過しない）でこの芳醇な香りを生かす。

テイスト しっかりとした飲み口で、コショウとスパイスの風味が感じられる。個性的だが、スタンダードからツイストまでどんなカクテルにも合わせやすい。

Loyalist
ロイヤリスト

ジン　40度

蒸溜所 66ギリアッド蒸溜所　カナダ、オンタリオ州　2010年設立

フィロソフィ 最新の機器と詳細な伝統的手法を駆使する、田園地帯に広がる33ヘクタールの農場内にある蒸溜所。

スピリッツ 砂糖を加えないロンドンドライ・スタイルのジン。地元で収穫された穀物とホップ、石灰岩で濾過した自噴井戸の水、手摘みしたジュニパーベリーを含む地元産のボタニカルによる複雑な味わい。

テイスト エレガントなフルボディ。花とラベンダーの香りや、キュウリと甘草のフレーバーが楽しめる。

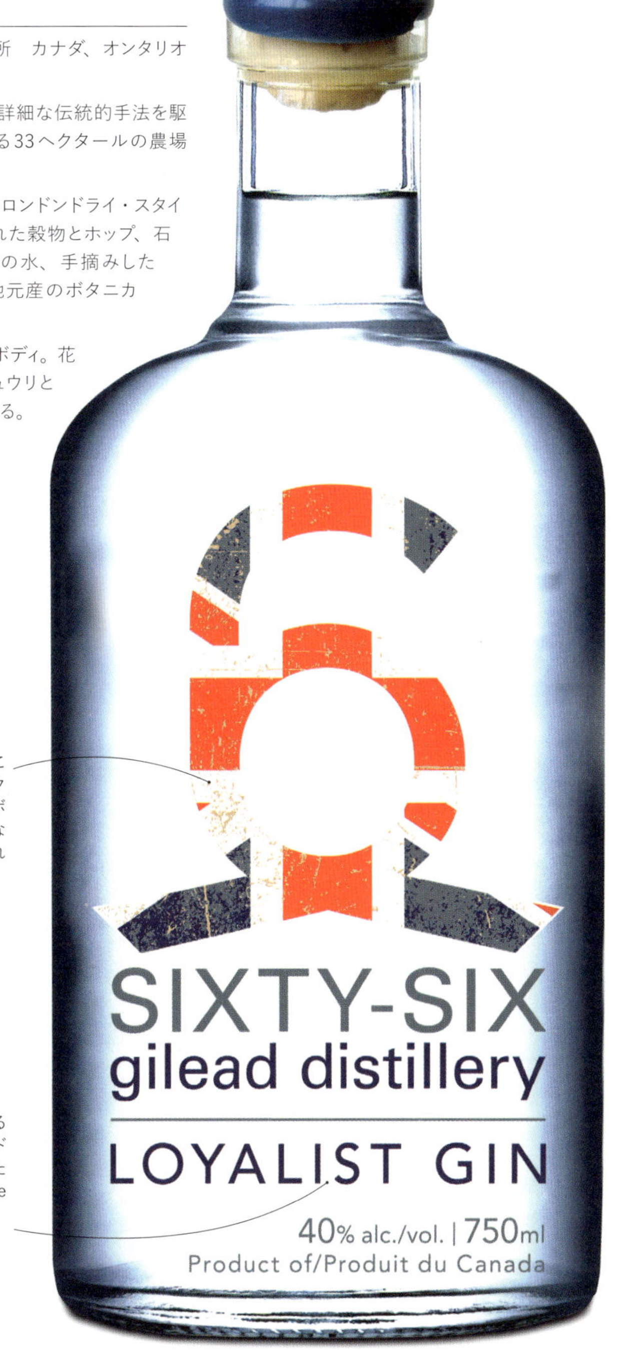

ロンドンドライジンであることを表したユニオンジャック柄のラベル。同蒸溜所のボトルには、製品ごとに異なるデザインのロゴが配されている。

製品名は、蒸溜所があるオンタリオ州プリンス・エドワード郡にかつて入植した英国王党派（United Empire Loyalist）にちなんだもの。

Martin Miller's

マーティン・ミラーズ

ジン　40度

蒸溜所 ラングリー蒸溜所　イングランド、ウエスト・ミッドランズ　1999年に初リリース

フィロソフィ ジン造りに紅茶の作法を取り入れようと試みる革新的な造り手。

スピリッツ 乾燥させた柑橘類の皮を、ジュニパーなど土臭いボタニカルとは別に蒸溜することで、柑橘類の風味が前面に出たバランスのよい味わいを生み出している。純水に近くミネラル分の少ないアイスランドの天然水を使用した、やわらかな飲み口。

テイスト 柑橘類の力強い芳香が立ちのぼり、続いてジュニパーの香りが感じられる。やわらかな口あたりで、フィニッシュはクリーンで心地よい。

McHenry Classic

マッケンリー・クラシック

ジン　40度

蒸溜所 マッケンリー蒸溜所　オーストラリア、タスマニア州　2010年設立

フィロソフィ 敷地内にある5つの湧き水を活用する、環境に配慮したサステナブルな家族経営の蒸溜所。

スピリッツ 愛情を込めて手造りされるマッケンリー蒸溜所のフラッグシップ製品。タスマニアで製造された500リットルのポットスチルと伝統的なボタニカルを使用し、昔ながらの綿密な方法で蒸溜が行なわれている。

テイスト 豊かな甘草のフレーバーが特徴的な、エレガントでスムースな味わい。柑橘類の皮、スターアニス、コリアンダー、カルダモン、イリス根、ジュニパーといった正統派ジンの香りが楽しめる。

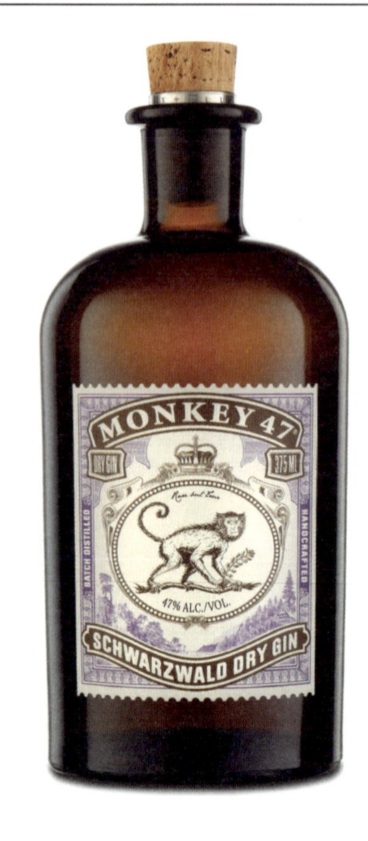

Monkey 47

モンキー 47

ジン　47度

蒸溜所 ブラック・フォレスト・ディスティラーズ社　ドイツ、ロースブルク=ベッツヴァイラー　2008年設立

フィロソフィ 1700年代半ばに建てられた歴史的建造物の中に設えられた、現代的な蒸溜所。ドイツ・シュヴァルツヴァルト地方の名高い銅細工職人たちの手による特注の蒸溜機器を使用。

スピリッツ 47種の手摘みされた原料を、純糖蜜、アルコール、シュヴァルツヴァルトの砂岩から湧き出るまろやかな水の混合液に浸漬している。蒸溜後、伝統的な陶器で3カ月以上熟成。複雑なアロマを保つため濾過はしない。

テイスト ほのかなコショウやスパイスを感じさせる、花のように甘く魅惑的なアロマから、さわやかな柑橘類の香りへと展開する。クランベリーとリンゴンベリーがもたらす繊細な苦みが独特。

Notaris Jonge Graanjenever

ノタリス・ヨンゲ・グラーンジュネヴァ

ジュネヴァ　35度

蒸溜所 ハーマン・ヤンセン・ビバレッジ　オランダ、スキーダム　蒸溜所は1777年設立

フィロソフィ 家族を大切にすること、誠実さ、勤勉をモットーにジュネヴァを造り続ける、オランダ屈指の高い評価を得ている蒸溜所。

スピリッツ 蒸溜所のすぐ裏手にある製粉所から原料の穀物を調達し、グレーンアルコールと混ぜ合わせた100%オーガニックのジュネヴァ。

テイスト オランダの正統派ジュネヴァの味わい。穀物の風味が豊かで甘みがあり、パンや酵母、ジュニパーの香りが感じられる。

No. 209

No.209

ジン　46度

蒸溜所 No.209蒸溜所　アメリカ、カリフォルニア州　2005年に初リリース

フィロソフィ 1882年、アメリカで209番目に認可された蒸溜所として操業を開始。旧世界の最良の蒸溜技術を活用する革新的な造り手。

スピリッツ ベーススピリッツは、米中西部産トウモロコシをコラムスチルで4回蒸溜したもので、銅製アランビックのポットスチルで1回きりの再蒸溜によりジンを製造。水はシエラネバダ山脈の雪解け水を使用している。

テイスト シトラス系とフローラル系の素晴らしくかぐわしいアロマ。ベルガモットやコリアンダー、カシアの風味が楽しめる。

Pink Pepper (Audemus)

ピンク・ペッパー(アウデムス)

ジン　44度

製造者 アウデムス・スピリッツ　フランス、コニャック　2013年設立

フィロソフィ コニャックの中心地で、伝統的な蒸溜技術と現代的な錬金術、そして革新への情熱にインスピレーションを得たスピリッツを造る。

スピリッツ 減圧蒸溜法を採用し、すべてのボタニカルを別々にアルコールに浸漬したのち蒸溜。その個々に蒸溜したボタニカルをフランス産小麦のベーススピリッツと合わせる。濃厚なフレーバーとアロマを保つため、ノンチルフィルタード(冷却濾過しない)仕様。

テイスト ピンクペッパー、ジュニパー、カルダモンが際立つフレッシュでスパイシーな香り。時間とともに、バニラとハチミツの香りが漂う。

Portobello Road
ポートベロー・ロード

ジン　42度

蒸溜所 テムズ・ディスティラーズ　イングランド、ロンドン　2011年に初リリース

フィロソフィ ジンの歴史を尊重しながらも、新たな可能性を探り続ける先進的な造り手。本品は、ロンドンでもっとも小さな博物館である「ザ・ジンスティテュート」で開発された。

スピリッツ 英国産小麦を原料としたベーススピリッツと、トスカーナ産イリス、ジュニパーベリー、スペイン産レモンの皮、インドネシア産ナツメグなど世界中から厳選した9種のボタニカルを蒸溜。ボトリングは手作業で行なっている。

テイスト さまざまなカクテルに使える万能ジン。ほとばしるジュニパーの香りに始まり、フレッシュな柑橘類の余韻が続く。温かみのあるフィニッシュは、コショウの風味が感じられる。

Ransom Dry
ランサム・ドライ

ジン　43度

蒸溜所 ランサム・ワイン・カンパニー&ディスティラリー　アメリカ、オレゴン州　2014年に初リリース

フィロソフィ 多彩なラインアップを誇る受賞歴のある蒸溜所が、手間暇かけた伝統製法によって造る、濃厚なアロマとしっかりとしたボディのスピリッツ。

スピリッツ 大麦麦芽とライ麦のマッシュと、ボタニカルをインフューズしたトウモロコシのベーススピリッツを組み合わせて造るジン。蒸溜は打ち出しの直火式アランビックのポットスチルで行なわれる。

テイスト ホップと白い花の優美なアロマが香る導入部。柑橘類とエキゾチックなスパイスがアクセントを添える、芳醇でシルキーな味わいが楽しめる。

Rogue Society
ローグ・ソサエティ

ジン　40度

蒸溜所 サザン・グレーン蒸溜所　ニュージーランド、カンタベリー　2014年に初リリース

フィロソフィ 地球の下側から届けられる、家族3世代の経験と知識の恩恵を受けたジン。

スピリッツ 19世紀につくられた歴史的価値のある蒸溜器を使用し、小麦が原料のニュートラルなスピリッツとニュージーランドの南アルプス山脈の氷河水、世界各地から厳選した12種のボタニカルを蒸溜している。

テイスト ラベンダーとオレンジの花の繊細なフローラルの香りから、シナモンの樹皮やナツメグの土臭い香りへと展開する。生き生きとした柑橘類とジュニパーのフレーバーが口中に広がる。

Sacred
セイクレッド

ジン　40度

蒸溜所 セイクレッド・スピリッツ　イングランド、ロンドン　2009年設立

フィロソフィ 減圧蒸溜法を駆使して造る、比類なきクオリティの独創的なスピリッツ。

スピリッツ 12種のボタニカルを使って造られたジン。ボタニカル個々の特徴と深みを保つために、それぞれ別々に英国産小麦のベーススピリッツに浸漬したのち蒸溜。最低でも4週間という長い時間をかけて、空気に触れさせずに浸漬している。

テイスト クリーミーな口あたりと、ジュニパーをはじめとする甘く豊かな香り。スミレの花、つぶしたカルダモンの莢、シナモンのフレーバーが楽しめる。

Sipsmith
シップスミス

ジン　41.6度

蒸溜所 シップスミス蒸溜所　イングランド、ロンドン　2009年に初リリース

フィロソフィ ロンドンでは長く忘れられていた、伝統的な銅製蒸溜器による製法を、約200年ぶりに復活させた蒸溜所。

スピリッツ マスターディスティラーのジャレッド・ブラウンは、世界的に著名な酒の歴史家でもあり、歴史書からヒントを得たスピリッツ造りを実践。英国産小麦のベーススピリッツからすべての不純物を抜くために、1回の蒸溜をごく少量ずつ行なっている。

テイスト ロンドンドライ・スタイルの真髄ともいうべき、スムースかつ大胆で香り高いジン。牧草地の花を思わせる生き生きとしたアロマに続いて、柑橘類の甘みが広がる。フィニッシュは、ほのかなスパイスとスミレの香りを感じさせる。

Sloane's
スローンズ

ジン　40度

蒸溜所 ディスティラリーズ・グループ・トゥーランクオランダ、ゼーフェナール　2011年に初リリース

フィロソフィ 特有の天然素材を使用した、バランスのとれたスムースなスピリッツ。

スピリッツ 9種のボタニカルを別々に蒸溜し、ねかせてからブレンドすることで、絶妙に調和したフレーバーをもつ非常にスムースなジンが造られる。

テイスト ジュニパーが顕著に感じられる芳醇なフレーバーが特徴的。柑橘類の香りと素晴らしくスムースなフィニッシュが楽しめる。

Spirit Works
スピリット・ワークス

ジン　43度

蒸溜所 スピリット・ワークス蒸溜所　アメリカ、カリフォルニア州　2012年設立

フィロソフィ「グレーン・トゥ・グラス」を実践し、全員女性の造り手による、有機全粒穀物の製粉、糖化、発酵から熟成まですべてを敷地内で行なう。

スピリッツ 赤冬小麦が原料のスピリッツに、8種のカリフォルニア産ボタニカル（ジュニパー、コリアンダー、カルダモン、アンジェリカ根、イリス根、ハイビスカス、レモンとオレンジの皮）を加えてポットスチルで蒸溜している。

テイスト 小麦由来の丸みとやや甘みのある味わいを基調にした、バランスのとれたジン。ボタニカルの組み合わせが、繊細なスパイシーさと、やわらかなフローラル香、フルーティ香をもたらす。

HOW TO ENJOY
おすすめの飲み方
少量のトニックを加えて、繊細な味わいを楽しみたい

Ungava
アンガヴァ

ジン　43.1度

蒸溜所 ドメーヌ・ピナクル　カナダ、ケベック州　2010年に初リリース

フィロソフィ 山腹に果樹園とサトウカエデ林を所有する家族経営の蒸溜所で、アイスサイダーとリキュールの造り手として操業を開始した。原料はすべてカナダ産の天然素材を使用。

スピリッツ 伝統的手法と銅製ポットスチルを用いた、少量生産のジン。独特な黄色の液色は、カナダの北極圏ツンドラに広がるアンガヴァ地方の荒野で夏に手摘みされる6種の希少なボタニカルに由来する。

テイスト スムース、フレッシュ、フローラル、スパイシーな個性的なスピリッツ。ノルディックジュニパー、野生のローズヒップ、クラウドベリー、ガンコウラン、ラブラドル茶など、北極圏の魅惑的なフレーバーのブレンドが楽しめる。

V2C
V2C

ジン　41.5度

蒸溜所 ホーフトヴァートケルク蒸溜所　オランダ、ホーフトドルプ　2014年に初リリース

フィロソフィ 趣味として始まったプロジェクトが、小規模ながら成功したベンチャーへと成長。クオリティ、クラフツマンシップ、天然資源、独特な飲み口を重視している。

スピリッツ 添加物やエキスを一切使用せず、濾過もしない少量生産のジン。ジュニパー、アンジェリカ、オレンジ、甘草、月桂樹、セントジョーンズワートなど、世界中から最高の原料を調達している。

テイスト 洗練されたフルボディのドライジン。すべての原料の個性がしっかりと感じられるが、とくにコリアンダー、カルダモン、レモン、ショウガの風味が際立つ。

Victoria
ヴィクトリア

ジン　45度

蒸溜所 ヴィクトリア・スピリッツ　カナダ、ブリティッシュコロンビア州　2008年設立

フィロソフィ 牧歌的なバンクーバー島に位置する蒸溜所。スピリッツ本来の味を打ち出すハイエンドなカクテルに最適なプレミアムスピリッツを造る。

スピリッツ ボトルごとにナンバリングが施された、すべて手造りの同蒸溜所のフラッグシップ製品。ドイツ製の200リットルのポットスチルで蒸溜している。蒸溜液の最良の部分、「心臓」と呼ばれるミドルカットのみ瓶詰めされる。

テイスト スムースなフルボディ。ジュニパー特有のグリーンなフレーバーと、柑橘類、フローラル、スパイスの香りがきれいに調和している。

Williams GB
ウィリアムス GB

ジン　40度

蒸溜所 チェイス蒸溜所　イングランド、ヘレフォードシャー州　2008年設立

フィロソフィ シングルエステートの家族経営の蒸溜所。全製造工程にこだわり、瓶詰めや封印も一本一本手作業で行なっている。

スピリッツ 自社農場で栽培されたジャガイモを使うなど、他の多くとは一線を画した手造りのジン。ジュニパーはベリーに加えて蕾も使用し、最上級にドライな味わいを生み出している。

テイスト ドライなジュニパーとスパイシーな柑橘類がそれぞれに強く主張する導入部から、シナモンやナツメグ、ショウガの温かみのあるスパイシーな香りへと展開する。

MORE to TRY
次に試すなら

Botanica
ボタニカ

ジン　45度

蒸溜所 ファルコン・スピリッツ蒸溜所　アメリカ、カリフォルニア州　2012年設立

フィロソフィ 地元産も含め、世界各地の最高の原料を使った革新的な製品造り。

複雑な工程を経て造られる、個性的だがバランスのとれたスピリッツ。柑橘類をはじめ、個々のボタニカルを別々に蒸溜することで、それぞれのフレーバーが保たれている。特徴的なのは、浸漬、冷凍、解凍、真空濾過のプロセスを経るキュウリ。ベルガモット、柑橘類、キュウリのフレーバーが顕著で、複雑なフィニッシュが味わえる。

Jensen's Bermondsey
ジェンセンズ・バーモンドジー

ジン　43度

蒸溜所 バーモンドジー蒸溜所　イングランド、ロンドン　2004年に初リリース

フィロソフィ 12世紀の繊細なヴィンテージジンにインスピレーションを得たスピリッツ。

英国産小麦のスピリッツ、水、伝統的なボタニカルをジョン・ドーア社の蒸溜器で蒸溜。原料は9～15時間浸漬したのち（時間は気温によって変動する）蒸溜を始める。スムースでバランスのよいジンで、心地よい口あたり。軽いフローラルのアロマと独特なレモンの風味が楽しめる。

Njord
ニヨルド

ジン　40度

蒸溜所 スピリット・オブ・ニヨルド　デンマーク、メレルプ　2014年に初リリース

フィロソフィ 少量生産で高品質、かつ独特なフレーバーのデンマーク産ジンを開発。

ドイツ製の銅製ポットスチルを使用し、発酵から蒸溜まで1クールを2カ月かけて行なう。これらの製造からボトリング、ラベル貼りまですべてが手作業によるもの。スムースかつ複雑で、バランスのとれたジン。トウヒ、アンジェリカ、コリアンダー、クルマバソウ、ジュニパーの香りが感じられる。

Infusing Gin

ジンにインフューズ

すべてのスピリッツのなかでもっともボタニカルの
風味が強いジンは、インフュージョンにもよく反応する。
まず、ジンの味わいのなかであなたがもっとも惹かれるフレーバーを
とらえ、それと同じ系統、あるいは補完してくれるフレーバーを
インフューズするとよい。
インフューズのくわしい方法は24 ～ 25ページを参照のこと。

Star Anise

スターアニス

見た目も美しいインフュージョン。パスティスや甘草フレーバーのリキュールが好きな人には、スターアニス・フレーバード・ジンは最適。

材料 スターアニス50g、ジン750ml

漬け込み期間 2～3日

さらなるヒント テーブルスプーン1のカルダモン（ホール）を加えると、フレーバーが増す。

Blueberry

ブルーベリー

加熱したブルーベリーをインフューズして、ジンに甘みを加える。

材料 ブルーベリー100g（5分ほど弱火にかけて煮出す）、ジン750ml

漬け込み期間 1～2週間

さらなるヒント フレッシュミントや柑橘類を加えて、ベリーの甘みを好みに合わせて調整する。ブルーベリーをスローベリー（西洋スモモ）に替えれば、自家製スロージンのでき上がり。

Lemongrass

レモングラス

レモングラスの甘みとフローラルな香りは、あらゆるジンのボタニカルなフレーバーを引き立ててくれる。

材料 レモングラスの茎2～3本（長さ数センチに切る）、ジン750ml

漬け込み期間 3～5日

さらなるヒント フレッシュミント数枝を加えれば、よりすっきりと、さわやかに。

Lavender

ラベンダー

華やかなフローラル香をジンにもたせるなら、ラベンダーをチョイス。

材料 料理用乾燥ラベンダーティースプーン1.5、ジン750ml

漬け込み期間 1～2日

さらなるヒント フローラル香をやわらげたければ、レモンの皮1個分（白いワタは取り除く）を加える。

Grapefruit

グレープフルーツ

フレッシュグレープフルーツは、心地よい酸味をジンに与えてくれる。

材料 グレープフルーツ中1個（皮をむいて小房に切る）、ジン750ml

漬け込み期間 3～5日

さらなるヒント シトラスの印象を高めるには、ライムの皮1個分（白いワタは取り除く）を足す。フレッシュのレモングラス1片を加えると、複雑な味わいになる。

Rosemary

ローズマリー

フレッシュローズマリーは、ジンの旨みを高めてくれる。

材料 ローズマリー2～3枝、ジン750ml

漬け込み期間 3～5日

さらなるヒント キュウリの薄切りを加えれば、トニックとの相性が抜群なジンのでき上がり。

Martini

マティーニ |

19世紀後半に生まれたマティーニは、
ジンとベルモットが主役の大人のカクテル。
メインの材料がジンとベルモットであることに異論の余地はないが、一方で長年続く論争がある。
すなわち、シェイクなのか、ステアなのかという問題だ。
専門家は、泡が立ったり氷が砕けたりしないステアを支持している。さあ、つくってみよう。スタンダードでも、あなたのオリジナルマティーニでもいい。
今や世界にはたくさんの「○○ティーニ」があふれている。

スタンダードレシピ

バーテンダーによってジンとベルモットの割合は異なるが、スタンダードはつねにジンの比率が高い。最高の一杯のためにはよく冷えた状態で出すことが必要。

1 ドライジン75mlをシェイカーに入れる。

2 ドライベルモット（テーブルスプーン1）を加え、角氷を入れて冷えるまでステアする。

3 オレンジビターズ1ダッシュを加える。再度ステアして、よく冷やしたマティーニグラスにストレーナーを使って注ぐ。

仕上げ オリーブまたはレモンツイストを飾る。

自分だけのシグネチャーカクテルをつくる

基本のつくり方

1 ドライジン75mlを
シェイカーに入れる。

マティーニ愛好家は（度数の高い）ロンドンドライジンを好むが、スムースな味わいが好みなら軽めのタイプがおすすめ。ジンをウオッカに替えれば、よりクリーンでニュートラルなフレーバーが楽しめる。

2 ドライベルモット（テーブルスプーン1）
を加え、**角氷**を入れて冷えるまで
ステアする。

ドライベルモットとスイートベルモットを半々にして使えば「パーフェクト・マティーニ」。ベルモット抜きは「ボーン・ドライ・マティーニ」、ベルモットでリンス、またはベルモットに浸した楊枝でステアしたら「デザート・マティーニ（砂漠のマティーニ）」になる。

3 オレンジビターズ1ダッシュを
加える。再度ステアして、
よく冷やしたマティーニグラスに
ストレーナーを使って注ぐ。

ビターズを使わないレシピもあるが、加えればフレーバーに奥行きが増す。オリーブビターズなど、最先端を行くビターズを使って自分流のマティーニをカスタマイズしよう。

仕上げのアレンジ

ガーニッシュ レモンツイストやオリーブの代わりにカクテルオニオンを飾る（ギブソンと呼ばれるマティーニ）。オリーブの数を増量し、さらにオリーブの漬け汁少量を加えると「ダーティ・マティーニ」に。

デコレーション ミニトマトとオリーブ、モッツァレラをカクテルスティックに刺す。リボン状にスライスしたキュウリをバラの花状に巻いてスティックで留めても。

クラフトカクテル

マティーニという名のゲームの唯一のルール、それは「ルールはない」ということだ。純粋主義者は冷笑するかもしれないが、バーテンダーたちは自由に解釈を施したマティーニをつくり出している。可能性はまさに無限。あくまでもオリジナルの魂には忠実に、自由にツイストしてマティーニの世界を広げよう。

Spicy Heirloom Tomato Martini
スパイシー・トマト・マティーニ

ジン、トマトジュース、ピクルスジュース、ホースラディッシュをシェイカーに入れる。角氷を入れて冷えるまでステアし、よく冷やしたマティーニグラスにストレーナーを使って注ぐ。チャイブの花を飾る。

Espresso Martini
エスプレッソ・マティーニ

ウオッカ、エスプレッソ、コーヒーリキュールをシェイカーに入れる。角氷を入れて冷えるまでステアし、冷やしたマティーニグラスにストレーナーを使って注ぐ。コーヒービーンズチョコレートをのせる。

◀Cucumber Saketini
キューカンバー・サケティーニ

ウオッカ、日本酒、キュウリの搾り汁をシェイカーに入れる。クラッシュドアイスを入れて15秒間シェイクし、冷やしたマティーニグラスにストレーナーを使って注ぐ。キュウリのスティックを飾る。

French 75

フレンチ75 |

フレンチ75は、世界中で愛されているシャンパンカクテル。1915年、パリの「ニューヨーク・バー」(のちの「ハリーズ・ニューヨーク・バー」)で誕生した。このカクテルの刺激を、バーのスタッフがフランス軍の誇る75㎜の大砲にたとえてこの名前が生まれたとか。シンプルかつエレガントなこのカクテルの、自分だけのアレンジを極めてみては?

スタンダードレシピ

フレンチ75は、上質な材料とシンプルで明快なフレーバーの美点を引き出してくれる。

1 ドライジン30mlをシェイカーに入れる。

2 フレッシュのレモン果汁(テーブルスプーン1)を加える。

3 シンプルシロップ(テーブルスプーン1)を加える。シェイカーに角氷を入れて10秒間激しくシェイクする。

4 よく冷やしたシャンパンフルートにストレーナーを使って注ぐ。シャンパン・ブリュット(辛口)で満たす。

仕上げ 細長いレモンツイストを飾る。

自分だけのシグネチャーカクテルをつくる

基本のつくり方

1 ドライジン30mlをシェイカーに入れる。

強めのカクテルが好みなら、ジンを倍量にする。ドライジンの代わりにより複雑な味わいのジンを使ってもいい。甘みがほしければ、ブランデーまたはコアントローを1ダッシュ加える。

2 フレッシュのレモン果汁(テーブルスプーン1)を加える。

フレッシュのレモン果汁が最良の選択だが、フレッシュのライム果汁またはグレープフルーツ果汁を試してみても。

3 シンプルシロップ(テーブルスプーン1)を加える。シェイカーに**角氷**を入れて10秒間激しくシェイクする。

その他の甘味料よりも、シンプルシロップが適するが、アガベシロップでアクセントを添えても。

4 よく冷やしたシャンパンフルートにストレーナーを使って注ぐ。**シャンパン・ブリュット**で満たす。

高級シャンパンでなくとも、スタンダードなシャンパンでよい。甘いカクテルが好みなら、ロゼシャンパンまたはプロセッコを使う。

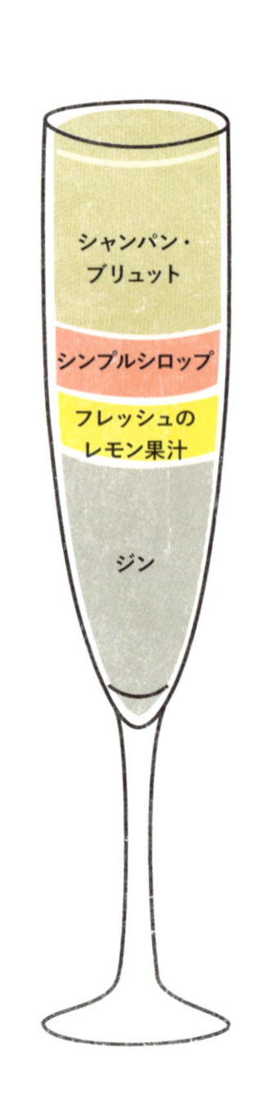

仕上げのアレンジ

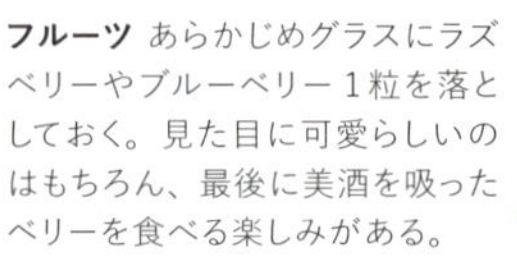

ガーニッシュ 砂糖漬けのレモンピールやショウガを添えてちょっと華やかに。

フルーツ あらかじめグラスにラズベリーやブルーベリー1粒を落としておく。見た目に可愛らしいのはもちろん、最後に美酒を吸ったベリーを食べる楽しみがある。

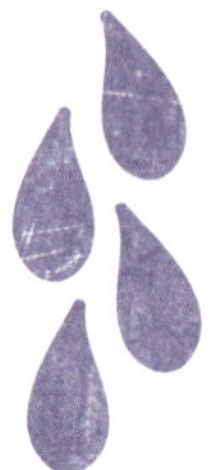

花 ラベンダーをインフューズしたシンプルシロップ、または1ダッシュの洋ナシやエルダーフラワーのビターズを加えてほのかなフローラル香を。

クラフトカクテル

バーテンダーたちは、シャンパンその他の泡に合うフレッシュフルーツやフルーツリキュールの組み合わせを日々試している。
そんな実験から生まれた3つの革新的なレシピを右に。

Pear 75

ペア75

ペアブランデー(洋ナシのブランデー)とシロップをミキシンググラスに入れる。角氷を加えて冷えるまでステアする。フルートにストレーナーを使って注ぎ、シャンパンで満たす。レモンツイストを飾る。

Blood Orange 75

ブラッドオレンジ75

ジン、果汁、シロップ、ビターズをミキシンググラスに入れる。角氷を加えて冷えるまでステアする。フルートにストレーナーを使って注ぎ、シャンパンで満たす。オレンジツイストを飾る。

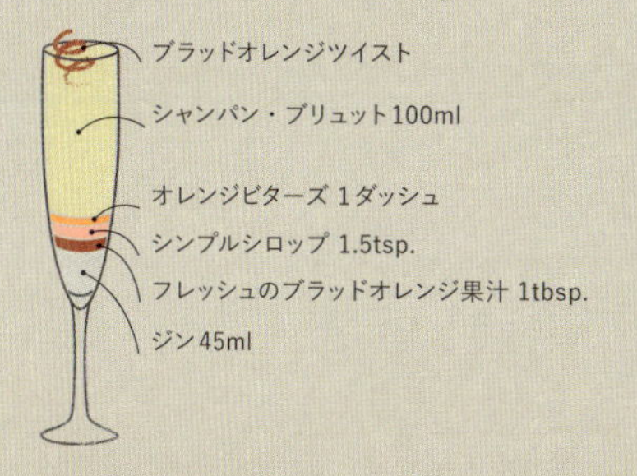

◀Rosé 75

ロゼ75

ジン、果汁、シロップをミキシンググラスに入れる。角氷を加えて冷えるまでステアする。フルートにストレーナーを使って注ぎ、ロゼシャンパンで満たす。砂糖漬けのバラの花びらを飾る。

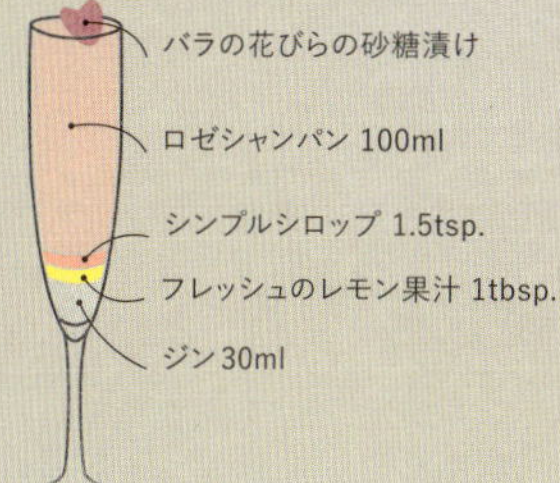

Gimlet

ギムレット |

ジンとライム果汁の完璧なコンビネーション、ギムレットは、
スタンダードカクテルのメニューには欠かせない存在だ。
ギムレットの起源は19世紀、船乗りたちがジンに
ローズ社のライムジュースコーディアルを混ぜて、
気付け薬として使ったことから始まったと言われている。
もし、これからクラフトカクテルに取り組もうというなら、
ギムレットから始めるといい。
新たなバリエーションを生み出すのに
最適なプラットフォームになってくれるはずだ。

スタンダードレシピ

好みの銘柄のジンを選び、フレッシュのライム果汁さえ手に入れたら、キリッとした酸味のクラシックギムレットをつくることができる。

1 ジン75mlをシェイカーに入れる。

2 フレッシュのライム果汁（テーブルスプーン1）を加える。角氷を入れて10秒間シェイクする。よく冷やしたクープグラスにストレーナーを使って注ぐ。

仕上げ ライムの輪切りを飾る。

自分だけのシグネチャーカクテルをつくる

基本のつくり方

1 ジン75mlをシェイカーに入れる。

ライムの酸味をストレートに楽しむなら、クセのないクリーンなジンが最適。逆に複雑なギムレットが好みなら、芳醇なフレーバーのクラフトジンを選びたい。ジンをウオッカに替えると、よりスムースな味わいに。

2 フレッシュのライム果汁
（テーブルスプーン1）を加える。
角氷を入れて10秒間シェイクする。
よく冷やしたグラスに
ストレーナーを使って注ぐ。

搾りたてのライム果汁が酸味を加えてくれる。少し甘いほうが好みなら、シンプルシロップを少量加えてライム果汁の量を減らす。

仕上げのアレンジ

ガーニッシュ ライムの輪切りがもっとも一般的だが、キュウリの輪切りでもいい。

ハーブ ルールを破りたい気分なら、使用するジンのフレーバーを引き立てるフレッシュハーブ（タイムやバジルなど）を飾ってみても。

ベリー類 酸味のあるブルーベリーやラズベリーが、フレーバーに新たな奥行きを加味してくれる。ライム果汁と一緒につぶして混ぜるか、そのまま加える。

クラフトカクテル

本来、柑橘類の酸味がなければギムレットとは呼べない。
しかし世界中のバーテンダーが、フレッシュハーブなどライムに代わる材料との組み合わせを試みている。ここに紹介するバリエーションは、意外性あふれる味わいを生み出すヒントになるはず。

Basil Gimlet
バジル・ギムレット

バジルの葉、ライム果汁、シロップをシェイカーに入れてつぶしながら混ぜる。ジンを加えて角氷を入れ、10秒間シェイクする。冷やしたクープグラスにストレーナーを使って注ぐ。バジルの葉を飾る。

Cucumber Mint Gimlet
キューカンバー・ミント・ギムレット

ミントの葉、ライム果汁、キュウリ、シロップをシェイカーに入れてつぶし混ぜる。ジンを加えて角氷を入れ、10秒間シェイクする。冷やしたクープグラスにストレーナーを使って注ぐ。キュウリを飾る。

◀ Grapefruit Vodka Gimlet
グレープフルーツ・ウオッカ・ギムレット

ウオッカ、グレープフルーツ果汁、アガベシロップをシェイカーに入れる。角氷を入れて10秒間シェイクし、よく冷やしたクープグラスに注ぐ。グレープフルーツの皮を飾る。

Gin Fizz

ジン・フィズ |

「フィズ」と名のつくカクテルの中でもっとも有名なのがジン・フィズだ。19世紀後半のカクテルガイドにその名が記載されていたのが、最初の記録だとされている。とくにアメリカで人気の高いカクテルで、全米各地のバーテンダーたちが完璧な泡をつくろうとその筋肉を行使し続けている。完璧なフィズのシェイクの方法をマスターしよう。

スタンダードレシピ

トレードマークの泡は、しっかりとしたシェイクから生まれる。

1 ドライジン60mlをシェイカーに入れる。
2 フレッシュのレモン果汁30mlを加える。
3 シンプルシロップ30mlを加える。角氷を入れて10秒間激しくシェイクする。
4 コリンズグラスに角氷を入れる。シェイカーの中身をストレーナーを使って注ぐ。
5 ソーダで満たしてステアする。

自分だけのシグネチャーカクテルをつくる

基本のつくり方

1 ドライジン60mlをシェイカーに入れる。

スタンダードレシピではドライジンを使うが、複雑なフレーバーがほしければクラフトジンを選ぶ。

2 フレッシュのレモン果汁30mlを加える。

より濃厚なフレーバーにするなら、甘くてまろやかなマイヤーレモンの果汁に替えて。

3 シンプルシロップ30mlを加える。**角氷**を入れて10秒間激しくシェイクする。

シンプルシロップをつくる際に（p.27参照）、追加で柑橘類の皮やフレッシュミントを加えるとフレーバーが増す。

4 コリンズグラスに**角氷**を入れる。シェイカーの中身をストレーナーを使って注ぐ。

普通の角氷の代わりに、フレーバー付きの角氷を使ってもいい。製氷皿の水にレモン果汁やきざんだコリアンダーを加えてみても。

1 ソーダで満たしてステアする。

フィズ感を増したい場合は、ソーダの量を増やすかシェイクの時間を長くする。レモンフレーバーのソーダや、スパークリングワインに替えてみる（後者はダイヤモンド・フィズと呼ばれる）。

仕上げのアレンジ

ガーニッシュ キュウリ、柑橘類、フレッシュハーブなどジンと相性のよいものを選ぶ。

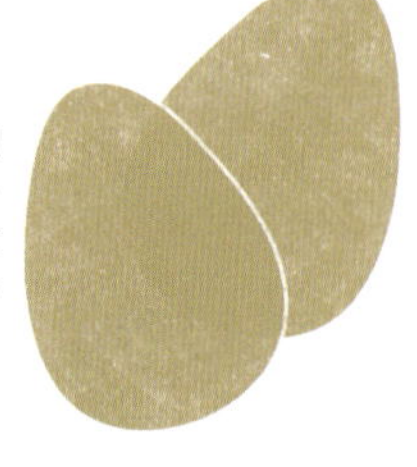

泡 基本の材料に卵白1個を足してシェイクすれば「シルバー・フィズ」、といった全卵を足してシェイクすれば「ゴールデン・フィズ」になる。

リキュール テーブルスプーン1のミントやメロンのリキュールを加えて斬新なジン・フィズに。

クラフトカクテル

ジン・フィズのバリエーションは、世界中のカクテルリストを埋め尽くしている。濃厚な泡をつくるために卵を足したり、カラフルなリキュールを加えてインパクトを高めたりするミクソロジストもいる。その中でもぜひ試してみたい3つのレシピ。

Mint Gin Fizz
ミント・ジン・フィズ

ジン、果汁、リキュール、シロップをシェイカーに入れる。角氷を入れ、15秒間シェイクし、氷を入れたコリンズグラスにストレーナーを使って注ぐ。ソーダで満たし、レモンスライスとミントを飾る。

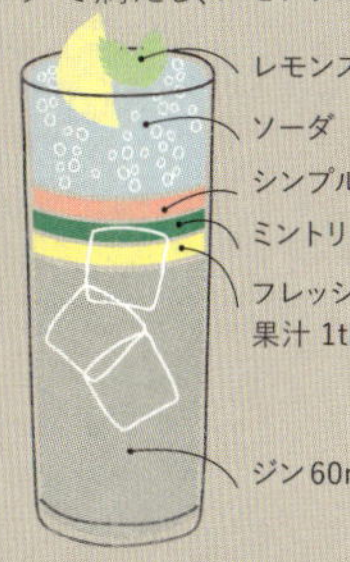

Whisky Fizz
ウイスキー・フィズ

ウイスキー、果汁、シロップ、卵白をシェイカーに入れ、10秒間シェイクしたら氷を入れ、再びシェイク。氷を入れたグラスにストレーナーを使って注ぐ。ソーダで満たし、ビターズを加えてチェリーを飾る。

◀ Watermelon Gin Fizz
ウォーターメロン・ジン・フィズ

ジン、2種類の果汁、シロップをシェイカーに入れる。角氷を入れ、15秒間シェイクし、氷を入れたコリンズグラスにストレーナーを使って注ぐ。ソーダで満たし、メロンを飾る。

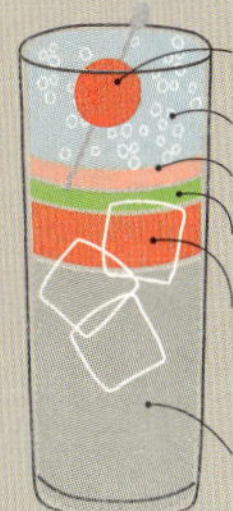

Gin Sling

ジン・スリング |

ジン・スリングは、18世紀後半に生まれたカクテル。後年生まれたシンガポール・スリングと混同されがちだが、伝統的なジン・スリングは、フルーツブランデーを使用し、鮮やかな赤色をしたシンガポール・スリングよりも甘みが控えめ。ドライ、スイート、サワーの完璧な融合が楽しめる洗練されたこのカクテルは、新たな解釈を施すにはうってつけの対象である。

スタンダードレシピ

パーティーの人気者、ジン・スリングはドライジンとスイートベルモットのハーモニーを楽しむ。

1 ジン45mlをシェイカーに入れる。

2 スイートベルモット30mlを加える。

3 フレッシュのレモン果汁20mlを注ぎ入れる。

4 シンプルシロップ30mlを加える。

5 アンゴスチュラビターズ1ダッシュを加え、10秒間シェイクする。

6 コリンズグラスに角氷を入れる。シェイカーの中身をストレーナーを使って注ぐ。ソーダで満たす。

仕上げ レモンツイストを飾る。

自分だけのシグネチャーカクテルをつくる

基本のつくり方

1 ジン45mlをシェイカーに入れる。
軽くてクリーンなクラフトジンを選びたい。

2 スイートベルモット30mlを加える。
スイートベルモットの代わりにコアントロー、グレナディンシロップ、おろしたナツメグなどでも。

3 フレッシュのレモン果汁20mlを注ぎ入れる。
さわやかな苦みのある酸味にしたければ、ライム果汁で。

4 シンプルシロップ30mlを加える。
スリングには甘みが必要。シンプルシロップのほか、グラニュー糖、グレナディンシロップ、パイナップルジュースを単独またはミックスでも。

5 アンゴスチュラビターズ1ダッシュを加え、10秒間シェイクする。
今はビターズ黄金時代。好みのビターズに替えて生き生きとした味わいを楽しもう。

6 コリンズグラスに**角氷**を入れる。
5をストレーナーを使って注ぐ。
冷たさを保ってくれる、大きくて硬めの氷を使うこと。

7 ソーダで満たす。
泡ではないが、好みのフレッシュフルーツジュースに替えてもいい。

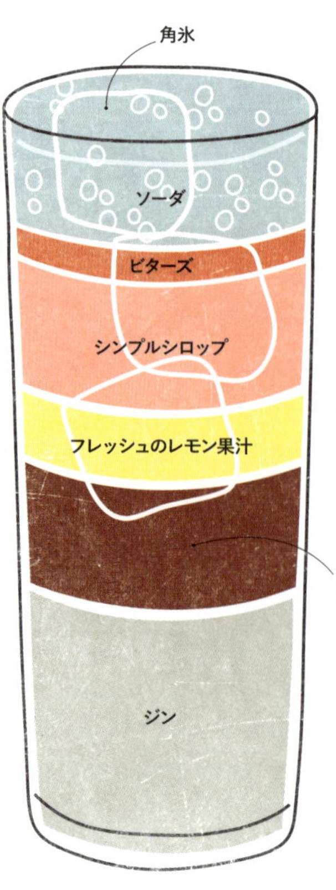

仕上げのアレンジ

ガーニッシュ レモンの飾り（レモンツイスト、くし切りや輪切りのスライスなど）を活用し、レモンのクリーンでフレッシュなアロマを添える。

酸味 サワーチェリーなど酸味のあるフルーツを加えて、スタンダードなジン・スリングにパンチを効かせてみよう。

クラフトカクテル

スタンダードなスリングにアレンジを施すのが好きなミクソロジストは多い。フルーツリキュールを加える人もいれば、酸味のニュアンスをさまざまな柑橘類とビターズを使って変えてみる人もいる。素晴らしいバリエーション3つを紹介する。

Aviation
アヴィエーション

ジン、2種類のリキュール、果汁をシェイカーに入れる。角氷を入れ、10秒間シェイクし、よく冷やしたコリンズグラスにストレーナーを使って注ぐ。ソーダで満たしてステアする。チェリーを飾る。

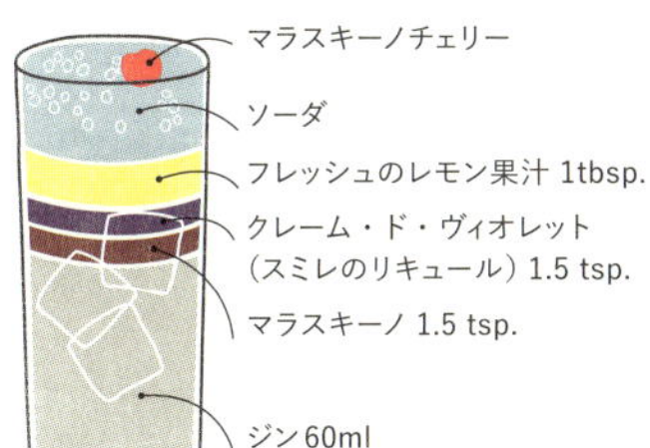

Oahu Gin Sling
オアフ・ジン・スリング

ジン、果汁、2種類のリキュール、シロップをシェイカーに入れる。角氷を入れ、10秒間シェイクし、氷を入れたコリンズグラスにストレーナーを使って注ぐ。ソーダで満たしてステアする。ライムを飾る。

◀Pomegranate Gin Sling
ザクロのジン・スリング

ジン、ジュース、シロップをシェイカーに入れる。角氷を入れ、10秒間シェイクし、氷を入れたコリンズグラスにストレーナーを使って注ぐ。ソーダで満たし、ザクロとライムを飾る。

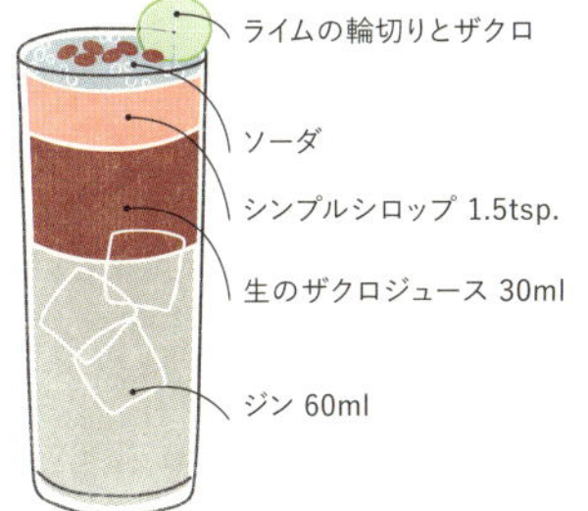

ウイスキーの生命は、穀物がウォートと呼ばれるビールに似た麦汁（糖液）に加工され、さらに蒸溜されてスピリッツになったところから始まる。スピリッツが木製の樽の中で年月を重ねることで、ウイスキーとなるのだ。**さまざまな条件**——所在地、原料となる穀物、樽から、**蒸溜方式**まで——によって、それがスコッチになるのか、シングルモルトまたはブレンデッドモルトなのか、あるいはバーボン、ライウイスキー、ブレンデッドウイスキーになるのかが決定する。**特定のタイプ**のウイスキーを専門に製造する蒸溜所も多い一方で、幅広いタイプや熟成年数の製品ラインアップを掲げる蒸溜所もある。年数の長いタイプが日の目を見るまでには長い時間が必要となる。基本的に、ウイスキーは**力強く、自己主張の強い**飲みものだが、本章に登場する上質なウイスキーの多くは、ブレンドや熟成によって、**ソフトで繊細な**フレーバーに仕上げられている。さあ、ウイスキーの世界を掘り下げよう。その特徴を際立たせるインフュージョンをつくり、オリジナルの現代カクテルでその**個性を最大限に**引き出してみよう。

WHISKY, BOURBON, AND RYE

ウイスキー、バーボン、ライ

1792 Small Batch

1792 スモールバッチ

バーボンウイスキー　46.85度

蒸溜所 バートン1792蒸溜所　アメリカ、ケンタッキー州　1879年設立

フィロソフィ バーボンの故郷ケンタッキー州で、現在フル稼働しているなかでは最古の蒸溜所。伝統的な蒸溜技術に変革をもたらした。

スピリッツ 同蒸溜所のシグネチャーでもある「ハイ・ライ（原料中のライ麦比率が高い）」バーボンで、ライ麦のスパイシーさが特徴。仕上げで、厳選した少量生産の原酒を慎重にブレンドしている。

テイスト 味わい豊かでエレガントなバーボン。甘いカラメルとバニラのはかなく繊細なフレーバーのバランスがよい。

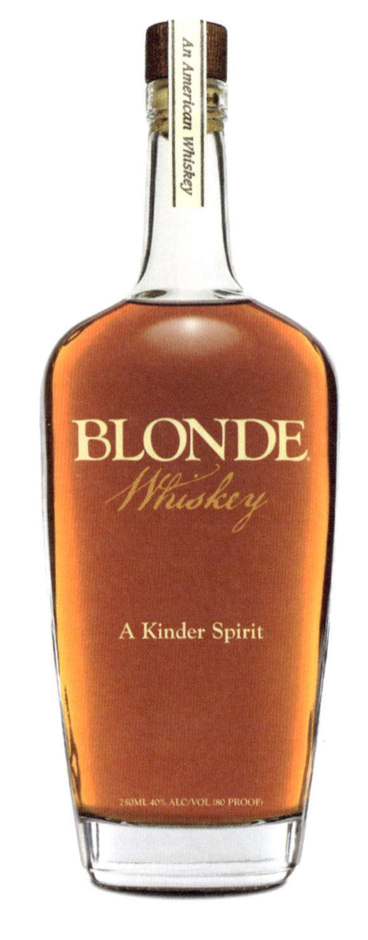

Asheville Blonde

アッシュヴィル・ブロンド

ウイスキー　40度

蒸溜所 アッシュヴィル・ディスティリング・カンパニー　アメリカ、ノースカロライナ州　2010年設立

フィロソフィ 真の「プラウ・トゥ・ポア（畑からボトルへ）」を実践。在来種穀物を自社畑で栽培し、地元産の他の原料とともに蒸溜を行なう。

スピリッツ 白トウモロコシと非常に希少なターキーレッド種の小麦を発酵させて造るグレーンウイスキー。2塔のコラムを備えたドイツ製の5000リットルのポットスチルでマッシュを蒸溜し、内側を焦がしたホワイトオークの樽で熟成している。

テイスト バニラ、バターがけポップコーン、タバコ、チェリー、チョコレートの風味を思わせるスムースな飲み口が楽しめる。

Bain's Cape Mountain

ベインズ・ケープ・マウンテン

ウイスキー　43度

蒸溜所 ジェームズ・セジウィック蒸溜所　南アフリカ、西ケープ州　2003年設立

フィロソフィ ケープ山脈の自然美にインスパイアされた、世界でただひとつの南アフリカ産穀物を100%使用したウイスキー。

スピリッツ 南アフリカ産の高品質の穀物を原料に、コラムスチルで蒸溜。中程度に焦がしたアメリカンオークのバーボン樽で3年熟成させたのち、再度別のバーボン樽に入れ替えて18～30カ月後熟させる。

テイスト スムースで温かみのある味わい。オーク、バニラ、ココアバターの香りが感じられる。フィニッシュは長くスパイシー。

Blanton's Single Barrel

ブラントン・シングルバレル

バーボンウイスキー　46.5度

蒸溜所 バッファロー・トレース蒸溜所　アメリカ、ケンタッキー州　1984年に初リリース

フィロソフィ バーボンの発展に寄与したパイオニアのひとり、アルバート・ブラントン大佐がインスピレーションの源になっている。

スピリッツ トウモロコシ、ライ麦、大麦麦芽を原料としたバーボン。バッファロー・トレース蒸溜所の名高い「H倉庫」に貯蔵された上質なミドルカットを使用し、内側を焦がしたホワイトオークの新樽で熟成させる。

テイスト 乾燥させた柑橘類、カラメル、バニラが織り成すスパイシーなアロマが心地よい。やわらかな口あたりで、焦がした砂糖、オレンジ、クローブのフレーバーが楽しめる。

Corsair Triple Smoke

コルセア・トリプル・スモーク

ウイスキー　40度

蒸溜所 コルセア蒸溜所　アメリカ、テネシー州　2008年設立

フィロソフィ スピリッツの新しいスタイルを創出する、アメリカ有数の革新的な蒸溜所。

スピリッツ それぞれサクラ、ピート、ブナでスモークされた3種類の麦芽を使用した複雑なウイスキー。1バッチ3200リットルの少量生産で、1100リットルの年代物の銅製ポットスチルで蒸溜している。

テイスト 香り、味わい、フィニッシュすべてに3種類の麦芽がもたらす甘みと力強さ、スモーキーさが感じられる。

Dad's Hat

ダッズ・ハット

ライウイスキー　45度

蒸溜所 マウンテン・ローレル・スピリッツ　アメリカ、ペンシルバニア州　2011年設立

フィロソフィ ライウイスキー発祥の地で、地元産の天然素材のみを使用した丁寧な製法でそのルーツを称える。

スピリッツ 伝統的なペンシルバニアスタイルのライウイスキー。原料にはトウモロコシを使用せず、ライ麦に続いて大麦麦芽の比率が高くなっている。2000リットルのポットスチルで2回蒸溜後、70リットルのアメリカンホワイトオークの新樽で平均して8カ月半熟成させる。

テイスト スパイシーでバランスがよく、時間とともに麦芽の甘みが広がる。ピリッとしたコショウ、キャラウェイ、フレッシュなシナモンから、ココアとドライフルーツを思わせる香りへと展開する。

Dalmore King Alexander III

ダルモア・キング・アレキサンダー3世

スコッチウイスキー　40度

蒸溜所 ザ・ダルモア蒸溜所　スコットランド、アルネス　1839年設立

フィロソフィ 自らの歴史を重んじながらも、古びた慣習に逆らい、大胆で冒険心に満ちたシングルモルトを造り続ける蒸溜所。

スピリッツ 6種類もの樽で香り付けした原酒を使用する世界でただひとつのシングルモルト。マスターディスティラーのリチャード・パターソンが、バーボン樽やシェリー樽、ポート樽、ワイン樽から手作業で厳選。

テイスト 赤いベリーとみずみずしい花のかぐわしい香り。口に含むと、柑橘類の皮、バニラ、シナモン、クレームカラメル、ナツメグの風味が広がる。

Dillon's White

ディロンズ・ホワイト

ライウイスキー　40度

蒸溜所 ディロンズ・スモールバッチ・ディスティラーズ　カナダ、オンタリオ州　2012年設立

フィロソフィ 地元産の新鮮な原料の活用と促進に取り組む。

スピリッツ 地元の製粉業者と製麦業者と提携し、100%オンタリオ産のライ麦、酵母、水から造るライウイスキー。糖化と発酵後、2基のポットスチルにそれぞれ通して2回蒸溜している。

テイスト 素材の味わいが生きたスムースかつスパイシーなウイスキー。甘みはかすかに感じられるだけで、ライ麦の複雑な風味が楽しめる。

すべてのボトルにそれぞれのスピリッツの製法と原料が明記されている。

手書きのバッチナンバー。

Eagle Rare
イーグル・レア

バーボンウイスキー　45度

蒸溜所 バッファロー・トレース蒸溜所　アメリカ、ケンタッキー州　1975年に初リリース

フィロソフィ ケンタッキーでも有数の名声と歴史を誇る蒸溜所が造る、比類なき個性をもつ複雑なバーボン。

スピリッツ 熟練の技術で造られ、10年以上丁寧に熟成させるストレートバーボン。厳選されたすべての樽は、一貫したフレーバーと品質を保ちながらも、樽ごとに異なる個性をもつ。

テイスト ほのかなハーブ、ハチミツ、革、オークが織り成す複雑な香り。口に含むと、砂糖漬けのアーモンドとココアの風味が広がる。フィニッシュはドライな余韻が長く続く。

Excelsior
エクセルシオール

バーボンウイスキー　48度

蒸溜所 コッパーシー・ディスティリング　アメリカ、ニューヨーク州　2011年設立

フィロソフィ「世界初の100%ニューヨーク製バーボン」を造る農場蒸溜所。ニューヨーク産の穀物と樽を使用する。

スピリッツ すべて地元ニューヨーク産のトウモロコシ、ライ麦、大麦を開放型の木製タンクで発酵し、2回蒸溜。その後、ニューヨーク州内で製造された樽で熟成させている。

テイスト ライ麦の比率が高い「ハイ・ライ」タイプのバーボンで、ピリッとした風味がトウモロコシの甘みを引き立てる。樽由来のバニラ、シダー、モミの香り。

Few
フュー・バレル

バーボンウイスキー　46.5度

蒸溜所 フュー・スピリッツ　アメリカ、イリノイ州　2011年設立

フィロソフィ 地元産の穀物の発酵から蒸溜、熟成、ボトリングまですべて敷地内で行なう、真の「グレーン・トゥ・グラス」を実践する蒸溜所。

スピリッツ 原料には最高品質の穀物のみ使用し、糖化後に温度管理しながら発酵させてウォッシュをつくる。蒸溜後、アメリカンオークの新樽で熟成させる。

テイスト 甘くスパイシーなバーボン。シナモンやクローブの風味と、ピリッとしたフィニッシュが楽しめる。

Garrison Brothers Cowboy

ギャリスン・ブラザーズ・カウボーイ

バーボンウイスキー　68度

蒸溜所 ギャリスン・ブラザーズ蒸溜所　アメリカ、テキサス州　2006年設立

フィロソフィ 健全な家族経営を維持しながら、最高品質のスピリッツを造り出す、テキサス州初の合法蒸溜所。

スピリッツ 遺伝子組み換えでない有機トウモロコシ、小麦、大麦麦芽を原料に、スイートマッシュ（蒸溜後の酸を含んだ残液を戻さない）方式で5日間かけて発酵。3基の特注の銅製ポットスチルで蒸溜後、同じく特注の内側を焦がしたアメリカンホワイトオークの樽で3年間熟成させる。

テイスト 心地よい口あたりで、木材やカラメル、ココナッツ、ピーカンナッツ、コーンミール、シナモンの風味が広がる。

Glendalough Double Barrel

グレンダロッホ・ダブル・バレル

アイリッシュウイスキー　42度

蒸溜所 グレンダロッホ蒸溜所　アイルランド、ウィックロウ　2014年に初リリース

フィロソフィ アイルランド初のクラフトディスティラリー。失なわれたアイルランドの偉大なスピリッツ造りの伝統を取り戻し、斬新で現代的なスピリッツの創出を目指す。

スピリッツ 地元産の大麦麦芽とトウモロコシを原料に、コラムスチルで少量ずつ蒸溜して造るシングルグレーン・アイリッシュウイスキー。バーボン樽で3年半熟成したのち、シェリー樽で6カ月ねかせてフィニッシュしている。

テイスト チェリー、レーズン、イチジクのかぐわしい香り。バタースコッチ、ハチミツ、ドライフルーツ、コショウの実の風味が楽しめる。

「ダブル・バレル」は2015年サンフランシスコ・ワールド・スピリッツ・コンペティション最優秀金賞受賞。

ラベルに描かれた人物は聖ケヴィン。6世紀のアイルランドでは、彼のような修道僧が最初に飲料用アルコールの蒸溜を始めたといわれている。

High West Silver
ハイ・ウエスト・シルバー

ウイスキー　40度

蒸溜所 ハイ・ウエスト蒸溜所　アメリカ、ユタ州　2007年設立

フィロソフィ 景勝地に建つ蒸溜所。精密科学と最高の原料を駆使して、穀物からエレガンスを抽出。

スピリッツ 丸々としたオート麦を原料にした、少量生産の「熟成させない」ウイスキー。伝統的な銅製ポットスチルで蒸溜後、内側を軽く焦がしたオーク樽にわずか5分間だけ入れ、樽の影響を受けないフレーバーに仕上げている。

テイスト ほのかな甘みを感じさせる要素と、それよりも主張の強い酸味の要素がせめぎ合う。ココアとココナッツのフレーバーが感じられ、バニラを思わせるフィニッシュはスムース。

Hillrock Solera Aged
ヒルロック・ソレラ・エイジド

バーボンウイスキー　46.3度

蒸溜所 ヒルロック・エステート蒸溜所　アメリカ、ニューヨーク州　2010年設立

フィロソフィ 禁酒法時代以降のアメリカで最初に、敷地内の自社農場で栽培した穀物を原料にウイスキーを手造りした蒸溜所。ニューヨークのハドソンバレーに受け継がれる豊かな蒸溜の歴史を体現したウイスキー。

スピリッツ 在来種の穀物（大麦、トウモロコシ、ライ麦）の自家栽培と収穫から自ら手がけ、1100リットルの銅製ポットスチルで少量ずつ蒸溜。最後にシェリーで用いられる「ソレラ式」と呼ばれる方法でブレンドし、熟成させる。

テイスト カラメルとバニラ、フローラルとフルーティが香る琥珀色のウイスキー。口に含むと、メープルシロップや氷砂糖からクローブとシナモンまで、豊かなフレーバーが広がる。

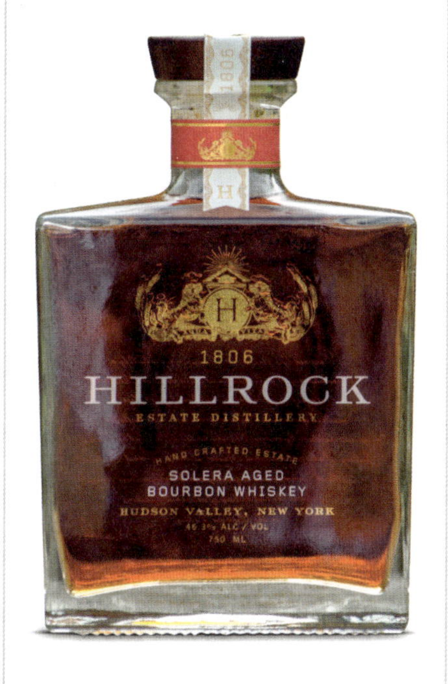

Hudson Baby
ハドソン・ベイビー

バーボンウイスキー　46度

蒸溜所 タットヒルタウン・スピリッツ　アメリカ、ニューヨーク州　2003年設立

フィロソフィ 禁酒法時代後のニューヨーク州で初めて開業し、ウイスキーの製造を始めた蒸溜所。地元で栽培された穀物のみ使用している。

スピリッツ 地元産の穀物を発酵後、2回の蒸溜を行ない、うち1回目はマッシュ全体を蒸溜。その後、内側を焦がしたアメリカンホワイトオークの新樽で熟成させる。

テイスト 飲みやすく、バーボン初心者の入門編に最適な1本。おだやかな甘みと長いフィニッシュが楽しめる。

Hudson Baby Bourbon

ハドソン・ベイビー・バーボン |

ハドソン・ベイビー・バーボンは、タットヒルタウン・スピリッツ蒸溜所のフラッグシップ製品だ。禁酒法時代後のニューヨーク州で初めて造られたウイスキーであり、同州史上初のバーボンでもある。近年、評価も名声も高まっているタットヒルタウン・スピリッツだが、開業当初から変わらぬ手作業による少量生産を続けている。

成り立ち

タットヒルタウン・スピリッツは、2005年の操業開始当初から、製粉からボトリングまですべて敷地内で行なう「グレーン・トゥ・グラス」をモットーに掲げる少量生産の蒸溜所だ。創業者のラルフ・エレンゾとビジネスパートナーのブライアン・リーは、2年間の試行錯誤を経て、最初の1バッチを製造。それを1年後に「ハドソン・ベイビー・バーボン」として発売した。蒸溜所の半径64キロメートル以内で栽培された在来種の穀物（トウモロコシ95%、大麦5%）を原料とし、4基のドイツ製ポットスチルで蒸溜後、芳醇なフレーバーが醸されるまで内側を焦がした2種類のホワイトオーク樽で1～3年熟成させる。樽のひとつは、「ベイビー」の名の由来でもある同蒸溜所のシグネチャーともいうべき小さな樽だ。それらをブレンドすることで、バランスのとれたフレーバーのウイスキーが誕生する。すべてのボトルに、蜜蝋による密封とナンバリングを手作業で行なう。

現在とこれから

タットヒルタウンでは、季節ごとの限定製品造りにも取り組んでいる。たとえば「ハドソン・メープルカスク・ライ」は、地元の熟練したメープルシロップの採取者との樽交換プログラムから生まれた。

また、クラフトディスティリングの未来を真剣に考えている造り手でもある。『スピリッツ・ビジネス・マガジン』誌によって、2014年に「アメリカでもっとも先駆的な蒸溜家10人」に選ばれたラルフ・エレンゾは、アメリカンクラフトスピリッツ協会の理事を務め、独立系蒸溜所を代表して自身の経験と成功の秘訣を共有し続けている。

右）ニューヨーク州ガーディナーにあるタットヒルタウン・スピリッツにて、蒸溜プロセスを見守るエレンゾとスタッフ。

造り手

ラルフ・エレンゾは独学で蒸溜を学び、タットヒルタウン・スピリッツを立ち上げた。蒸溜所がある土地を買った当初は別の事業を営むことを考えていたが、敷地内にあった歴史登録財に指定されている古い製粉所にインスパイアされて、ウイスキー造りに乗り出したという。クラフトスピリッツ・ムーブメントのリーダーのひとりとして、ラルフは煩雑な官僚主義的手続きの撤廃を働きかけ、ニューヨークにおけるクラフトスピリッツの促進に一役買った。

エレンゾは、愛するスピリッツ業界を支援するために、全米レベルでのロビー活動を行なっている。

2005年
蒸溜開始

2010年 アメリカン・アルチザン・ディスティラリー・オブ・ザ・イヤー（アメリカン・ディスティリング・インスティテュート主催）

2011年
アメリカン・クラフトウイスキー・ディスティラリー・オブ・ザ・イヤー（『ウイスキー・マガジン』主催）

2011年
アルチザンウイスキー・オブ・ザ・イヤー（ウイスキー・ギルド主催）

上）ハドソン・ウイスキーのすべてのボトルは、密封とナンバリングが手作業で行なわれる。

Ichiro's Malt Double Distilleries
イチローズモルト・ダブルディスティラリーズ

ウイスキー　46度

蒸溜所 秩父蒸溜所　日本、埼玉県　2008年設立

フィロソフィ ウイスキー愛好家が創業した、日本有数のウイスキー蒸溜所のひとつ。伝統製法を生かしながらも、革新的な試みを追求している。

スピリッツ 少量生産の小さな蒸溜所が造る、希少で入手困難なモルトウイスキー。樽づくりと修繕も自社で行ない、精緻なクラフツマンシップで知られる。

テイスト 甘いピートとスモーキーさが香る、濃い琥珀色のスピリッツ。木材とバニラのフレーバーが広がる。

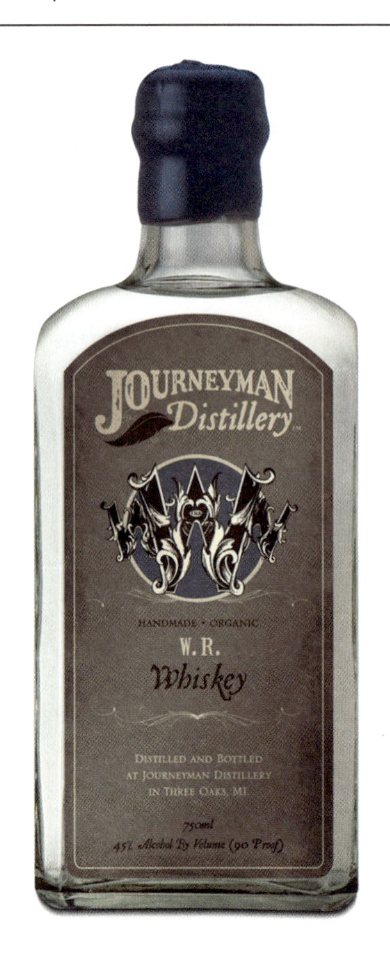

Journeyman W.R.
ジャーニーマン W.R.

ライウイスキー　45度

蒸溜所 ジャーニーマン蒸溜所　アメリカ、ミシガン州　2011年設立

フィロソフィ 一族に代々受け継がれた設備を活用し、ハンドクラフトにこだわる思慮深い造り手。

スピリッツ すべて地元産のライ麦、小麦、そして少量の大麦を原料に、銅製ポットスチルで蒸溜。アメリカンホワイトオークの新樽で24時間ほどねかせたのち、加水してボトリングする。

テイスト レーズンブレッド、フルーツケーキ、花を思わせる香り。ドライだがフルーティなボディで、バニラ、ポリッジ（牛乳がゆ）、ピリッとしたスパイスの風味が楽しめる。

Juuri
ユーリ

ライウイスキー　46.3度

蒸溜所 キュロ蒸溜所　フィンランド、イソキュロ　2014年に初リリース

フィロソフィ「我々はライ麦を信じる」をモットーに掲げ、すべてのスピリッツにライ麦を使用している蒸溜所。

スピリッツ 熟成させない代わりに、発酵に長い時間をかけてフレーバーを生み出したライウイスキー。発酵槽は乳酸菌が発生しないように温度管理されている。熟成にはアメリカンホワイトオークの新樽を使用。

テイスト 焼きたてのライ麦パンの香りと風味が顕著。ベリー類やドライプラムの甘みも感じられる。

Kavalan Classic Single Malt

カバラン・クラシック・シングルモルト

ウイスキー　40度

蒸溜所 カバラン蒸溜所　台湾、員山郷　2005年設立

フィロソフィ 亜熱帯性気候というけっしてウイスキー向きではない条件下で成長を続ける蒸溜所。マスターブレンダーは連日の試飲を欠かさない。

スピリッツ 地元の山の天然水と（おもにヨーロッパ産の）大麦麦芽を原料とし、4基のポットスチルで2回蒸溜。オーク樽で熟成後、別の種類のものとブレンドされる。

テイスト フレッシュでクリーンかつ芳醇な味わい。マンゴーやグリーンアップル、チェリーといった亜熱帯のフルーツのフレーバーが豊かに広がる。

"Komagatake" The Revival

駒ケ岳 ザ・リバイバル

ウイスキー　59度

蒸溜所 マルス信州蒸溜所　日本、長野県　1985年設立

フィロソフィ 最高水準の仕事にこだわり、比類なきウイスキーを造り続ける蒸溜所。

スピリッツ 中央アルプスの天然水を使用した豊かなフレーバーのウイスキー。真砂土で一度濾過したスピリッツを、バーボン樽で熟成し、淡い琥珀色のウイスキーが完成した。

テイスト ほのかなフルーツとピートの香りを感じさせる、バランスのとれた味わい。フレッシュな麦芽のフレーバーが口いっぱいに広がる。

Kopper Kettle

コッパー・ケトル

ウイスキー　43度

蒸溜所 ベルモント・ファーム蒸溜所　アメリカ、バージニア州　1987年設立

フィロソフィ 敷地内で栽培された穀物を原料に、真に「グレーン・トゥ・グラス」なスピリッツを造る農場蒸溜所。

スピリッツ 蒸溜後に木炭で濾過し、樽にオークとアップルウッドのチップを加えて独特のフレーバーを加味。オーク樽で4年熟成させている。

テイスト やわらかなスパイシー香が立ちのぼり、口に含むとバニラとカラメルアップルの甘みが広がる。温かみのある心地よいフィニッシュで、喉が焼ける感じが一切ない。

Koval Single Barrel

コーヴァル・シングルバレル

バーボンウイスキー　47度

蒸溜所 コーヴァル蒸溜所　アメリカ、イリノイ州　2008年設立

フィロソフィ 1800年代半ば以降、シカゴに初めて建てられた蒸溜所。元学者のオーナーが、オーガニックスピリッツを一から造ることに情熱を注いでいる。

スピリッツ マッシュビル（原料の穀物配合比）はトウモロコシ51%、ミレット（キビ）49%で、どちらも蒸溜所内で粉砕している。熟成はアメリカンホワイトオークの樽で2～4年間行なう。

テイスト マンゴー、バニラ、カラメル、スパイスがそれぞれ主張する甘い香り。フィニッシュは力強い。

Lark Single Malt

ラーク・シングルモルト

ウイスキー　43度

蒸溜所 ラーク蒸溜所　オーストラリア、タスマニア州　1992年設立

フィロソフィ 地元タスマニア島産の最高の原料のみを使用し、高品質のシングルモルトを造る蒸溜所。

スピリッツ 地元産の大麦麦芽（うち50%はピートを焚き込んだもの）を山の天然水と混ぜ合わせ、7日間という長い時間をかけて発酵。2回の蒸溜後、フレンチオークとアメリカンオークの樽で5～8年熟成させる。

テイスト 花やフルーツの香りと、重めの土臭いフレーバーを感じさせるフィニッシュとのバランスに優れている。

Low Gap 2 Year Wheat

ロー・ギャップ2年ウィート

ウイスキー　43.1度

蒸溜所 アメリカン・クラフトウイスキー蒸溜所　アメリカ、カリフォルニア州　2008年設立

フィロソフィ 年代物のコニャック用蒸溜器でプレミアムスピリッツを造りながら、新たな道を切り開く。

スピリッツ 独バイエルン産の硬質小麦麦芽を原料に、年代物の1600リットルのコニャック用蒸溜器で2回蒸溜したスムースなウィートウイスキー。濾過した雨水を使用し、望ましい度数まで加水している。

テイスト 繊細かつ複雑、豊かなフレーバーのフルーティなウイスキー。穀物の風味豊かな、素晴らしく長いフィニッシュが楽しめる。香り高いブランデーのような味わい。

Mackmyra Svensk Ek

マクミラ・スヴェンスクEK

ウイスキー　46.1度

蒸溜所 マクミラ　スウェーデン、ノールランド　1999年設立

フィロソフィ 製造のすべての工程で地元産の材料を活用する、エコフレンドリーな造り手。

スピリッツ 天井高35メートルの広々とした蒸溜所施設内で、スウェーデン産大麦の粉砕から、蒸溜、オーク樽での熟成までを徹底した管理のもとで行なっている。

テイスト サンダルウッド、乾燥させたショウガ、黒コショウ、焼いたオーク樽、ハーブの香り。フィニッシュは、オークのやわらかな甘みが感じられる。

McKenzie

マッケンジー

ライウイスキー　45.5度

蒸溜所 フィンガー・レイクス・ディスティリング　アメリカ、ニューヨーク州　2008年設立

フィロソフィ 地元産の原料や開放型の発酵槽など、昔ながらの蒸溜方式を採用している蒸溜所。

スピリッツ 原料の90%以上を、蒸溜所の半径80キロメートル以内で調達。発酵後、8.5メートルの連続式蒸溜器を使い、フレーバーを保つために低いアルコール度数に仕上げる。熟成には、アメリカンホワイトオークの新樽とシェリー樽を使用。

テイスト 力強いライ麦のフレーバーを、スパイスやドライフルーツ、オレンジの軽快な香りが引き立てている。

Monkey Shoulder

モンキー・ショルダー

スコッチウイスキー　40度

製造者 モンキー・ショルダー　スコットランド、ダフタウン　2005年設立

フィロソフィ シングルモルトの複雑さと、ブレンデッドスコッチウイスキーの気軽さの融合を目指す。

スピリッツ スペイサイドの3種類のシングルモルトをブレンドした初のウイスキーで、バーボン樽で熟成。モルトマスターが手作業で厳選したモルトをブレンド後、小さな樽で3～6カ月後熟している。

テイスト 甘く濃厚なバニラのフレーバーと、オレンジとショウガの刺激的なアロマが、オークとほのかなスパイスの香りと調和している。

Old Potrero
オールド・ポトレロ

ライウイスキー　48.5度

蒸溜所 アンカー・ブリューイング&ディスティリング・カンパニー　アメリカ、カリフォルニア州　1993年設立

フィロソフィ サンフランシスコからアメリカ全土へと、クラフトスピリッツ・ムーブメントを広めた革新的な蒸溜所。

スピリッツ アメリカを代表する醸造所であるアンカーが手がける、小型の銅製ポットスチルで蒸溜した100%ライ麦麦芽のウイスキー。内側を焦がした手づくりのオーク樽で熟成させる。

テイスト 深く鮮やかな液色と独特な個性をもつ表情豊かなウイスキー。ライ麦特有の風味が全体を通してしっかりと味わえる。

Ranger Creek .36
レンジャー・クリーク .36

バーボンウイスキー　48度

蒸溜所 レンジャー・クリーク・ブリューイング&ディスティリング　アメリカ、テキサス州　2014年設立

フィロソフィ 地元の気候と地元産の原料を活用し、テキサスという土地の「テロワール」をスピリッツで表現する蒸溜所。

スピリッツ「テキサス・ストレートバーボン・ウイスキー」の名称は、「最低2年以上の熟成」というバーボンの規定を満たすことに由来する。原料の穀物のうち、70%以上が地元産のトウモロコシ。

テイスト 深い琥珀色で、バニラやブラウンシュガーの香りが楽しめる。口に含むと、カラメル、トフィー、シナモンの風味が広がる。

Redbreast 12 Year
レッドブレスト12年

アイリッシュウイスキー　40度

蒸溜所 ミドルトン蒸溜所　アイルランド、コーク州　1966年設立

フィロソフィ アイルランド伝統のポットスチルウイスキーの決定版と称されるユニークな製品を造り続ける、非常に評価の高い蒸溜所。

スピリッツ 大麦と大麦麦芽を原料に、伝統的な銅製ポットスチルで3回蒸溜。その後、オロロソシェリー樽で熟成させている。

テイスト 素晴らしくクリーミーな口あたり。スパイシーかつフルーティな香りで、トレードマークであるクリスマスケーキのようなフレーバーが楽しめる。

Springbank 10 Year

スプリングバンク10年

スコッチウイスキー　46度

蒸溜所 スプリングバンク蒸溜所　スコットランド、キャンベルタウン　1828年設立

フィロソフィ 家族経営の独立系蒸溜所としてはスコットランド最古の蒸溜所。すべての製造工程を通して、手作業による少量生産を行なっている。

スピリッツ スコットランドの蒸溜所としては珍しく、ボトリングまでのすべての製造工程を敷地内で行ない、追加のモルトを他所から調達していない。軽くピートの効いたこの10年ものは、非常に長い時間をかけて発酵したのち、2回半の蒸溜を行なっている。

テイスト バランスのとれたフルボディ。熟したフレーバーと濃厚なアロマに満ち、五感を複雑に刺激してくれる。

Stagg Jr.

スタッグJr.

バーボンウイスキー　64～67度

蒸溜所 バッファロー・トレース蒸溜所　アメリカ、ケンタッキー州　2013年に初リリース

フィロソフィ ケンタッキーでも有数の名声と歴史を誇るバッファロー・トレース蒸溜所による、ジョージ・T・スタッグへのオマージュ。スタッグは19世紀のアメリカに君臨した同蒸溜所の前身の設立者。

スピリッツ 酒質調整のための原酒カットも濾過もしない、非常に力強く個性的なバーボンで、製品ごとにアルコール度数が異なる。内側を焦がしたオークの新樽で10年近く熟成させたのち、加水しないバレルプルーフで瓶詰めしている。

テイスト 濃厚なチョコレートとブラウンシュガーの香りが、ライ麦のスパイシーさと樽由来のスモーキーさと完璧に調和している。

由緒ある「スタッグ」ブランドを象徴する、トレードマークの鹿の枝角。

加水調整しないため、度数はバッチごとに異なる。

Stalk & Barrel Single Malt

ストーク&バレル・シングルモルト

ウイスキー　46度

蒸溜所 スチル・ウオーターズ蒸溜所　カナダ、オンタリオ州　2009年設立

フィロソフィ「グレーン・トゥ・グラス」をモットーに、手作業によるウイスキーの少量生産を行なう蒸溜所。

スピリッツ 100%カナダ産の大麦麦芽を糖化、発酵後に小型の銅製ポットスチルで蒸溜。バーボン樽で3年以上熟成させている。

テイスト バッチごとに少し味わいは異なるが、麦芽とフルーツの香りが豊か。口に含むと、グリーンアップルやブドウ、麦芽の風味が広がる。

Sullivans Cove Double Cask

サリヴァンズ・コーヴ・ダブルカスク

ウイスキー　40度

蒸溜所 サリヴァンズ・コーヴ　オーストラリア、タスマニア州　1994年設立

フィロソフィ 地元タスマニア島産の原料のみを使用し、すべて手作業でスピリッツを製造する小規模蒸溜所。

スピリッツ タスマニア産の大麦麦芽を醸造用酵母と蒸溜用酵母とともにステンレス槽で発酵後、銅製ポットスチルで2回蒸溜している。熟成はアメリカンオークのバーボン樽とフレンチオークのポート樽で行なわれる。

テイスト やわらかくクリーミーな口あたりで、バランスのとれた味わい。バニラ、フルーツ、スパイス、クローブの香りが楽しめる。

Teeling Small Batch

ティーリング・スモールバッチ

アイリッシュウイスキー　46度

蒸溜所 ティーリング・ウイスキー蒸溜所　アイルランド、ダブリン　2013年設立

フィロソフィ「量より質」というティーリング一族の伝統に忠実に、アイリッシュウイスキーの革新的な未来の構築に尽力する蒸溜所。

スピリッツ バーボン樽で最長で6年熟成させた原酒を手作業で選別し、さらにラム樽を使って風味付けした「スモールバッチ（少量生産の）」ウイスキー。

テイスト ラムを思わせる甘く魅惑的な香り。スムースな飲み口で、木材とスパイスの風味が感じられる。

Two James Rye Dog
トゥー・ジェームズ・ライ・ドッグ

ライウイスキー　50.5度

蒸溜所 トゥー・ジェームズ・スピリッツ　アメリカ、ミシガン州　2013年設立

フィロソフィ 禁酒法時代以降のデトロイトに設立された初の合法蒸溜所で、地元産の材料を使ったスピリッツを造る。

スピリッツ「フィールド・トゥ・ボトル」を掲げて造る、熟成させないアンエイジド・ウイスキー。バッチごとに、少なくとも450kgの地元で栽培、粉砕されたライ麦が使用されている。発酵後、2200リットルの特注の銅製ポットスチルで蒸溜を行なう。

テイスト 個性のある若いウイスキー。フローラルと柑橘類の香り、丸みのある口あたりが楽しめる。

Tycho's Star Single Malt
ティコズ・スター・シングルモルト

ウイスキー　41.8度

蒸溜所 スピリット・オブ・ヴェン蒸溜所　スウェーデン、サンクト・イブ　2008年設立

フィロソフィ ヨーロッパでも最小規模の家族経営の蒸溜所で、オーガニックかつ持続可能な原料と工程にこだわる。

スピリッツ 3種類の大麦を製麦、糖化、発酵後に2回蒸溜。熟成には3種類のオーク樽が使われる。

テイスト 大麦の香りを引き立てる、ココナッツとアーモンドの芳香。口に含むと、燻煙と麦芽の風味が広がる。

Tyrconnell
ターコネル

アイリッシュウイスキー　40度

蒸溜所 キルベガン蒸溜所　アイルランド、レンスター　1757年設立

フィロソフィ 独自の蒸溜プロセスで、アイルランドでは数少ないシングルモルトを造る蒸溜所。

スピリッツ アイルランド産の大麦麦芽を水に浸けて発芽させる。1～2週間後、キルン（乾燥塔）で乾燥させた麦芽を粉砕し、マッシュタン（糖化槽）で湯と混ぜ合わせる。発酵と蒸溜を経て、使い込まれたオーク樽で静かに熟成させる。

テイスト フルーティかつスパイシーなアロマに満ちた、明るい黄色のスピリッツ。麦芽の風味が顕著で、オレンジとレモンのフレーバーが感じられる。

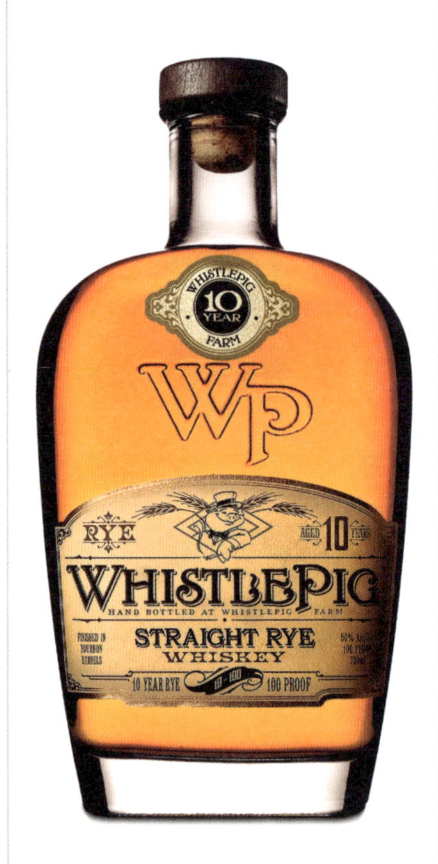

WhistlePig 10 Year

ホイッスルピッグ10年

ライウイスキー　50度

蒸溜所 ホイッスルピッグ蒸溜所　アメリカ、バーモント州　2010年に初リリース

フィロソフィ 田園地帯の農場内にある蒸溜所。すべての穀物の中でライ麦がもっとも蒸溜に適していると考えている。

スピリッツ 敷地内でライ麦の栽培から収穫まで行なっている。蒸溜後は、最初に内側を焦がしたオークの新樽で熟成したのち、農場内で伐採されたバーモントオークの樽に移し、香り付けしている。

テイスト オールスパイス、オレンジピール、アニス、オークのアロマと、カラメルやバニラ、ミントの風味が楽しめる。フィニッシュは長く、甘みが感じられる。

White Oak Akashi

ホワイトオーク・シングルモルトあかし

ウイスキー　46度

蒸溜所 ホワイトオーク蒸留所（江井ヶ嶋酒造）日本、兵庫県　1888年設立

フィロソフィ 1919年、日本で最初にウイスキーの製造免許を取得した蒸溜所。スコットランド式ウイスキー造りの影響を受け、その技術と職人技をうまく日本に取り入れている。

スピリッツ 蒸溜所は海に近く、ウイスキー造りに適したおだやかな気候に恵まれている。イギリスから輸入した大麦麦芽と、日本酒の仕込み水を原料に、少量生産されるシングルモルト。

テイスト 黄リンゴ、粉砂糖、アンジェリカの種子の香りに満ちた、スムースな味わい。

White Pike

ホワイト・パイク

ウイスキー　40度

蒸溜所 フィンガー・レイクス・ディスティリング　アメリカ、ニューヨーク州　2008年設立

フィロソフィ 誇りをもって地元産の原料を活用する革新的な蒸溜所。「ホワイト・パイク」の熟成はわずか18分間。

スピリッツ この無色透明のホワイトウイスキーは、カクテルにパンチを利かせることを目的に造られた。地元産のトウモロコシ、スペルト小麦、小麦麦芽を特注のポットスチルとコラムスチルで蒸溜している。

テイスト トウモロコシの甘み、スペルト小麦のクリーミーさ、小麦麦芽のドライさが特徴。

Wigle Organic
ウィグル・オーガニック

ライウイスキー　46度

蒸溜所 ウィグル・ウイスキー蒸溜所　アメリカ、ペンシルバニア州　2012年設立

フィロソフィ 創造性に富んだ製法と地元産の材料を駆使し、最高のオーガニックスピリッツを造り出すことを目指すコミュニティ志向の蒸溜所。

スピリッツ 地元産の有機栽培の穀物を蒸溜所内で粉砕して造る、伝統的な「モノンガヘラ」スタイルの少量生産のライウイスキー。昔ながらの銅製ポットスチルで蒸溜後、内側を焦がした小ぶりなオーク樽で1年以上熟成させる。

テイスト スパイシーなライ麦の風味が顕著。それ以外にはバニラ、メープル、ブラウンシュガー、チェリーの風味が感じられる。

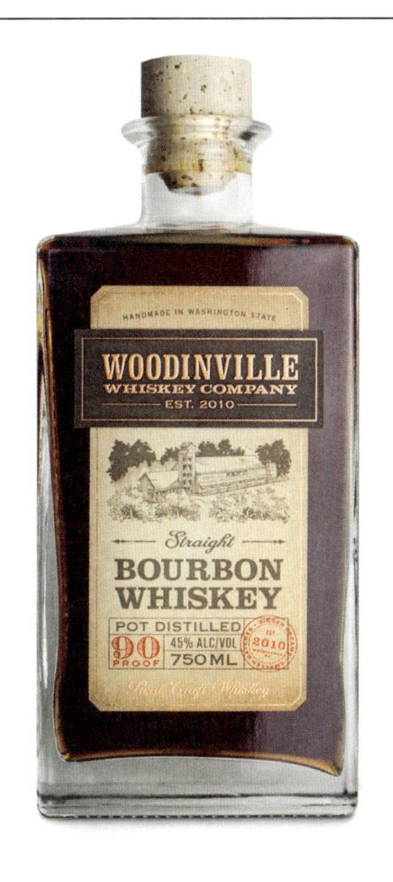

Woodinville Straight
ウッディンヴィル・ストレート

バーボンウイスキー　45度

蒸溜所 ウッディンヴィル・ウイスキー社　アメリカ、ワシントン州　2010年設立

フィロソフィ ワシントン州で栽培された農作物を原料に、手作業でスピリッツを造る蒸溜所。

スピリッツ 地元の家族経営の農場が蒸溜所のために特別に伝統的な手法で栽培したトウモロコシ、ライ麦、大麦麦芽で造られた、少量生産のバーボン。蒸溜所内で糖化と蒸溜後、使い込まれたオーク樽で熟成させている。

テイスト スパイスとクレームブリュレを思わせる魅惑的なアロマ。口に含むと、濃厚なカラメル、ダークチョコレート、バニラの風味が広がる。

MORE to TRY
次に試すなら

"1" Texas Single Malt
"1" テキサス・シングルモルト

ウイスキー　53度

蒸溜所 バルコネズ・ディスティリング　アメリカ、テキサス州　2008年設立

フィロソフィ 有名な格言にあるように、「テキサスではすべてがビッグ」だ。オークの風味豊かな、力強くて度数の高いシングルモルトを造る蒸溜所。

大麦麦芽100%のクラフトウイスキー。伝統的な銅製のポットスチルで2回蒸溜後、焦がし方の異なるオーク樽で最長2年まで熟成。シルキーかつ芳醇な味わいで、熟した核果、ハチミツ、ローズウォーターのアロマが感じられる。

Craigellachie 13 Year
クレイゲラキ 13 年

スコッチウイスキー　40度

蒸溜所 クレイゲラキ蒸溜所　スコットランド、クレイゲラキ　1891年設立

フィロソフィ 蒸溜所周辺の地域に敬意を払いながら、ウイスキー造りの古い製法と新しい製法の橋渡し役を務める蒸溜所。

スコットランドのグレネスクにある、特定のキルン由来の大麦麦芽を使用する唯一の蒸溜所。仕込み水には地元の天然水を使用。麦芽の旨みに満ちたヒリヒリした味わいで、クローブを刺した焼きリンゴの風味が楽しめる。

MB Roland
MB ローランド

バーボンウイスキー　51〜54度

蒸溜所 MBローランド蒸溜所　アメリカ、ケンタッキー州　2009年設立

フィロソフィ 蒸溜後すぐに瓶詰めするスチルプルーフと、加水調整しないバレルプルーフのバーボン造りにこだわる。結果、すべてのボトルは少しずつ個性が異なる。

地元産の食品等級の白トウモロコシを原料に、禁酒法施行以前のバーボンのスタイルを踏襲した手法で瓶詰め。個性的かつ芳醇なフレーバーで、甘いカラメルとハチミツの風味が顕著。フィニッシュはほのかなシナモンの香りが感じられる。

Infusing Whisky, Bourbon, and Rye

ウイスキー、バーボン、ライにインフューズ｜
ウイスキーにインフューズする際は、
材料のフレーバーが覆い隠されることなく、
ウイスキーと互いに引き立てあう関係を目指す。
となれば、熟成年数の長いウイスキーやスコッチは
避けたほうがいい。ほとんどどんな素材よりも
ウイスキーの味が勝ってしまうからだ。
まろやかなバーボンやライウイスキーが最適な選択。
好みの材料を選んだら、インフューズの
くわしい方法は24 〜 25ページを参照のこと。

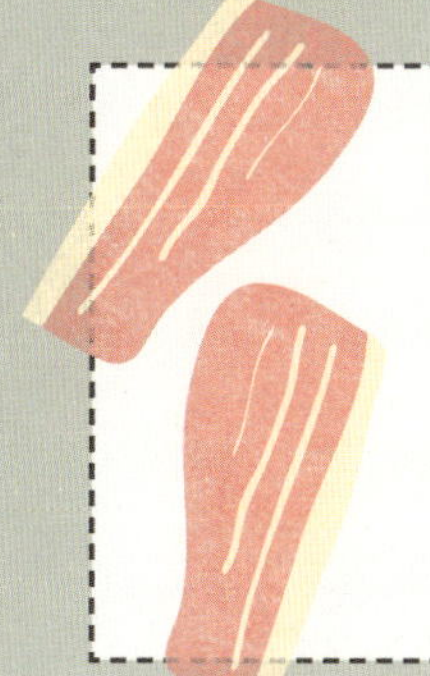

Bacon
ベーコン

燻製ベーコンをインフューズしたウイスキーがあれば、人気者になれること請け合いだ。バーボンも、ベーコンとの相性は抜群。

材料 燻製ベーコンまたは塩漬けベーコン3〜4枚、ウイスキー 750ml

漬け込み期間 2日。1日目は室温に置き、その後濾したウイスキーを冷蔵庫または冷凍庫で保存する。

さらなるヒント テーブルスプーン1〜2のメープルシロップを足して甘みを加えてもいい。

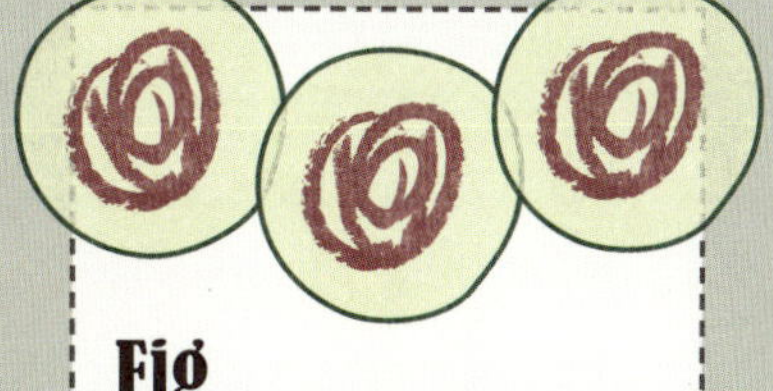

Fig
イチジク

芳醇なバーボンに甘く濃厚なイチジクを合わせて、マンハッタンをランクアップ。

材料 生のイチジク小12個、ウイスキー 750ml

漬け込み期間 2〜3週間

さらなるヒント 莢1/2本分のバニラビーンズを加えて、フレーバー要素を足す。

Coffee
コーヒー

スムースなウイスキーやバーボンにコーヒー豆をインフューズして、カフェインの「キック」を加える。

材料 エスプレッソローストのコーヒー豆115g（粉砕する）、ウイスキー 750ml

漬け込み期間 2〜3週間

さらなるヒント 莢1/2本分のバニラビーンズを加えると、酸味がやわらぐ。

Cinnamon–Chilli
シナモン＆赤トウガラシ

世界的に流行中のスパイシーなシナモンフレーバードウイスキーは、簡単に自家製できる。

材料 シナモンスティック8本、乾燥赤トウガラシ3〜6本（好みの辛さに合わせて調整する）、ウイスキー 750ml

漬け込み期間 1〜2日

さらなるヒント ヒリヒリした辛さをやわらげ、丸みのある味にしたければ、テーブルスプーン1のシンプルシロップまたはアガベシロップを加える。

Sweet Potato
サツマイモ

サツマイモは、甘くて土臭いフレーバーをウイスキーに加えてくれる。

材料 熟成したサツマイモ大1本（皮をむいてぶつ切り）、ウイスキー 750ml

漬け込み期間 1〜2週間

さらなるヒント 秋を思わせる味わいにしたければ、シナモンスティック1本を足す。サツマイモの甘みがあまり感じられない場合は、テーブルスプーン1のアガベシロップまたはシンプルシロップを加える。

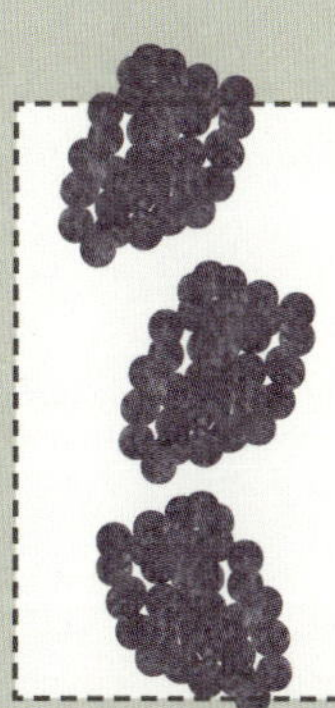

Blackberry
ブラックベリー

生のブラックベリーをインフューズして、ウイスキーやバーボンに甘みを加える。

材料 ブラックベリー 225g、ウイスキー 750ml

漬け込み期間 3〜5日

さらなるヒント レモンの皮1個分（白いワタは取り除く）を加えて柑橘類の酸味を加える。ミント・ジュレップに使うバーボンに、ベリーと一緒にひとつかみのフレッシュミントの枝をインフューズするのもおすすめ。

Mint Julep

ミント・ジュレップ｜

ミント・ジュレップは、ウイスキーとミントの魅惑のコンビネーションを軸にした甘いカクテルだ。ジュレップの語源は、ペルシャ語の「グルアーブ」。ローズウォーターという意味で、伝統的に薬用飲料として用いられてきた。ジュレップはあらゆるスピリッツでつくることができるが、ミント・ジュレップならバーボンが最適。ウイスキーベースのカクテルの入門編としてももってこいだ。

スタンダードレシピ

上質な材料を使うことがおいしさの鍵。純粋主義者によれば、ミントは激しくかき回さず、やさしくつぶして混ぜるほうが精油と香りが発散しやすいという。

1 ミントの葉6枚をダブル・オールドファッションドグラスに入れる。

2 シンプルシロップ（テーブルスプーン1）を加える。

3 グラスにクラッシュドアイスを詰める。

4 バーボン60mlを注ぎ入れる。バースプーンでグラスに霜がつくまでよくステアする。

仕上げ クラッシュドアイスで満たし、ミントの枝を飾る。

自分だけのシグネチャーカクテルをつくる

基本のつくり方

1 ミントの葉6枚をダブル・オールドファッションドグラスに入れる。

伝統的なレシピはスペアミントを使用するが、ミントならどんな種類でもOK。ミント感を強くしたければ、グラスのそばにもミントの枝を添えて。

2 シンプルシロップ（テーブルスプーン1）を加える。

シロップにミントエッセンスを加えてフレーバーをつける手もある（p.27参照）。シロップの代わりに、角砂糖にバーボンを注いでミントの葉と一緒につぶしてもよい。

3 グラスにクラッシュドアイスを詰める。

このカクテルはきんきんに冷えていなければならない。クラッシュドアイス、またはペブルドアイス（小石状の氷）を使いたい。

4 バーボン60mlを注ぎ入れる。バースプーンでよくステアする。

アルコール度数の高いケンタッキーバーボンで。バーボン初心者なら、原料の小麦の配合率の高いタイプがおすすめ。逆に個性の強いものが好みなら、スパイシーな「ハイ・ライ」タイプを。

仕上げのアレンジ

ガーニッシュ 氷の上にフレッシュミントをトッピングすれば、グラスを口元に近づけた時にミントが香って印象深くなる。ミントの代わりにバジルなど、他のフレッシュハーブでも。

フルーツ フルーティなフレーバーがほしければ、テーブルスプーン1杯分のイチゴなどフルーツのマリネを、ミントとシンプルシロップと一緒につぶして混ぜる。

クラフトカクテル

ジュレップは実験しがいのあるカクテル。ミクソロジストたちは、異なるタイプのウイスキーやフレッシュハーブを使ったり、あるいはフルーツの甘みを加えてバーボンのあたりをやわらげたりと、日々試みている。そうして"再構築"されたミント・ジュレップ3選を右に。

Peach Julep Fizz
ピーチ・ジュレップ・フィズ

ミントの葉、ジュース、シロップをシェイカーに入れ、つぶしながら混ぜる。バーボンを加えてステアする。コリンズグラスに注いで氷を詰め、ソーダで満たす。ステアして氷で満たす。モモとミントを飾る。

Basil Ginger Whiskey Julep
バジル・ジンジャー・ウイスキー・ジュレップ

バジルの葉とシロップをシェイカーに入れ、つぶしながら混ぜる。ウイスキーを加えてステアする。ダブル・オールドファッションドグラスにストレーナーを使って注ぎ、氷を入れ、ステアして氷で満たす。ショウガとバジルの葉を飾る。

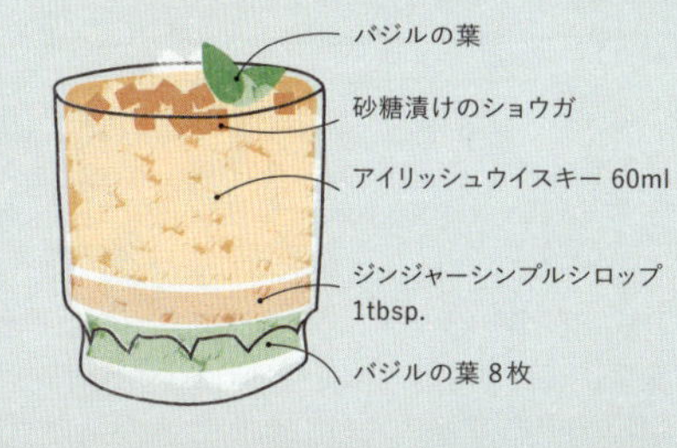

◀Blackberry Mint Julep
ブラックベリー・ミント・ジュレップ

ミントの葉、ブラックベリー、シロップをシェイカーに入れ、つぶし混ぜる。バーボンを加えてステア。ダブル・オールドファッションドグラスに注ぎ、氷を詰め、ステアして氷で満たす。ミントとベリーを飾る。

Sazerac

サゼラック｜

カクテルの街として名高い、米ニューオーリンズ発祥のカクテルのなかでもとりわけ有名なのがサゼラックだ。オリジナルはコニャックベースだったが、現代のバーテンダーはライウイスキーと少量のアブサンを使っている。南北戦争以前のニューオーリンズに起源をもつ、アメリカ最古のカクテルとされるサゼラック。その歴史を現代的にアップデートする時機にある。

スタンダードレシピ

このカクテルの最大の特徴は「アブサン・リンス」にある。

1 ダブル・オールドファッションドグラスを氷で満たす。角砂糖とペイショーズビターズ2ダッシュをミキシンググラスに入れ、つぶしながら混ぜる。

2 ライウイスキー 60mlと氷をミキシンググラスに加え、冷えるまでステアする。

3 **1**のグラスの氷を捨てる。アブサン（ティースプーン1.5）をグラスに注ぎ入れ、グラスを回して内側をコーティングし、余分なアブサンを捨てる。そこに、**2**をストレーナーを使って注ぐ。

仕上げ グラスの上でレモンピールをツイストして香りづけする。その後レモンピールは捨てる。

自分だけのシグネチャーカクテルをつくる

基本のつくり方

1 角砂糖とペイショーズビターズ2ダッシュをミキシンググラスに入れ、つぶしながら混ぜる。

ペイショーズは、アンゴスチュラよりも軽くて甘みの強いビターズ。代わりに、スパイシーまたはフルーツフレーバーのビターズを試してみても。

2 ライウイスキー 60mlと氷を加え、冷えるまでステアする。

ライ麦のスパイシーさが好みでなければ、よりスムースなコニャックに替えてみる。バーボンやウィートウイスキーでつくってみてもおもしろい。

3 アブサン（ティースプーン1.5）をダブル・オールドファッションドグラスに注ぎ入れる。グラスを回して内側をコーティングしたら、余分なアブサンを捨てる。**1**の中身をリンスしたグラスにストレーナーを使って注ぐ。

形式的な作法に思えるかもしれないが、サゼラックにはこの「アブサン・リンス」が不可欠。変化をつけたければ、ハーブサントやペルノーでリンスしてもよい。

仕上げのアレンジ

ガーニッシュ 香りづけに使ったレモンピール捨てるべしという人、そのままくし切りまたはツイストのレモンと一緒に飾るという人、それぞれいる。

柑橘類 スタンダードレシピではやや強すぎると思ったら、フレッシュのレモン果汁（ティースプーン1）を加えると、酸味がアルコールのパンチをやわらげてくれる。

クラフトカクテル

スタンダードレシピは、スモーキーな柑橘類のフレーバーが特徴的。現代のミクソロジストは、甘みやスパイシーさなど、それとは対照的なフレーバーを加えることで、伝統からの逸脱を試みている。3つの独創的なバリエーションを紹介しよう。

Spicy Sazerac
スパイシー・サゼラック

ダブル・オールドファッションドグラスをアブサンでリンスする。別のグラスにバーボン、ビターズ、シロップ、氷を入れ、ステア。最初のグラスにストレーナーを使って注ぐ。レモンピールをツイストして香りづけする。

アガベシロップ 1.5tsp.
スパイシービターズ 3ダッシュ
唐辛子をインフューズしたバーボン 60ml

Smoky Sazerac
スモーキー・サゼラック

グラスをアブサンでリンスする。燻液の角氷(p.29)を加える。別のグラスにライウイスキー、ビターズ、果汁、シロップ、氷を入れてステアし、最初のグラスにストレーナーを使って注ぐ。レモンピールを飾る。

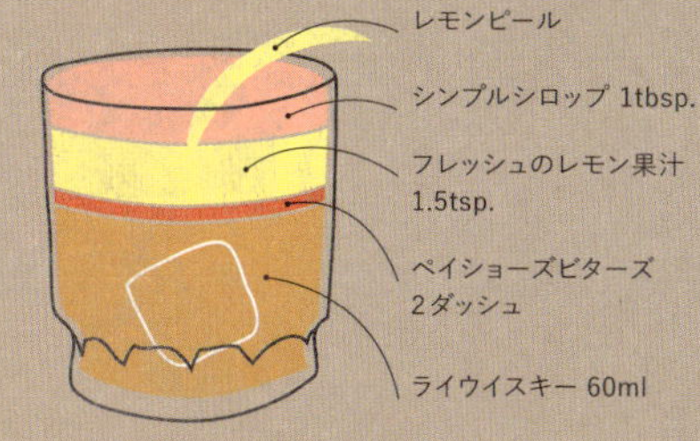

Maple Sazerac
メープル・サゼラック

グラスをスイートベルモットでリンスする。別のグラスにライウイスキー、ビターズ、果汁、シロップ、氷を入れてステアし、最初のグラスにストレーナーを使って注ぐ。レモンツイストを飾る。

レモンツイスト
メープルシロップ 1tbsp.
フレッシュのレモン果汁 1.5tsp.
アンゴスチュラビターズ 2ダッシュ
ライウイスキー 60ml

Manhattan

マンハッタン｜

ニューヨーク生まれのマンハッタンは、
ライウイスキーにベルモットを組み合わせた最初のカクテルの
ひとつだ。アルコール度数が高く、
かつてはもっとも男性的なカクテルと言われたものだが、
今日では幅広い層に愛されている。
近年の、香り高い、手造り感あるクラフトスピリッツの流行と
それら信奉者による斬新なアイデアのおかげで、
マンハッタン人気が再燃している。

スタンダードレシピ

アルコール2/3に対して、甘み1/3――それがマンハッタンのフレーバー構成だ。最高の一杯とするためには、キリリと冷やすこと。

1 ライウイスキー60mlをミキシンググラスに注ぐ。

2 スイートベルモット20mlを加える。

3 アンゴスチュラビターズ2ダッシュを加える。

4 角氷を入れ、冷えるまでステアする。よく冷やしたマティーニグラスにストレーナーを使って注ぐ。

仕上げ マラスキーノチェリーを飾る。

自分だけのシグネチャーカクテルをつくる

基本のつくり方

1 ライウイスキー60mlを
ミキシンググラスに注ぐ。

たいていのベースはライウイスキーだが、カナディアンクラフトウイスキーやバーボンに替えてみても。

2 スイートベルモット20mlを加える。

スイートベルモットが、アルコール分に対峙する甘み役。好みでマラスキーノチェリーの漬け汁少量を加えると、アルコールの印象がさらにまろやかになる。

3 アンゴスチュラビターズ
2ダッシュを加える。

変わったフレーバーのビターズに替えるだけでスタンダードなマンハッタンをアップデートすることができる。アンゴスチュラの代わりにペイショーズや、より甘みの強いビターズを使ってみてはどうだろう。

4 角氷を入れ、冷えるまでステアする。
グラスにストレーナーを使って注ぐ。

他のアルコール度数の高いカクテル同様、マンハッタンも氷と一緒にステアしてきんきんに冷えた状態で出すことが非常に重要だ。また、フレーバーをインフューズした大きめの角氷の上から注げば、氷が溶けるうちにフレーバーが加味される。

ビターズ
スイートベルモット
ライウイスキー

仕上げのアレンジ

ガーニッシュ マンハッタンのガーニッシュといえばマラスキーノチェリーだが、生のサクランボに替えて酸味を、サワーチェリーでパンチを加味してもいい。

泡 氷と一緒にステアする代わりにシェイクすれば、ふんわりとした泡状のカクテルになる。

クラフトカクテル

バーテンダーたちは、あらゆるスピリッツでマンハッタンをつくろうとする。相性の良し悪しがあるのは確かだが、もし好みのスピリッツがあるなら、ぜひ一度それでマンハッタンをつくり、自分で吟味してみよう。ここに紹介するのは、間違いなくおいしい3つのレシピ。

Tequila Manhattan
テキーラ・マンハッタン

テキーラ、ベルモット、ビターズをミキシンググラスに入れる。角氷を加え、冷えるまでステアする。よく冷やしたマティーニグラスにストレーナーを使って注ぐ。チェリーを飾る。

Cuban Manhattan
キューバン・マンハッタン

ラム、ベルモット、ビターズをミキシンググラスに入れる。角氷を加え、冷えるまでステアする。よく冷やしたマティーニグラスにストレーナーを使って注ぐ。オレンジツイストを飾る。

Brandy Manhattan
ブランデー・マンハッタン

ブランデー、ベルモット、チェリーの汁、ビターズをミキシンググラスに入れる。角氷を加え、冷えるまでステア。冷やしたグラスにチェリーを入れ、ミックスをストレーナーを使って注ぐ。レモンを飾る。

マラスキーノチェリーとレモンツイスト
アンゴスチュラビターズ 2ダッシュ
マラスキーノチェリーの漬け汁 1.5 tsp.
スイートベルモット 1tbsp.
ブランデー 60ml

Old Fashioned

オールド・ファッションド｜

オールド・ファッションドは、19世紀に起源をもつ元祖アメリカンカクテルのひとつ。何世代ものカクテルラバーたちを魅了してきた。レシピによって、ベースはウイスキー、ブランデー、ジンなど異なるが、現在はおもにバーボンが使用されている。ルーツを守りつつ新しいバージョンを創作する価値のあるカクテルだ。

スタンダードレシピ

このシンプルな人気カクテルに必要なのは、バーボン（またはライウイスキー）とビターズ、砂糖、そして柑橘類の皮だけ。

1 ダブル・オールドファッションドグラスに角砂糖を入れる。角砂糖にアンゴスチュラビターズ2ダッシュと少量の水をふる。

2 バーボン60mlを加える。

3 角氷ひとつかみを加え、冷えるまで素早くステアする。

仕上げ オレンジツイストとチェリーを飾る。

自分だけのシグネチャーカクテルをつくる

基本のつくり方

1 ダブル・オールドファッションドグラスに**角砂糖**を入れる。角砂糖に**アンゴスチュラビターズ2ダッシュ**と**少量の水**をふる。

角砂糖にビターズをしみ込ませたものがオールドスタイルの甘みのベース。より溶けやすいグラニュー糖を使ってもよい。甘いカクテルが好みなら、チェリーやオレンジツイストを最初に角砂糖とビターズと一緒につぶしながら混ぜても。

2 **バーボン60ml**を加える。

ベースはバーボンが一般的だが、クラフトライウイスキーやカナディアンウイスキーでも。

3 **角氷**ひとつかみを加え、冷えるまで素早くステアする。

アルコール度数の高いカクテルはしっかりと冷えた状態であるべき。製氷皿の水に柑橘類や燻液を加えると（p.29参照）、角氷が溶けるうちにフレーバーが変わって楽しい。

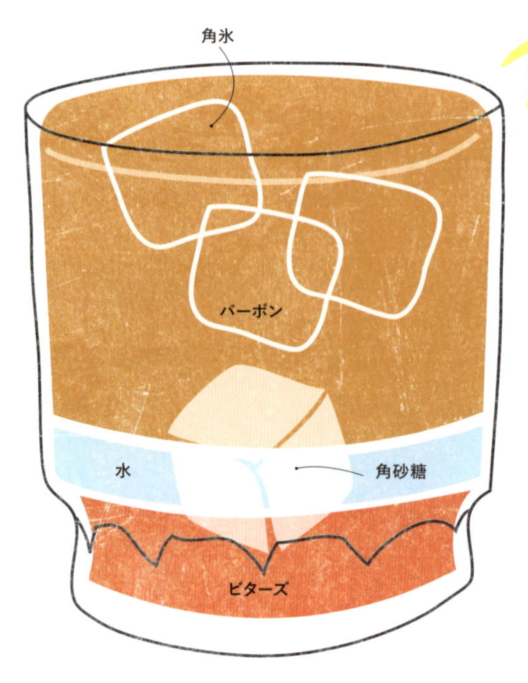

仕上げのアレンジ

レモンピール ビターズを加える前に、レモンまたはライムの皮を角砂糖と一緒につぶして混ぜると、アルコール感の強さをやわらげてくれる。

ビターズ 定番のアンゴスチュラ以外にもいろいろ試してみたい。「ブラック・ウォールナット」や「ウェスト・インディアン・オレンジ」など、エキゾチックなフレーバーのビターズがおすすめ。

フィズ 角砂糖に水の代わりに少量のソーダを注ぐとフィズ感がアップ。

クラフトカクテル

ここに紹介する3つのバリエーションで、スタンダードレシピをアップデートしよう。昔のレシピに回帰してラムやブランデー、ジンを使ってオールド・ファッションドをつくるバーテンダーもいる。あるいはベースはバーボンのまま、ビターズやガーニッシュ、リキュールで変化をつけて新たなレシピを考案してもいい。

Fizzy Fruity Old Fashioned
フィジー・フルーティ・オールド・ファッションド

グラスに角砂糖を入れる。角砂糖にビターズをふり、フルーツを加えてつぶしながら混ぜる。バーボンとソーダを加え、氷で満たしたダブル・オールドファッションドグラスにストレーナーを使って注ぐ。

Rum Old Fashioned
ラム・オールド・ファッションド

ビターズ、シロップ、ラムをグラスに入れる。角氷を加え、冷えるまで素早くステアする。氷で満たしたダブル・オールドファッションドグラスにストレーナーを使って注ぐ。オレンジツイストを飾る。

◀ Coffee Old Fashioned
コーヒー・オールド・ファッションド

ビターズ、シロップ、クレーム・ド・カカオ、バーボンをシェイカーに入れる。氷を加えて10秒間シェイクする。氷で満たしたグラスにストレーナーを使って注ぐ。コーヒーで満たし、チョコレートをトッピングする。

Blood and Sand

ブラッド・アンド・サンド｜

スコッチウイスキーベースのカクテルとしては、おそらくもっとも有名なブラッド・アンド・サンド。ルドルフ・ヴァレンチノ主演の1922年の映画『血と砂』にちなんだカクテルで、その赤い色が血を想起させるからだと言われている。フルーティで、控えめなスモーキーさをもつこのカクテルは、スコッチになじみのない人の入門編として最適。また、現代的なフレーバーにアップデートするにも格好の一杯と言えるだろう。

スタンダードレシピ

むずかしそうに見えて、実は簡単につくれるカクテル。各材料すべて同量をシェイクまたはステアするだけだ。

1 スコッチウイスキー30mlをシェイカーに入れる。

2 スイートベルモット30mlを注ぐ。

3 チェリーブランデー 30mlを加える。

4 フレッシュのオレンジ果汁30mlを加える。

5 シェイカーの上まで氷で満たし、10秒間シェイクする。よく冷やしたマティーニグラスにストレーナーを使って注ぐ。

仕上げ　オレンジの皮とマラスキーノチェリーを飾る。

自分だけのシグネチャーカクテルをつくる

基本のつくり方

1 スコッチウイスキー 30mlをシェイカーに入れる。

このカクテルにはやさしい味わいのブレンデッドスコッチウイスキーが最適。ピート香の強い個性的なシングルモルトは、その種のフレーバーが大好きだという人以外は避けたほうがいい。

2 スイートベルモット30mlを注ぐ。

ベルモットとチェリーブランデー（リキュール）、オレンジ果汁が揃ってはじめて、スコッチとバランスがとれる。甘みとスモーキーさのバランスは好みで調整する。スイートベルモットをドライベルモットに替えても。

3 チェリーブランデー 30mlを加える。

甘めが好みなら、チェリーリキュールに替える。

4 フレッシュのオレンジ果汁 30mlを加える。

ブラッドオレンジ果汁に代えると、フレーバーが増して色も濃厚になる。

5 氷を満たし、10秒間シェイクする。グラスにストレーナーを使って注ぐ。

きんきんに冷やせば、とりわけスムースな仕上がりに。アルコールが強すぎると感じたら、大きめの角氷を加えてもいい。

仕上げのアレンジ

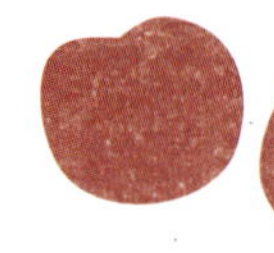

ガーニッシュ　アルコール漬けのマラスキーノチェリーを使ってみては？ チェリーを少量のスコッチにひと晩漬けて、カクテルに加えるだけ。スコッチ漬けのチェリーを凍らせてから加えれば、冷たさを保つ効果もある。

あぶったオレンジの皮　フレッシュオレンジの皮の代わりに、あぶったオレンジの皮（p.29参照）を使えば、ひと味違ったフレーバーが楽しめる。

クラフトカクテル

スタンダードレシピの材料は4つに限定されているが、現代のバーテンダーたちはビターズや一風変わったリキュールを加えるなどして可能性を広げている。オリジナルに忠実ながらも、素晴らしい成果をもたらしたバリエーションを紹介する。

New Blood, Old Sand
ニューブラッド、オールドサンド

シェリー、ベルモット、2種類のリキュール、ビターズ、果汁をミキシンググラスに入れる。氷を入れ、冷えるまでステアする。よく冷やしたマティーニグラスにストレーナーを使って注ぐ。チェリーを飾る。

Bitter Blood and Sand
ビター・ブラッド・アンド・サンド

スコッチ、ベルモット、リキュール、2種類の果汁、ビターズをシェイカーに入れる。氷を入れて10秒間シェイクする。よく冷やしたマティーニグラスにストレーナーを使って注ぐ。オレンジとチェリーを飾る。

◀ Extra Bloody Blood and Sand
エクストラ・ブラッディ・ブラッド・アンド・サンド

スコッチ、ベルモット、リキュール、果汁、チェリーの汁をシェイカーに入れる。氷を入れて10秒間シェイクする。よく冷やしたマティーニグラスにストレーナーを使って注ぐ。オレンジとチェリーを飾る。

ラムは、**サトウキビ**の製糖過程でできる糖蜜などの副産物を蒸溜して造られるスピリッツだ。フランス領西インド諸島には昔からサトウキビの搾り汁をそのまま蒸溜してラムを造る製造者もおり、この製法でできたラムはラムアグリコールと呼ばれる。**できたては甘く**透明なラムは、そのほとんどが熟成を経て完成する――熟成年数が長ければ長いほど、**木樽**との接触により色が濃く、**味わい深く**なるのだ。かつてはほぼ**熱帯**の島々でのみ造られていたが、現在では質のよいサトウキビがどこでも手に入るようになり、世界中で製造されている。トロピカル・ティキカクテルの**主材料**として知られるが、近年では本書で紹介するような**クラフトラム**をウイスキーのようにちびちびやるのも**人気だ**。深淵なるラムの世界へようこそ。インフュージョンに挑戦し、甘く、さわやかなオリジナルカクテルを創作して、ラムの**限界を押し広げて**ほしい。

RUM

ラム

Balcones Texas
バルコネズ・テキサス

ラム　63.9度

蒸溜所 バルコネズ・ディスティリング　アメリカ、テキサス州　2013年に初リリース

フィロソフィ 有名な格言にあるように、「テキサスではすべてがビッグ」だ。バルコネズもウイスキーの製造技術を用いて「ビッグ」なラムを製造している。

スピリッツ 2種類の上質な糖蜜を発酵させたのち、手づくりの銅製ポットスチルで2回蒸溜。数種類のオーク樽で熟成後、カスクストレングス（加水なし）で瓶詰めを行なっている。

テイスト ウイスキーのように芳醇かつ味わい深いラム。メープルシロップ、革、焼いたマシュマロ、カカオ、ヘーゼルナッツ、サクランボの酸っぱい皮のフレーバーが楽しめる。

Batavia-Arrack van Oosten
バタヴィア・アラック・ファン・オーステン

アラック　50度

蒸溜所 ダッチ・イースト・インディーズ・トレーディング　インドネシア、ジャカルタ　1901年に初リリース

フィロソフィ 古くからパンチの主原料として使われてきたサトウキビ原料の伝統的なスピリッツ「アラック」を製造するインドネシアの蒸溜所。

スピリッツ 発酵させた赤米を使って、サトウキビの発酵をスタート。でき上がったウォッシュを蒸溜後、地元産の硬材でできた大樽でねかせることにより、独特のフレーバーをスピリッツに移している。

テイスト 香りはスタンダードなラムに似ているが、木や煙、花の芳香が個性的。

Bayou Select
バイユー・セレクト

ラム　40度

蒸溜所 ルイジアナ・スピリッツ蒸溜所　アメリカ、ルイジアナ州　2011年設立

フィロソフィ 地元産の材料を使い、地場の豊かな農耕文化を大切にスピリッツを製造する小規模な蒸溜所。

スピリッツ ルイジアナ州は、カリブ海のどの島よりも多くサトウキビを生産する土地だ。ルイジアナ・スピリッツは地元産の糖蜜と粗糖を使ってラムを造り、当地ならではの熱気のもと、アメリカンオークのバーボン樽で最長3年熟成させている。

テイスト 甘く芳醇で、サクランボ、ココア、オークの香りが楽しめる。

HOW TO ENJOY おすすめの飲み方
力強いフレーバーが、チョコレートまたはコーヒーベースのカクテルに最適

Beenleigh White
ビーンレイ・ホワイト

ラム　37.5度

蒸溜所 ビーンレイ・アルチザン蒸溜所　オーストラリア、クイーンズランド州　1884年設立

フィロソフィ 伝統製法でラムを製造するオーストラリア初の登録蒸溜所として、最長の運営期間を誇る。

スピリッツ クイーンズランドのピュアな雨水、地元産の糖蜜、自社酵母を使って特製の銅製ポットスチルで蒸溜。小ぶりなブランデー樽で2年熟成させたのち、カーボンフィルターで濾過している。

テイスト やさしい飲み口とスムースなフィニッシュが味わえる、香り高く個性的なラム。バニラ、オーク、糖蜜の風味が楽しめる。

Bully Boy White
ブリー・ボーイ・ホワイト

ラム　40度

蒸溜所 ブリー・ボーイ・ディスティラーズ　アメリカ、マサチューセッツ州　2011年設立

フィロソフィ 従来、あまり個性のないスピリッツだったホワイトラムを、フレーバーたっぷりに変身させた新設の蒸溜所。

スピリッツ 糖蜜と水を混ぜて7～10日間にわたり発酵させることで、豊かなフレーバーを生み出している。アルコール度数90度で蒸溜したものに濾過水を加えて40度まで下げる製法。

テイスト ライトからミディアムボディで、カラメル、バニラ、パイナップルの香りがあり、フィニッシュはスムース。

Bundaberg
バンダバーグ

ラム　37度

蒸溜所 ザ・バンダバーグ・ディスティリング・カンパニー　オーストラリア、クイーンズランド州　1888年設立

フィロソフィ 由緒ある製法と地元の肥沃な火山性土壌により、独特なフレーバーが楽しめるラム。

スピリッツ できたての糖蜜を、製糖所から蒸溜所の貯蔵井へ直接パイプで運び込んだのち、水を加えて不純物を取り除き、さらに加水して、36時間発酵。でき上がったウォッシュをコラムスチルとポットスチルで蒸溜し、ホワイトオーク樽で2年以上熟成させている。

テイスト 軽く甘い香りが特徴。巻きたてのタバコや焼いたサトウキビのフレーバーが味わえる。

Caña Brava
カーニャ・ブラーバ

ラム　43度

蒸溜所 ラス・カブラス蒸溜所　パナマ、エレーラ県　2012年に初リリース

フィロソフィ 革命前のキューバで造られていた伝説のキューバンラムを思わせる、辛口のホワイトラムを伝統製法で製造。

スピリッツ 地元産のサトウキビを収穫から24時間以内に製糖して砂糖と糖蜜を造ることで、新鮮さを維持している。パイナップル酵母で発酵させたのち、銅と真鍮でできた連続式スチルで蒸溜し、バーボン樽で2～3年熟成。カーボンフィルターで濾過後、ウイスキー樽で3年間ねかせ、もう1度濾過したのち、43度まで加水する。

テイスト サトウキビ、柑橘類、オークの香りが楽しめるクリアでフレッシュ、かつスムースなラム。バニラやダークチョコレートの味わいがある。

Clément VSOP
クレマンVSOP

ラム　40度

蒸溜所 アビタシオン・クレマン　マルティニーク島、ル・フランソワ　1887年設立

フィロソフィ 熟成ラムアグリコールの草分けとしての歴史ある位置付けをさらに進化させるべく、伝統と新しさを融合。

スピリッツ 地元産の春サトウキビを収穫後、その日のうちに破砕することで最大限の新鮮さを維持。サトウキビの搾り汁を発酵させてサトウキビワインにしたものをクレオール産の銅製コラムスチルで蒸溜し、大樽でねかせてから、オーク樽で熟成させている。

テイスト 複雑な味わいの深い琥珀色のラム。ローストアーモンド、スエード、有塩バターのアロマが楽しめる。フルボディで辛口。ドライフルーツ、スパイス、コショウ、タバコのフレーバーが広がる。

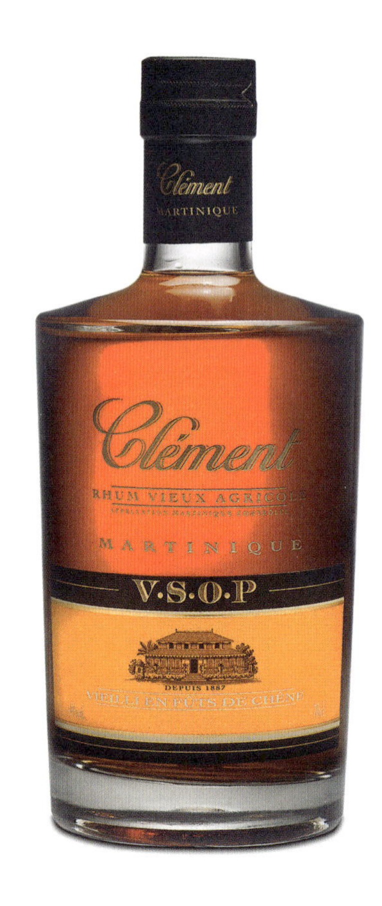

Crusoe Organic Spiced (Greenbar)
クルーソー・オーガニック・スパイスド（グリーンバー）

ラム　35度

蒸溜所 グリーンバー・クラフト蒸溜所　アメリカ、カリフォルニア州　2009年に初リリース

フィロソフィ クリーンで力強いフレーバーを追求すべく、100%有機栽培の原料だけで発酵。

スピリッツ 白ワイン用酵母を使って温度管理しながら発酵させた糖蜜を蒸溜後、ステンレスタンクでマイクロ・オキシジェネーション（微小泡の酸素を送り込んで酸化を促進）させて、口あたりをやわらかくしている。これにより樽熟成や炭での濾過が不要になり、芳醇なフレーバーが損なわれない。

テイスト 1カ月間にわたるスパイスのインフューズにより、シナモン、クローブ、バニラ、新鮮なオレンジの皮、モクセイ科の花のフレーバーが楽しめる。

Damoiseau VSOP
ダモワゾー VSOP

ラム　42度

蒸溜所 ベルビュー蒸溜所　グアドループ島、ル・ムル　1942年設立

フィロソフィ 3世代にわたり、グアドループ島の誇りであるラムアグリコールを製造。

スピリッツ 地元産のサトウキビを収穫後、その日のうちに破砕し、搾り汁を24～36時間発酵させたのち、クレオール産の連続式スチルで1回蒸溜。内側を焦がしたバーボン樽で4年以上熟成させている。

テイスト 琥珀色が特徴的なラム。ドライフルーツとスパイスのエキゾチックなアロマがあり、余韻は辛く長い。

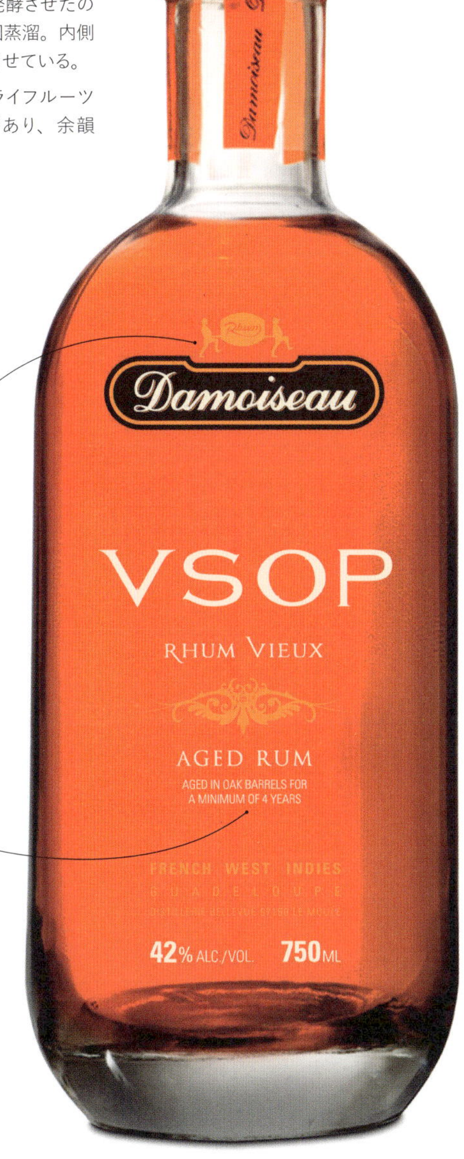

2人の男が駆け足で樽を運ぶロゴマークは、1942年に起きた蒸溜所への不法侵入事件をモチーフにしている。

この深い琥珀色を生み出すために、コニャックやアルマニャックのようにオーク樽で4年熟成させている。

Depaz Blue Cane
デパズ・ブルー・ケイン

ラム　45度

蒸溜所 シャトー・デパズ・エステート　マルティニーク島、サンピエール　1651年設立

フィロソフィ マルティニーク島の初代知事によって設立された歴史ある蒸溜所。高価で入手がむずかしい青サトウキビ（ブルー・ケイン）を使ってラムアグリコールを製造。

スピリッツ 一年中手に入る糖蜜などの副産物ではなく、収穫期にしか入手できない青サトウキビの搾り汁を使用。「ブルー・ケイン・ラムアグリコール」の名に恥じず、ラムアグリコールの製造基準を厳格に守って造られている。

テイスト 軽やかな味わいのラム。ナツメグとオークが誘うように香る。口あたりは甘く、花のフレーバーがあり、スパイス、煙、バニラの風味がコントラストを成す。

Diplomatico Reserva Exclusiva

ディプロマティコ・レセルバ・エクスクルーシバ

ラム　40度

蒸溜所 ディスティレリアス・ウニダス社 ベネズエラ、ララ州　1959年設立

フィロソフィ 環境に配慮した製法により、上質なサトウキビを用いてラムを製造。

スピリッツ 地元産の新鮮なサトウキビを原料に古い銅製ポットスチルで蒸溜後、小ぶりなオーク樽で最長12年熟成させている。

テイスト 琥珀色のラム。メープルシロップ、オレンジの皮、ブラウンシュガー、甘いトフィーの香りが楽しめる。

HOW TO ENJOY おすすめの飲み方
エレガントで複雑な味わいを楽しむために、ストレートでちびちび飲みたい

Don Pancho Origenes 30 Year

ドン・パンチョ・オリヘネス30年

ラム　40度

蒸溜所 ラス・カブラス蒸溜所　パナマ、エレーラ県　2012年に初リリース

フィロソフィ 50年以上にわたりラム造りに携わってきたマスターブレンダー、フランシスコ・"ドン・パンチョ"・フェルナンデスが生み出したラム。

スピリッツ 糖蜜とマスターブレンダーの自家製酵母を原料に、2基の銅製コラムスチル（1912年製と1922年製）で蒸溜し、2種類のアメリカンオークのバーボン樽（新樽と古樽）で熟成させている。

テイスト バニラとオークの深みのあるアロマ。フルボディで、イチジクとバーボンの風味があり、フィニッシュは温かい。

El Dorado 15 Year

エルドラド15年

ラム　40度

蒸溜所 ダイヤモンド蒸溜所　ガイアナ、デメララ東岸　1993年に初リリース

フィロソフィ 数種類のスチルを駆使し、ガイアナのラム製造の長い歴史に恥じない多彩なラムを造る。

スピリッツ 長期熟成させたダークな色合いのラム。4種類のスチルで蒸溜したスピリッツをブレンドしている。スチルはいずれもアマゾン流域で育った丈夫なリョクシンボク（緑心木）製。ブレンドを行なうことで、芳醇かつ複雑な個性を生み出している。

テイスト マホガニーを思わせる琥珀色が特徴的で、ドライでピーティなフィニッシュがスコッチを彷彿とさせる。甘くスモーキーなタバコと革の香りも楽しめる。

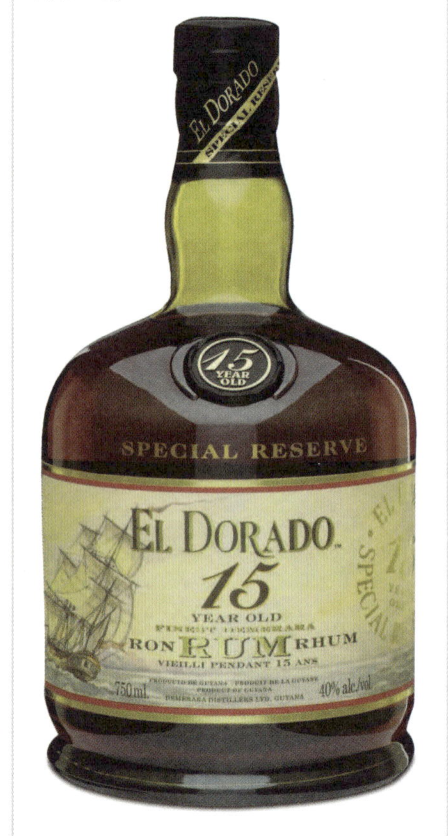

Due North

デュー・ノース

ラム　40度

蒸溜所 ヴァン・ブラント・スチルハウス　アメリカ、ニューヨーク州　2012年設立

フィロソフィ クラシックなスタイルと革新性をモットーに、力強いスピリッツを一から造り上げるブルックリンの蒸溜所。

スピリッツ ヒマラヤ山脈の麓にある小さな家族経営の農園から有機サトウキビをフェアトレードで仕入れ、未処理のまま乾燥した状態でニューヨークまで輸送している。原料を水に溶かしたのちに発酵させ、でき上がったウォッシュを蒸溜後、内側を焦がしたウイスキー樽（新樽と古樽）で熟成させている。

テイスト 芳醇かつ味わい深いラムで、熟成プロセスが生むバニラと糖蜜の香りが漂う。

English Harbour 5 Year

イングリッシュ・ハーバー 5年

ラム　40度

蒸溜所 アンティグア蒸溜所　アンティグア島、セントジョンズ　2001年に初リリース

フィロソフィ ポルトガルのラム専門店の店主らが1932年に共同設立した蒸溜所。18世紀初頭にさかのぼる、アンティグア島のラム製造の長い歴史を大切にしている。

スピリッツ 糖蜜を、開放型の発酵槽で野生酵母と市販酵母を使って24 ～ 36時間発酵。5塔の銅製連続式スチルで蒸溜後、古いバーボン樽で熟成させている。

テイスト まろやかでありながら、ドライな飲み口。フルーツの風味があり、糖蜜、オレンジの皮、ココナッツのアロマが香る。

Freshwater Michigan

フレッシュウオーター・ミシガン

ラム　40度

蒸溜所 ニュー・ホランド・アルチザン・スピリッツ　アメリカ、ミシガン州　2005年設立

フィロソフィ クラフトビールで世界を席巻後、個性的でユニークなスピリッツをもっとも完成された製法で造るスピリッツメーカー。

スピリッツ 糖蜜とサトウキビを施設内で発酵させたのち、禁酒法時代のスチルで2回蒸溜。スピリッツをブレンドしてから1年以上樽熟成させる。

テイスト バタースコッチとアーモンドのアロマをもつラム。やさしい味わいで、トフィーとバニラがほのかに香り、スパイシーかつおだやかなフィニッシュが楽しめる。

Clément VSOP

クレマンVSOP

クレマンVSOPはラムアグリコール、つまり「農業生産ラム（アグリカルチュラル・ラム）」であり、サトウキビの収穫期にできたての搾り汁を用いて造られる。製造者はアビタシオン・クレマンのラム・クレマン——1887年、ラムアグリコールの草分けとされるドクター・オメール・クレマンによってマルティニーク島に設立された由緒ある独立系の蒸溜所だ。

成り立ち

1887年、フランス領西インド諸島のサトウキビ産業は窮地に陥っていた。ヨーロッパでテンサイが栽培されるようになったのが原因である。そこでドクター・オメール・クレマンは、製糖用にサトウキビを栽培する島有数のシュガー・プランテーションを、世界に通用するラムアグリコールの蒸溜所へと転換することを思いついた。従来、ラムはサトウキビの製糖過程で生じる糖蜜などの副産物を蒸溜して造られていた。ドクター・クレマンは、敷地内で栽培されるサトウキビを使い、アロマとフレーバーが豊かな「一番搾り」の搾り汁を用いて、ラムアグリコールを製造しようと考えたのである。
今日、製造の各工程はサトウキビの収穫から蒸溜、熟成、瓶詰めに至るまで、ラム・クレマンの施設内で行なわれている。春に収穫したサトウキビをその日のうちに破砕し、最大限の新鮮さを維持。サトウキビの搾り汁を発酵させてサトウキビワインにしたら、銅製コラムスチルで1回蒸溜し、大樽でねかせたのちに瓶詰め、もしくはオーク樽でさらに熟成させる製法が採られている。

現在とこれから

熟成ラムアグリコールの需要の高まりを受け、ラム・クレマンは現在、より多くの樽を貯蔵できるセラーを新設中だ。製品の種類も拡大中で、オーク樽の再生方法やカスクフィニッシュなどを試している真っ最中である。

1887年 設立

1923年 マルティニーク島から輸出を開始

10種類のラムを製造

上）バガス（サトウキビの搾りかす）を再循環させてさらにエキスを抽出。

上）クレマンのセラーで熟成中の樽の一部。
左）ラムアグリコールの蒸溜に用いられるコラムスチル。

造り手

アビタシオン・クレマンは100年以上にわたってクレマン一族の経営が続いた。1987年になってアヨー一族に買収されたのちも、蒸溜所設立当時の伝統、文化、情熱が守られている。ラム・クレマンで1993年からセラーマスターを務めるロベール・ペロネ（写真）は、フレーバーづくりを監督。多種多様な樽を利用し、ひとつのオーク樽から別のオーク樽へとスピリッツを移すことによって、狙いどおりのフレーバーを生み出している。

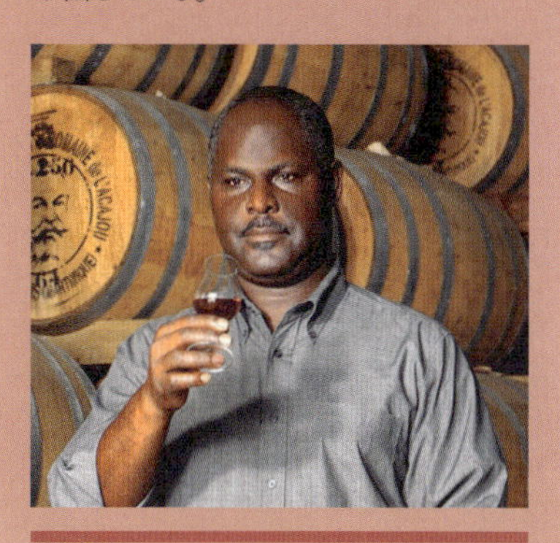

Iridium Gold
イリジウム・ゴールド

ラム　40度

蒸溜所 マウント・アンクル蒸溜所　オーストラリア、クイーンズランド州　2001年設立

フィロソフィ　オーストラリアの僻地において、地元で採れる最高の素材と最新の蒸溜技術を用いてラムを製造。

スピリッツ　サトウキビシロップを発酵させたのち、銅製ポットスチルで蒸溜し、アメリカンオークのホッグスヘッド樽（昔からタバコ造りに用いられてきた樽を再生した大樽）で4年熟成させている。

テイスト 美しい金色とシルキーな口あたり、甘いバニラとカラメルのフレーバーで、いくらでも飲みたくなる。

Kō Hana Kea
コー・ハナ・ケア

ラム　40度

蒸溜所 マヌレレ・ディスティラーズ　ハワイ諸島、クニア　2011年設立

フィロソフィ　「ファーム・トゥ・ボトル」をモットーに丁寧にスピリッツを製造。とくに「コー（ハワイ語でサトウキビの意味）」の品種ごとの個性を大切にしている。

スピリッツ 自家栽培のサトウキビを収穫・圧搾後、カカオ酵母の一種で1週間にわたり発酵。ポットスチルとコラムスチルを組み合わせたスチルで蒸溜し、アグリコールスタイルのスピリッツをステンレス樽で3カ月熟成させている。

テイスト クリアに透き通ったラム。ハワイ原産のサトウキビの搾り汁が香り、バナナ、フレッシュクリーム、バタースコッチの風味が味わえる。

Maelstrom
メイルストロム

ラム　42度

蒸溜所 11ウェルズ・スピリッツ　アメリカ、ミネソタ州　2012年設立

フィロソフィ　個々の原料が持つ個性をできる限りシンプルかつピュアに生かして製造。

スピリッツ　アグリコールスタイルのラムで、加工していないサトウキビの搾り汁の新鮮なフレーバーが生きている。シャンパン酵母を使い、常温で搾り汁を発酵させたのち、1100リットルの八角形のスチルで蒸溜し、さらに4段の連続式スチルでも蒸溜を行なう。

テイスト サトウキビの軽やかで甘くフローラルな香りと味わいが楽しめ、柑橘類のフレーバーが長い余韻となって残る。

Montanya Platino

モンタニャ・プラティノ

ラム　40度

蒸溜所 モンタニャ・ディスティラーズ　アメリカ、コロラド州　2008年設立

フィロソフィ ロッキー山脈地帯の心臓部で、旧世界のアルチザンの伝統にのっとり、科学とアートを融合させながらクラフトラムを製造。

スピリッツ サトウキビと山の湧水を主原料に、1週間以上の発酵工程を経たのち、でき上がったウォッシュを銅製ポットスチルで蒸溜。その後、アメリカンオーク樽で熟成させ、ココナッツの外皮炭で濾過後、コロラド山の湧水を加水している。

テイスト やさしいバニラの味わいと芳香に、ハチミツやバニラ、ドライフルーツの香りが楽しめる。

Owney's NYC

オウニーズ NYC

ラム　40度

蒸溜所 ザ・ノーブル・エクスペリメント　アメリカ、ニューヨーク州　2012年設立

フィロソフィ 最上級の原料の力を引き出し、製造工程の細部にまでとことんこだわる。

スピリッツ 小規模な蒸溜所ながら、糖化から発酵、蒸溜、瓶詰め、ラベリングに至る全工程を敷地内で行なっている。非遺伝子組み換えの天然サトウキビ糖蜜を冷蔵タンクで5日間発酵させたのち、ポットとコラムのハイブリッドスチルで蒸溜する製法。

テイスト フローラルの芳香とシルキーな口あたりで、トロピカルフルーツのフレーバーとスモーキーな香りが楽しめ、フィニッシュはドライ。

Penny Blue XO Single Estate

ペニー・ブルー XO シングルエステート

ラム　44度

蒸溜所 メディン蒸溜所　モーリシャス、ブラックリバー　2013年に初リリース

フィロソフィ バッチごとに限定生産するシングルエステートの蒸溜所。2人のマスターブレンダーが手造りのラムを厳選している。

スピリッツ 敷地内で栽培されたサトウキビを原料に、コラムスチルで蒸溜後、コニャック樽、バーボン樽、ウイスキー樽を組み合わせて熟成。14種類のカスクからスピリッツを厳選してブレンドし、バッチごとにさらに約7年熟成を行なっている。

テイスト 芳醇でスムースかつフルーティ。柑橘類とオレンジの花が香り、エスプレッソやクローブ、ハチミツの味わいがある。

Pink Pigeon
ピンク・ピジョン

ラム　40度

蒸溜所 メディン蒸溜所　モーリシャス、ブラックリバー　2011年に初リリース

フィロソフィ 世界でもとりわけ希少な固有種の鳥にちなんで「ピンク・ピジョン（モモイロバト）」と名付けられた、個性的な原料で手造りされるシングルエステートのラム。

スピリッツ フレーバーをインフューズしたラムで、熟成させないことにより、スムースかつライトな口あたりを生んでいる。香り付けには地元の3つの素材、レユニオン島産の天然ブルボンバニラ、オレンジ、ランの花びらを使用。

テイスト 濃厚かつクリーミーなテクスチャー。トロピカルフルーツと甘いスパイスの個性的なフレーバーが楽しめる。

Pusser's Blue Label
パッサーズ・ブルーラベル

ラム　40度

蒸溜所 ダイヤモンド蒸溜所　ガイアナ、ジョージタウン／アンゴスチュラ蒸溜所　トリニダード島、ポートオブスペイン　1980年に初リリース

フィロソフィ 英国海軍御用達のラムを再現した、歴史を重んじるラム。

スピリッツ 伝統にのっとって木製ポットスチルで蒸溜されている「ネイビーラム」。デメララ・リバー・ヴァレー、またの名を「ヴァレー・オブ・ネイビーラム」で栽培されたサトウキビの糖蜜を主原料としている。内側を焦がしたオークのバーボン樽で3年以上熟成。

テイスト まろやかでスムースな飲み口。デメララ（サトウキビの粗糖）、糖蜜、ドライフルーツ、スパイスの香りがあり、フィニッシュは温かく長い。

Revolte
レヴォルテ

ラム　41.5度

蒸溜所 レヴォルテ・ラム　ドイツ、ヴォルムス郡ヴェストホーフェン　2015年設立

フィロソフィ ワイン用の自家酵母を使い、独自の製法でラムを製造。

スピリッツ パプアニューギニアから輸入した糖蜜を用い、マスターディスティラーが製造の全工程を監督することにより、独自の個性と複雑なアロマを生み出している。

テイスト ブドウとバナナのアロマに、熟したマンゴーやプラム、レーズンのフレーバーが入り混じる。

Rhum J.M Agricole

ラム J.M アグリコール

ラム　50度

蒸溜所 フォンズ・プレヴィル蒸溜所　マルティニーク島、マクーバ　1845年に初リリース

フィロソフィ 産地の個性が生きているサトウキビを用い、マルティニーク島最古の蒸溜所でラムアグリコールを製造する小規模な製造者。

スピリッツ 火山の隣で収穫されたサトウキビを1時間以内に破砕後、搾り汁を発酵させ、でき上がったウォッシュを銅製コラムスチルで蒸溜。ステンレスタンクで3カ月ねかせたのち、瓶詰めしている。

テイスト 生き生きとしたアロマとフレッシュなメレンゲ、アイシングシュガー、キュウリ、サトウキビの茎のフレーバーが立ち上る。余韻は長く、コショウ、甘いクリーム、濡れた石の香りが漂う。

小規模で丁寧な蒸溜所のトレードマークとなった紋章と旗のロゴ。

J.Mは蒸溜所の設立者、ジャン＝マリー・マルタンのイニシャル。

マルティニーク島のかつての首府サンピエールへ、ラムが輸送される様子を描いたイラスト。樽を海に浮かべてボートに積み込み、輸送を行なっていた。

Richland Single Estate

リッチランド・シングルエステート

ラム　43度

蒸溜所 リッチランド・ディスティリング・カンパニー　アメリカ、ジョージア州　2013年に初リリース

フィロソフィ アメリカ初のシングルエステートのラム製造者として、「フィールド・トゥ・グラス」をモットーに自家栽培のサトウキビを用いてラムを手造り。

スピリッツ 搾りたて、未加工のサトウキビの搾り汁を自家酵母で発酵させたのち、ポットスチルで1回だけ蒸溜。アメリカンオークの新樽で2～4年熟成後、バレルを厳選してボトリングしている。

テイスト バニラ、シナモン、カラメル、アニス、ハチミツ、焼いたオークの香りがあり、チョコレート、バタースコッチ、クローブのフレーバーが楽しめる。

Roaring Dan's

ロアリング・ダンズ

ラム　45度

蒸溜所 グレイトレイク蒸溜所　アメリカ、ウィスコンシン州　2010年設立

フィロソフィ ミルウォーキーの中心部に建つ少量生産の蒸溜所として、旧世界の製法にのっとり、地元産の原料を用いてラムを製造。

スピリッツ 五大湖で逮捕された唯一の海賊にちなみ名付けられた。サトウキビの糖蜜を発酵後に蒸溜し、地元産のメープルシロップで甘みを加えたのち、2度目の蒸溜を行なっている。内側を焦がしたアメリカンホワイトオークの新樽とバーボン樽で熟成。

テイスト 個性的な味わいで、口に含むとメープルシロップ由来のバターを思わせる甘みがある。フィニッシュはドライ。

Ron del Barrilito

ロン・デル・バリリット

ラム　43度

蒸溜所 エドムンド・B・フェルナンデス社　アメリカ、プエルトリコ　1880年に初リリース

フィロソフィ 西インド諸島でもっとも有名なラム製造者として、1880年当時と同じ品質と製法を守り続ける。

スピリッツ ロン・デル・バリリット（「小さな樽で造ったラム」の意味）の製造において、フェルナンデス社は門外不出の秘密の製法を守っている。内側を焦がしたオーク樽で熟成することで、金色がかった深みのある琥珀色を生み出す。

テイスト 口あたりはスムースでやわらかく、個性的なスモーキーフレーバーが楽しめる。ストレートまたはロックで飲むのがいちばん。

高品質を評価され、1901～1906年にアメリカの複数の博覧会で獲得したメダルの数々。

PとFは、ロン・デル・バリリットの生みの親であるペドロ・フェルナンデスのイニシャル。

Rougaroux Sugarshine

ルーガルー・シュガーシャイン

ラム　50.5度

蒸溜所 ドナー・ペルティエ・ディスティラーズ　アメリカ、ルイジアナ州　2012年設立

フィロソフィ「ケイン・トゥ・カクテル（ケインはサトウキビの意味）」をモットーに、ルイジアナ産のもっとも新鮮な原料を用いて製造。

スピリッツ ケイジャン語で、魔力をもつ想像上の怪物を意味する「ルーガルー」にちなんで命名されたラム。地元産の砂糖と糖蜜を1週間発酵させたのち、3600リットルの銅製ポットスチルで蒸溜する。

テイスト 力強い味わいがあり、密造酒（ムーンシャイン）のように刺激的な香り。アルコールフレーバーは、濃厚な糖蜜とブラウンシュガーのほのかな香りによってやわらげられている。

Santa Teresa 1796

サンタ・テレサ1796

ラム　40度

蒸溜所 ロン・サンタ・テレサ　ベネズエラ、アラグア州　1796年設立

フィロソフィ 謙遜と自尊心と変容を重んじる慈愛あふれる蒸溜所で、受賞歴を誇るラムにもそれらの価値観が表れている。

スピリッツ シェリーのソレラシステムにならい、ホワイトラムにバーボン樽で4～35年熟成させたダークラムをブレンドし、多様な樽でさらにねかせている。ちびちび飲むのに最適。

テイスト 赤みがかった琥珀色が美しく、フルーティなアロマがあり、口あたりはシルキー。焼いた木、革、タバコのフレーバーが楽しめる。

Scarlet Ibis Trinidad

スカーレット・アイビス・トリニダード

ラム　49度

蒸溜所 アンゴスチュラ蒸溜所　トリニダード島、ポートオブスペイン　2009年に初リリース

フィロソフィ トリニダードの国鳥であるスカーレット・アイビス（ショウジョウトキ）にちなんで命名。カクテル向きで、ニューヨーク市随一のカクテルバーの依頼により製造されたと言われる。

スピリッツ さまざまなカクテルに使える、フレーバーの強いラムを求めているバーテンダーのために造られた。コラムスチルで蒸溜後、ブレンドしたラムをアメリカンオーク樽で3～5年熟成させる。

テイスト 西インド諸島産のほかのラムに比べ、ぐっとドライな飲み口。力強い味わいがあり、土、タバコ、トフィーの香りが漂う。

Smatt's Gold
スマッツ・ゴールド

ラム　40度

蒸溜所 スマッツ蒸溜所　ジャマイカ、トレローニー　2006年に初リリース

フィロソフィ 西インド諸島におけるラム製造の最初期を振り返り、伝統製法を採用。

スピリッツ スマット家の肥沃な農園で採れるサトウキビを原料に、地元産の野生酵母で発酵させたのち、銅製のポットスチルとコラムスチルで蒸溜。バーボン樽で熟成させている。

テイスト クリーミーかつスパイシーで、デメララ（粗糖）、ローストココナッツ、ドライアプリコット、マンゴーの香りが楽しめる。

HOW TO ENJOY
おすすめの飲み方
カクテルのベーススピリッツに最適

Smith & Cross
スミス&クロス

ラム　57度

蒸溜所 ハンプデン・エステート　ジャマイカ、トレローニー　2010年に初リリース

フィロソフィ 多くのスタンダードカクテルでジャマイカンラムが基本材料に選ばれる所以である、アロマたっぷりのスタイルを守り続ける。

スピリッツ サトウキビ由来の糖蜜を古い木樽とダンダー（ラムの蒸溜後にボイラーに残る液体）の貯蔵槽で発酵させたのち、古いポットスチルで蒸溜を行なっている。

テイスト 力強いフレーバーがあり、パン、フランベしたバナナ、タバコの香りが漂う。

Starr African
スター・アフリカン

ラム　40度

蒸溜所 スター　モーリシャス、フリック・アン・フラック　1926年設立

フィロソフィ 100%アフリカ産を誇り、フェアレイバー（公正な労働）、フェアトレード、エコフレンドリーをモットーに、無垢なるモーリシャス島の環境保護を推進。

スピリッツ シングルエステートの蒸溜所としてモーリシャスの入手困難なサトウキビを使い、原料の栽培から蒸溜、熟成までを敷地内で行なっている。さまざまなスコッチ樽で最長6年熟成させた数種類のラムをブレンド。

テイスト スムースかつクリーンな飲み口で、サクランボとカルダモンのフレーバーがあり、柑橘類、ナツメグ、スターアニス、シナモン、バニラがほのかに香る。

Three Sheets
スリー・シーツ

ラム　40度

蒸溜所 バラスト・ポイント・ブリューイング&スピリッツ　アメリカ、カリフォルニア州　2008年設立

フィロソフィ 自家醸造者向けの用品店としてスタートし、禁酒法後のサンディエゴで最初のクラフト醸造所&蒸溜所として成功を収めている。

スピリッツ 革新的なアプローチで知られ、ポットとコラムのハイブリッドスチルを使って、スムースなシルバーラムを製造。ピュアなサトウキビを用い、発酵工程で独自の個性を生み出している。

テイスト ライトかつクリーンな味わいで、サトウキビ由来の甘みがある。パイナップル、ドゥルセ・デ・レチェ（南米の伝統的なキャラメル菓子）、カラメルのアロマが広がる。

Vizcaya VXOP
ビスカヤVXOP

ラム　40度

蒸溜所 オリバー&オリバー　ドミニカ、サントドミンゴ　1982年設立

フィロソフィ 西インド諸島有数の受賞歴を誇るラムを製造。キューバンラムの製法にのっとり、糖蜜ではなく新鮮なサトウキビの搾り汁である「グアラポ」を用いる。

スピリッツ サトウキビの搾り汁を蒸溜した数種類のラムをブレンドし、バーボン樽で熟成させる手造りのラム。製造者がバッチごとに味わいを試験し、承認している。

テイスト スパイシーな味わいで、ショウガ、ナツメグ、シナモンの香りがあり、口に含むとバニラ、ハチミツ、カラメルの味わいが楽しめる。

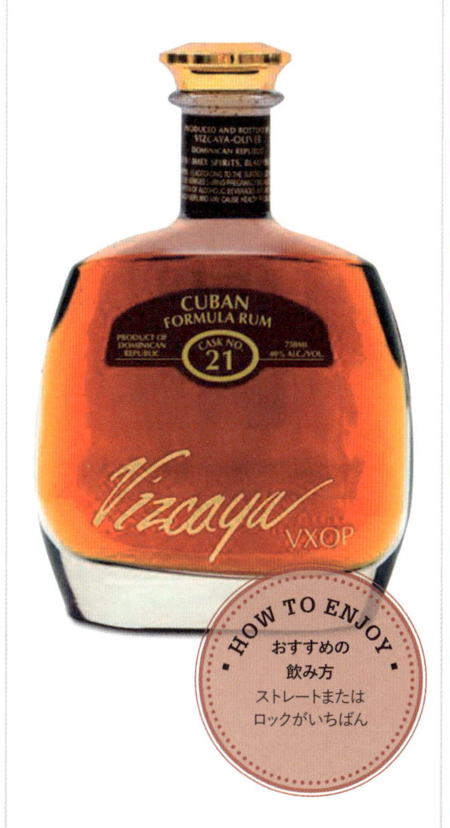

HOW TO ENJOY おすすめの飲み方
ストレートまたはロックがいちばん

MORE to TRY
次に試すなら

Habitation Saint-Etienne VSOP
アビタシオン・サン・テティエンヌ VSOP

ラム　45度

製造者 シモン蒸溜所　マルティニーク島、ル・フランソワ　2008年に初リリース

フィロソフィ ラム熟成技術の世界的なイノベーターとして多彩なテクニックを駆使し、さまざまな味わいを創造。

地元産の上質なホワイトラムをウイスキー樽、ソーテルヌワイン樽、シェリー樽など多種多様な樽で熟成させている。もっとも若いものでも、アメリカンオーク樽で4年熟成を経ているという。非常に味わい深く、黒コショウ、煙、バニラ、砂糖漬けフルーツ、アーモンドの風味が楽しめる。

Privateer Silver Reserve
プライヴァティア・シルバー・リザーブ

ラム　40度

蒸溜所 プライヴァティア　アメリカ、マサチューセッツ州　2011年設立

フィロソフィ 地元に根ざした経営で、過去の成功事例を生かしながら、一つひとつのバッチを手塩にかけて造り上げる。

はじめにポットスチル、続いてコラムスチルで計2回蒸溜後、ステンレスタンクで3カ月間熟成させている。無濾過のスピリッツで、リンゴの花やスイカズラ、ライムの皮、パイナップル、竹、アーモンドが香り、長く複雑な余韻が楽しめる。

Zacapa Rum 23 Year
ザカパ・ラム 23 年

ラム　40度

蒸溜所 ダルサ蒸溜所　グアテマラ、レタルレウ県　1976年設立

フィロソフィ マスターブレンダーのロレーナ・バスケスが技術を駆使し、深みのある複雑なフレーバーを生み出している。

一番搾りのサトウキビ蜜が原料。海抜2300mの高地でソレラ式の熟成によりスムースな味わいに。力強くウッディな香りがあり、バニラ、カラメル、チョコレートの風味も味わえる。

Infusing Rum

ラムにインフューズ

甘く、スパイシーで、トロピカルな風味のあるラムは、
その大部分がインフュージョンに向いている。
インフューズしたラムは、マイタイをはじめとするラムベースの
トロピカルカクテルをランクアップさせくれるはずだ。
熟成期間の短いライトラムのほうが、フレーバーをつけやすい。
インフュージョンのくわしい方法は24 〜 25ページを参照のこと。

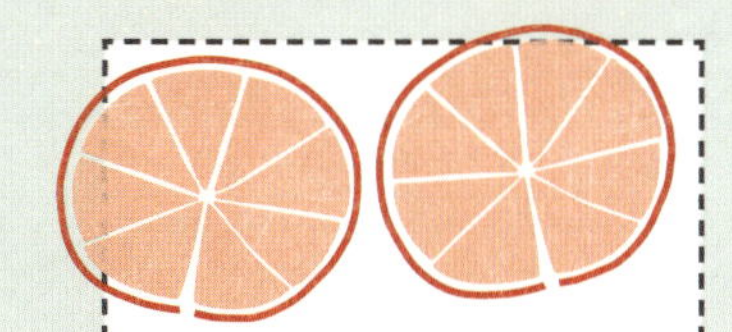

Blood Orange
ブラッドオレンジ

ブラッドオレンジの甘みと酸味は、ラムに複雑味を与えてくれる。

材料 ブラッドオレンジ2個（皮をむいて輪切り）、ラム750ml

漬け込み期間 3～5日

さらなるヒント バニラの莢1/2本を加えると、柑橘系の酸っぱさがやわらぐ。

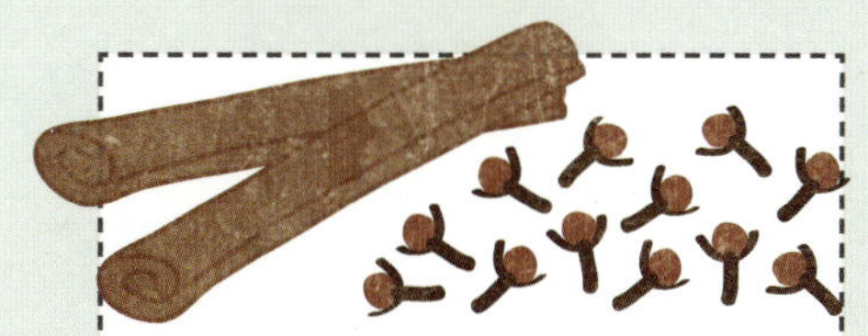

Cinnamon–Clove
シナモン&クローブ

クローブとシナモンのスパイシー感をインフューズして、ラムのハーバルフレーバーを際立たせる。

材料 ドライクローブ（ティースプーン1/2）、シナモンスティック2本、ラム750ml

漬け込み期間 2～3日

さらなるヒント ティースプーン1/2のオールスパイスまたはバニラの莢1本を加えると、より複雑な味わいに。

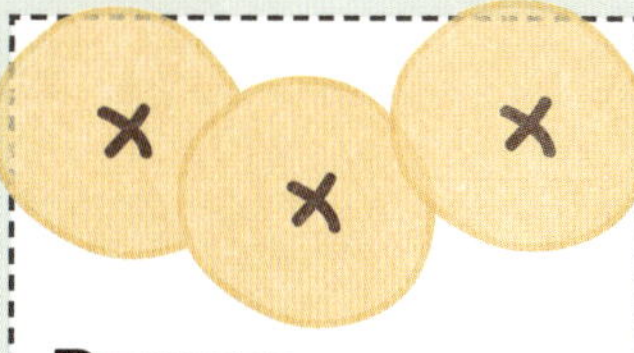

Banana
バナナ

バナナをインフューズすると、トロピカルドリンクにぴったりな、リッチでクリーミーなラムとなる。

材料 熟したバナナ2本（ぶつ切り）、ラム750ml

漬け込み期間 1～2週間

さらなるヒント テーブルスプーン1～2のドライココナッツ（またはココナッツジュース）を加えると、トロピカル感がさらに増す。

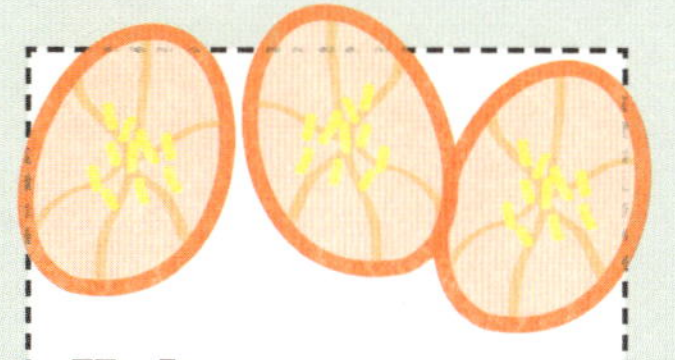

Habanero
ハバネロ

ハバネロを加える場合、インフューズ時間が長すぎると燃えるような辛さがすべてを圧倒してしまうので注意。

材料 ハバネロ1～2個（種を取り除いてスライス）、ラム750ml

漬け込み期間 12～24時間

さらなるヒント ハバネロの猛烈な辛みをやわらげるために、テーブルスプーン1～2のハチミツまたはアガベシロップを加えても。

Pineapple
パイナップル

甘くトロピカルな風味のパイナップルなら、どんなラムでも鉄板のインフュージョンに。

材料 パイナップル1個（皮をむいてぶつ切り）、ラム750ml

漬け込み期間 5～7日

さらなるヒント ショウガ2.5cm（皮をむいて薄切り）を加えれば、ラムのスパイシーな香りが際立つ。

Mango
マンゴー

新鮮なマンゴーはいつでも手に入るわけではないが、甘くトロピカルな風味をラムに加えるにはもってこい。

材料 マンゴー1個（皮をむいて角切り）、ラム750ml

漬け込み期間 5～7日

さらなるヒント スライスしたハラペーニョを加えてスパイシーさを強め、マンゴーの甘みを引き締める。

Daiquiri

ダイキリ

ダイキリは世界でもっとも愛されているラムベースのカクテル。100年前にキューバの町「ダイキリ」で誕生した。エレガントで洗練された味わいのダイキリは、キューバを愛したことで知られる作家、アーネスト・ヘミングウェーなど、世界中の著名人を魅了してきた。近年よく見かける大量生産のフローズン・ダイキリのことは忘れ、まずは繊細なスタンダードレシピからはじめて、さまざまなバリエーションを創作しよう。

スタンダードレシピ

ダイキリは、シンプルにラムとライムと砂糖をミックスし、きんきんに冷やして供するカクテル。

1 ライトラム60mlをシェイカーに入れる。

2 フレッシュのライム果汁30mlを加える。

3 シンプルシロップ（テーブルスプーン1）を加える。

4 角氷をシェイカーに入れ、10秒間激しくシェイクし、よく冷やしたクープグラスにストレーナーを使って注ぐ。

自分だけのシグネチャーカクテルをつくる

基本のつくり方

1 ライトラム60mlをシェイカーに入れる。

ダイキリには、どんなラムもはまる。ライトラムの代わりに力強いラムアグリコールやスパイスの効いたジャマイカンラムを使っても。

2 フレッシュのライム果汁30mlを加える。

フレッシュのライム果汁は、他の材料の甘さを酸味で際立たせてくれる。ライムが苦手なら、グレープフルーツ（ヘミングウェーのお気に入り）やレモンがおすすめ。

3 シンプルシロップ（テーブルスプーン1）を加える。

シンプルシロップはダイキリの甘み材料として一般的だが、甘口のライムシロップやライムエードを使ってもよい。

4 角氷をシェイカーに入れ、10秒間激しくシェイクし、よく冷やしたクープグラスにストレーナーを使って注ぐ。

強烈に冷たいダイキリや、アルコールが弱めのダイキリにしたい場合は、シェイカーの中身を数個の角氷ごとグラスに注ぐ、グラスにクラッシュドアイスを入れる、といった方法がある。

仕上げのアレンジ

ガーニッシュ グラスをリムドする（バニラシュガーがおすすめ）、乾燥させたトロピカルフルーツ飾る、など。

インフューズ シンプルシロップにミントの葉やバニラの莢をインフューズして使えば、さらにフレーバーが増す（p.27参照）。

クラフトカクテル

世界中のバーテンダーがつねにダイキリの進化に挑んでいる。
多くはシンプルなレシピのまま、ラムの種類を変えたり、
フルーツフレーバーをアクセントで加えたりしているようだ
——ここで紹介する3つの革新的かつ刺激的なツイストのように。

Jamaican Daiquiri
ジャマイカン・ダイキリ

シェイカーに液体の材料を入れ、角氷を加えて10秒間激しくシェイクする。よく冷やしたクープグラスにストレーナーを使って注ぐ。ナツメグとオレンジのスライスを飾る。

Hipster Hemingway
ヒップスター・ヘミングウェー

シェイカーに液体の材料を入れ、角氷を加えて10秒間激しくシェイクする。よく冷やしたクープグラスにストレーナーを使って注ぐ。サクランボとグレープフルーツを飾る。

◀ Coconut–Pineapple Daiquiri
ココナッツ・パイナップル・ダイキリ

シェイカーに液体の材料を入れ、角氷を加えて10秒間激しくシェイクする。よく冷やしたクープグラスにストレーナーを使って注ぐ。バラの花びらとココナッツを飾る。

Hurricane

ハリケーン｜

ハリケーンは甘いものに目がない人にぴったり。鮮やかなレッドカラーで、マルディグラ（謝肉祭）のパーティには欠かせない。ニューオーリンズでもっとも有名なバーのひとつ「パット・オブライエンズ」の代名詞としても知られるカクテルだ。店があるバーボン・ストリートでは一年中、専用のハリケーングラスに注がれたカクテルを手に千鳥足で歩く大勢の観光客の姿が見られる。祝祭にふさわしい伝統のレシピをベースに、いろいろ試してお気に入りの味を見つけてほしい。

スタンダードレシピ

ぜひ専用のハリケーングラスで。とはいえ、コリンズグラスで飲んでもおいしさは変わらない。

1 ダークラムとライトラム各45mlをシェイカーに入れる。

2 フレッシュのライム果汁30mlとフレッシュのオレンジ果汁20mlを加える。

3 パッションフルーツシロップ30ml、シンプルシロップとグレナデンシロップ（各テーブルスプーン1）を加える。

4 角氷をシェイカーに入れ、10秒間シェイクし、氷で満たしたハリケーングラスまたはコリンズグラスにストレーナーを使って注ぐ。

仕上げ　オレンジとマラスキーノチェリーを飾る。

自分だけのシグネチャーカクテルをつくる

基本のつくり方

1 ダークラムとライトラム各45mlをシェイカーに入れる。

スタンダードなハリケーンはラムをたっぷり使う。シンプルなラムを使うレシピが多いが、ダークラムをスパイシーなクラシックラムにすると複雑な味わいになる。

2 フレッシュのライム果汁30mlと**オレンジ果汁20ml**を加える。

果汁はフレッシュなフルーツフレーバーを楽しむためのもの。柑橘類の果汁を増やせば酸味が、パイナップルジュースを使えばこくのある甘みがそれぞれ増す。

3 パッションフルーツシロップ30ml、シンプルシロップとグレナデンシロップ（各テーブルスプーン1）を加える。

シロップは甘みとハリケーンの象徴であるレッドカラーを生み出す。イチゴなど、赤い果物のピュレを使ってもよい。

4 角氷をシェイカーに入れ、10秒間シェイクし、氷で満たしたハリケーングラスまたはコリンズグラスにストレーナーを使って注ぐ。

氷は角氷がベストだが、クラッシュドアイスを使えば甘さを中和できる。パッションフルーツの果肉やオレンジジュースをたらした水を凍らせた、フルーティな角氷を使っても。

仕上げのアレンジ

ガーニッシュ　ブラッドオレンジやパイナップル、グレープフルーツのスライスを飾れば完璧なダイキリのできあがり。

ベリー類　ダークラムやリキュールに数時間漬けたサクランボで、アクセントを。氷と一緒にグラスに投じる。

デコレーション　祝祭感とシックな雰囲気を演出したいときは、カラフルなエディブルフラワーを飾っても。パンジーやスミレ、マリーゴールドがおすすめ。

クラフトカクテル

強風級の甘みのないハリケーンはハリケーンとは呼べない。だが、より均整のとれた味わいにするために、フレッシュのパッションフルーツやソーダなどを加えるバーテンダーも多い。右3つは、彼らにならったバリエーション。

Fizzy Hurricane フィジー・ハリケーン

シェイカーにライトラム、リキュール、ソーダ、ビターズ、果汁、氷を入れ、10秒間シェイクする。氷を入れたコリンズグラスにストレーナーを使って注ぐ。スプーンの背を使ってオーバープルーフラムを注ぎ入れ、果物をのせる。

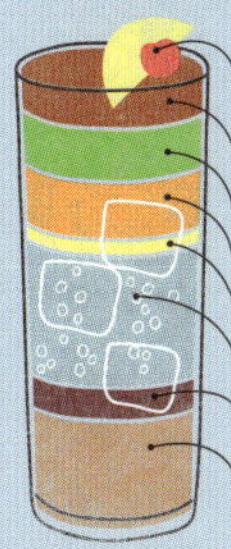

Blood Orange Hurricane
ブラッドオレンジ・ハリケーン

シェイカーにラム、シロップ、ビターズ、果汁を入れ、角氷を加えて10秒間シェイクする。氷を入れたコリンズグラスにストレーナーを使って注ぐ。ブラッドオレンジのスライスをのせる。

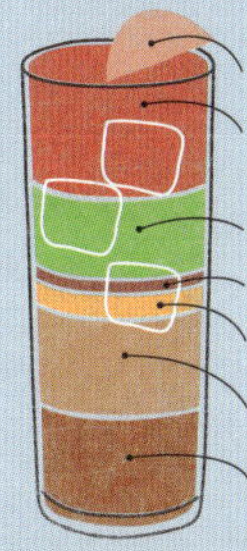

◀ Passionfruit Hurricane
パッションフルーツ・ハリケーン

シェイカーにラム、ビターズ、パッションフルーツの果肉、砂糖、果汁を入れ、角氷を加えて10秒間シェイクする。クラッシュドアイスを入れたコリンズグラスにストレーナーを使って注ぐ。パッションフルーツをのせる。

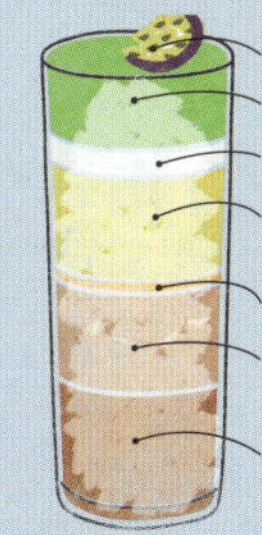

Mojito

モヒート |

モヒートは、世界のバーシーンにキューバがもたらした最高の贈りものだ。たいていのカクテルよりも多くの労力を要するため、「マドラー肘」——バーテンダー特有の腕の故障——の元凶、と揶揄されたりもする。ライムとミントのラムに対する完璧なバランスが、理想のトロピカルカクテルをつくり出す。さわやかなバリエーションを目指し、つぶして、混ぜて、シェイクしよう。

スタンダードレシピ

"キューバのハイボール"とも呼ばれる。似たようなカクテルに比べてラムの使用量は少なめ。

1 グラニュー糖（テーブルスプーン2）をコリンズグラスに入れる。

2 ミントの葉8枚を加える。

3 ソーダ30mlを注ぎ、やさしくつぶし混ぜる。

4 中くらいのライムを4等分してグラスに果汁を搾り入れ、そのうち2個をグラスに入れる。

5 グラスに角氷を入れる。

6 ライトラム60mlを注ぎ、やさしくステアしたのち、ソーダを注ぎ入れる。

仕上げ ミントの枝を飾る。

自分だけのシグネチャーカクテルをつくる

基本のつくり方

1 グラニュー糖（テーブルスプーン2）をコリンズグラスに入れる。

ブラウンシュガーを使えば、こくのある甘みが生まれる。天然アガベシロップなら、しかも溶けやすい。

2 ミントの葉8枚を加える。

ミントの葉はフレッシュであってこそ。スペアミントやラベンダーミント、モロッカンミントなどを使えば、新しいハーバルアロマを楽しめる。

3 ソーダ30mlを注ぎ、材料をやさしくつぶし混ぜる。

レモンやライムをインフューズしたソーダ、あるいはスパイシーなジンジャービールを使ってもよい。

4 中くらいのライムを4等分してグラスに搾り入れ、そのうち2個をグラスに入れる。

ライムを4等分して使うともっともフレーバー豊かになるが、フレッシュのライムジュースでもおいしい。

5 グラスに**角氷**を入れる。

ミントのみじん切りを混ぜた水を凍らせた角氷を使えば、ミント感が増す。

6 ライトラム60mlを注ぎ、やさしくステアしたのち、**ソーダ**を注ぎ入れる。

ライトラムはほかの材料とうまく調和する。フレーバーに深みがほしいときは、ダークラムとライトラムを半々で。

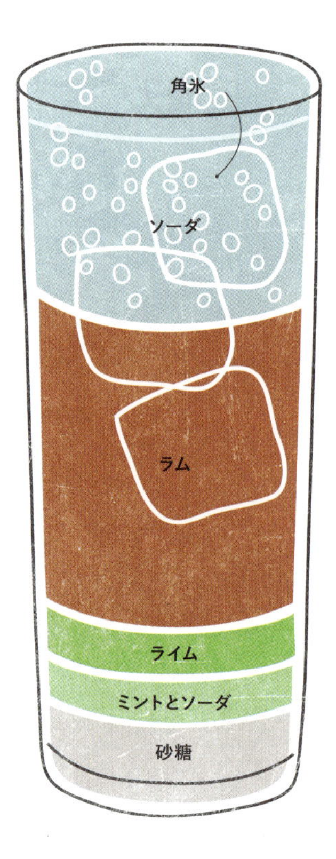

仕上げのアレンジ

ガーニッシュ 乾燥させたショウガのスライスや砂糖漬けショウガが、モヒートのフレーバーによく合う。オフビートなデコレーションとして、乾燥ライムのチップスを試してみても。

フルーツ ミント、砂糖、ライムとともにフルーツをつぶして混ぜる、あるいはフルーツのピュレを加える。ラズベリーのホールやメロンのピュレがおすすめ。

クラフトカクテル

モヒートには世界中に数百種類のバリエーションが存在する。
その多くはカラマンシー（東南アジアの柑橘）やイエルバブエナ（ミントの一品種）といった珍しい材料を使ったものだ。右に紹介する革新的なレシピも、モヒートの万能レシピをベースに、新たなフレーバーを取り入れている。

Ginger Mojito
ジンジャー・モヒート

ミントの葉、果汁、シンプルシロップをコリンズグラスに入れ、やさしくつぶし混ぜる。角氷とラムを加え、静かにステアする。ジンジャービールを注ぎ、ミントとショウガを飾る。

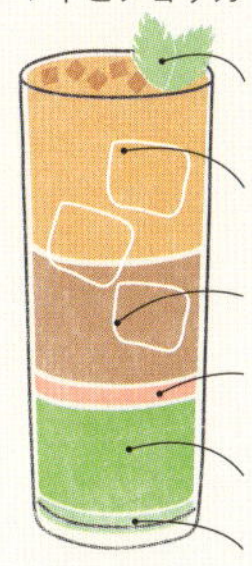

Spiced Pear Mojito
スパイス・ペア・モヒート

ミントの葉、果汁、ピュレ、ビターズ、砂糖をコリンズグラスに入れ、やさしくつぶし混ぜる。角氷とラムを加え、静かにステアする。ソーダを注ぎ、洋ナシ、ライム、ミントを飾る。

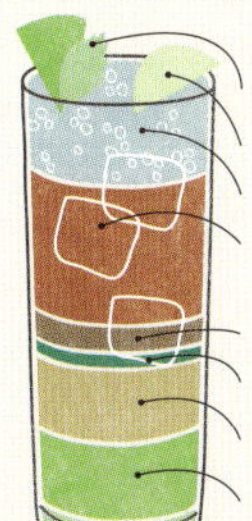

◀Matcha Tea Mojito
抹茶モヒート

ミントの葉、果汁、シンプルシロップをコリンズグラスに入れ、やさしくつぶし混ぜる。角氷とラム、抹茶を加え、静かにステアする。ミントを飾る。

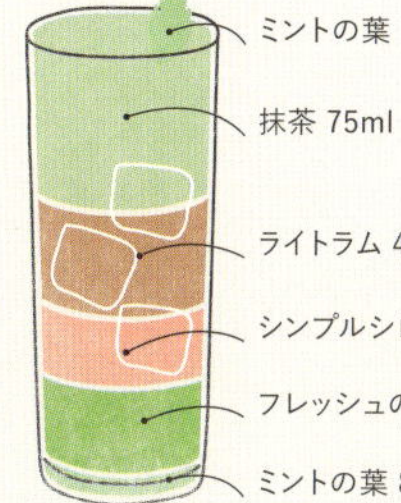

Rum and Ginger

ラム&ジンジャー |
ラム&ジンジャー、またの名をダーク&ストーミーの誕生は100年以上の昔。熱帯のバミューダ諸島からやってきたカクテルだ。つくり方や材料の比率はさまざまだが、スタンダードレシピはふたつの材料だけで、風味あふれるダークラムの完璧なフレーバーを引き出す。カリブの楽園にも匹敵する、力強く荒々しい(ストーミー)カクテルを堪能しよう。

スタンダードレシピ

たいていのカクテルに比べてダークな色合いのラム&ジンジャー。ラムベースではもっとも簡単にマスターできるカクテルだ。

1. コリンズグラスを角氷で満たす。
2. ダークラム60mlを注ぐ。
3. ジンジャービールを注ぎ、(好みで) ステアする。
4. ライムのくし切りを飾る。

自分だけのシグネチャーカクテルをつくる

基本のつくり方

1 コリンズグラスを**氷**で満たす。
フレーバーを足したいなら、おろしショウガまたはライム果汁少量を水に混ぜて凍らせた角氷を使う。クラッシュドアイスにすれば、しゃりしゃりした歯応えを楽しめる。

2 ダークラム60mlを注ぐ。
スタンダードレシピではバミューダ諸島のラムを使うが、他の地域のダークラムでもおいしくできる。フレーバーを楽しみたければ、ラムアグリコールがおすすめ。ラムの初心者なら、ライトラム、もしくはライトラムとダークラムを半々で。

3 ジンジャービールを注ぎ、(好みで) ステアする。
甘ったるいジンジャーエールではなく、すっきりとした上質なジンジャービールを選ぶこと。本物のクラフト感を出すなら、自家製ジンジャーシロップとソーダを組み合わせる。

4 ライムのくし切りを飾る。
ライムのくし切りは欠かせないガーニッシュ。飲む人が好みでライム果汁を足すことができる。

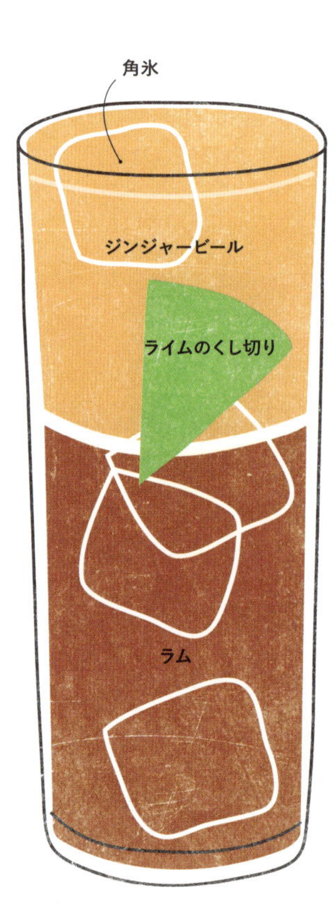

仕上げのアレンジ

シェイク ラムとフレッシュのライム果汁30mlをシェイクしてもよい。氷を入れたグラスに注ぎ、最後にジンジャービールを加える。

インフューズ スパイスや果物を2日間ほどラムにインフューズしても。挽きたてのクローブ、黒コショウ、ピンクペッパー、オールスパイス、ナツメグ、シナモン、オレンジの皮がおすすめ。

辛み チリ好きなら、種を取ってみじん切りにした赤トウガラシ1本と角氷2個、ライムのくし切りをやさしくつぶし混ぜたのち、ラムを加え、ジンジャービールを注いだバージョンを試してみよう。

クラフトカクテル

ラム&ジンジャーは、自家製インフュージョンを使って楽しむのにぴったりのカクテルだ。ミクソロジストもダークラムにお気に入りの果物やスパイスをインフューズし、新たな味を生み出している。3つのモダンバリエーションをぜひお試しあれ。

Dark and Spicy
ダーク&スパイシー

コリンズグラスを氷で満たし、ラムとビターズを加え、静かにステアする。ジンジャービールを注ぎ、ライムのくし切りとシナモンスティックを飾る。

Extra Dark and Stormy
エクストラダーク&ストーミー

コリンズグラスを氷で満たし、オーバープルーフラム、シロップ、ビターズを加え、静かにステアする。ジンジャービールを注ぎ、ライムのくし切りと砂糖漬けショウガを飾る。

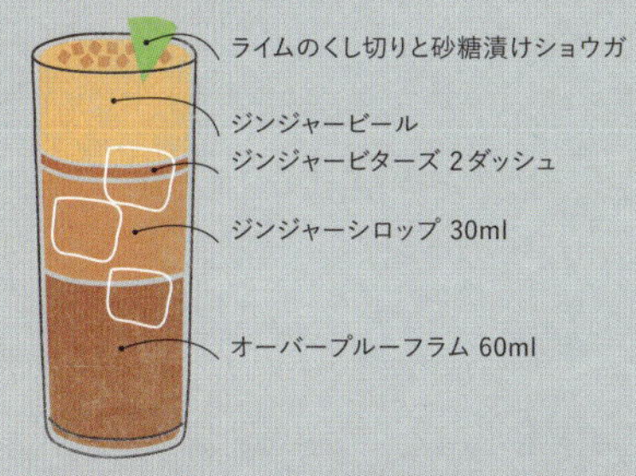

◀Cranberry Storm
クランベリー・ストーム

コリンズグラスを氷で満たし、ラムとビターズを加え、静かにステアする。ジンジャービールを注ぎ、クランベリーとオレンジのくし切りを飾る。

Mai Tai

マイタイ｜

マイタイは、もっとも有名なトロピカル・ティキカクテルであり、1940年代のカリフォルニアのビーチバーに歴史をさかのぼることができる。
その名前は、タヒチ語で「よい」を意味する「マイタイ（Maita' i）」に由来する。
甘く、フルーティな、これぞ熱帯の味だ。
さあ、キッチュなデコレーションを楽しむもよし、シックなアレンジを試すもよし、あなたなりのアレンジで。

スタンダードレシピ

甘いフレーバーのおかげで、危険なほど、すいすいと飲める。ティキマグを使うのが伝統的な供し方。

1 ダークラム60mlをシェイカーに入れる。

2 フレッシュのライム果汁30mlを加える。

3 オレンジリキュールとアーモンドシロップ（各テーブルスプーン1）、シンプルシロップ（ティースプーン2）を加える。

4 10秒間シェイクし、氷で満たしたダブル・オールドファッションドグラス、またはティキマグにストレーナーを使って注ぐ。

仕上げ パイナップルのぶつ切り、サクランボ、ミントを制したスティックを飾る。

自分だけのシグネチャーカクテルをつくる

基本のつくり方

1 ダークラム60mlをシェイカーに入れる。
ラムをたっぷり使うマイタイには、スパイスの効いたジャマイカンラムが向いているが、よりやさしい味わいのホワイトラムでもおいしい。ライトラムとダークラムをミックスし、最高のフレーバーバランスを探してもいいだろう。

2 フレッシュのライム果汁30mlを加える。
フレッシュのライム果汁はマイタイの甘さを抑えてくれる。フレッシュのグレープフルーツ果汁に替えても。

3 オレンジリキュールとアーモンドシロップ（**各テーブルスプーン1**）、**シンプルシロップ**（**ティースプーン2**）を加える。
いずれも甘いフレーバーを出すための材料だ。マイタイにはトロピカルフルーツがよく合うので、オレンジの代わりにパイナップルベースのリキュールでも。アーモンドシロップは、アーモンドエクストラクト（1～2ダッシュ）、またはアーモンドリキュール（テーブルスプーン1）に替えてもよい。

4 10秒間シェイクし、**氷**で満たしたダブル・オールドファッションドグラス、またはティキマグにストレーナーを使って注ぐ。
スタンダードレシピは角氷を使うが、クラッシュドアイスに替えれば歯応えを楽しめる。

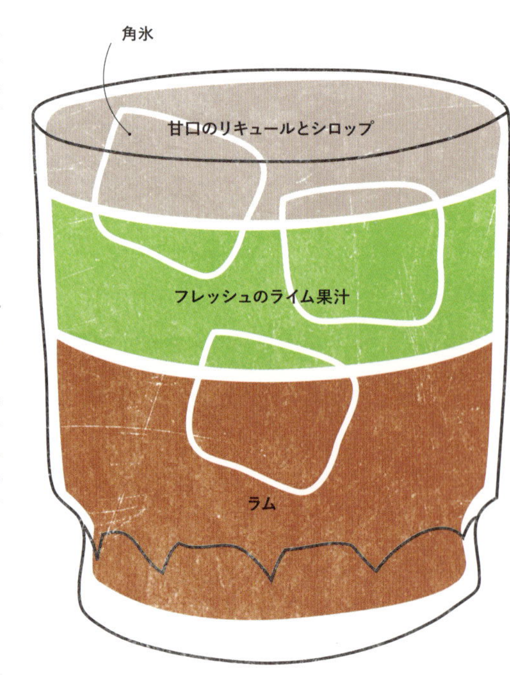

仕上げのアレンジ

ビターズ 最近ではトロピカルカクテルにぴったりな甘口のティキビターズが売られている。好みで柑橘系のビターズ1ダッシュを足せば、シャープさを出すことができる。

デコレーション 目を引くパイナップルの葉を飾って、マイタイのトロピカルフレーバーを際立てる。

ガーニッシュ マイタイには派手なガーニッシュが似合う。カクテルスティック、傘、プラスチックの飾りなどを使って遊んでみよう。

クラフトカクテル

トロピカル・ティキカクテルの王様と呼ばれるマイタイは、再創造の機を迎えている。甘みがとても強いので、ミクソロジストは新たな個性を与えるために、よく酸味や苦みを使う。スタンダードに新たなひねりを加える3つのレシピを右に。

Bitter Mai Tai ビター・マイタイ

ラム、カンパリ、リキュール、ライム果汁、シロップ、氷をシェイカーに入れ、10秒間シェイクする。氷で満たしたダブル・オールドファッションドグラスにストレーナーを使って注ぐ。ビターズを加え、カクテルピンに刺したサクランボを飾る。

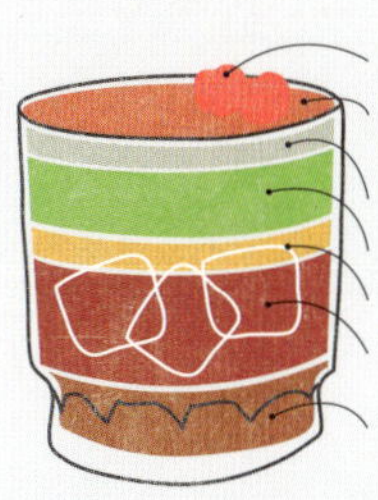

Coconut Pineapple Mai Tai ココナッツ・パイナップル・マイタイ

ラム、リキュール、果汁、ココナッツミルク、シロップ、氷をシェイカーに入れ、10秒間シェイクする。氷で満たしたダブル・オールドファッションドグラスにストレーナーを使って注ぐ。フルーツを飾る。

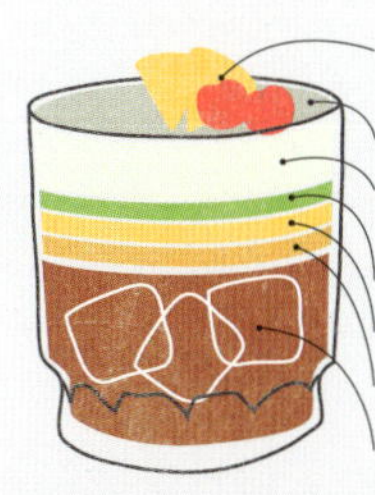

◀Bloody Mai Tai ブラッディ・マイタイ

ラム、リキュール、果汁、シロップ、氷をシェイカーに入れ、10秒間シェイクする。氷で満たしたダブル・オールドファッションドグラスにストレーナーを使って注ぐ。グレナデンシロップとビターズを加え、オレンジの皮を飾る。

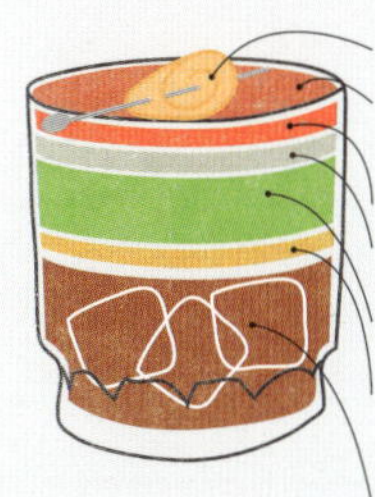

オランダ語で「焼いたワイン」を意味するBrandewijn（ブランデウェイン）を語源とするブランデーは、**果実の醸造酒**を**蒸溜**して造られるスピリッツだ。多くは木樽で熟成させ、場合によって色やフレーバーが加えられる。もっとも上等なブランデーは、何十年とねかせることによって、えもいわれぬ**深みのあるフレーバー**を醸す。上質なブランデーやコニャック、アルマニャックはかつて、流行遅れの食後酒と見なされがちだったが、先見の明ある製造者たちは**珍しい果実を用い**、職人技のテクニックを駆使して、このジャンルのスピリッツを第一線によみがえらせた。ペルーやチリで造られるピスコ（さまざまなブドウ品種を原料とする）は、スピリッツ業界に**嵐を巻き起こし**、オー・ド・ヴィと呼ばれる透明なフルーツブランデーは、サクランボやアプリコットベースのスピリッツを一変させた。これらのフルーツベースのスピリッツにまつわる**エピソード**を知り、**カクテルを新たな領域へと引き上げる**クラフトブランデーの使い方を見つけてほしい。

BRANDY AND COGNAC

ブランデー、コニャック

BarSol Quebranta
バルソル・ケブランタ

ピスコ　40度

蒸溜所 ボデガ・サン・イシドロ　ペルー、プエブロヌエボ　1919年設立

フィロソフィ ペルーの上質なピスコを世界中のバーに届ける。

スピリッツ 伝統的な「ピスコ・プーロ（単一品種のブドウでつくるブランデー）」で、マスト（果皮、種子、果梗を含む搾りたてのブドウ果汁）をしっかり発酵させてから、銅製ポットスチルで蒸溜する。

テイスト 牧草、バナナ、熟したダークベリーのほのかなアロマとフレーバーが五感をくすぐる。余韻は長く、エレガント。

Castarède VSOP
カスタレードVSOP

アルマニャック　40度

蒸溜所 アルマニャック・カスタレード　フランス、ガスコーニュ　1832年設立

フィロソフィ フランス最古のアルマニャック蒸溜所として、精力的にスピリッツの開発を推し進めつつ、環境への敬意も重視。

スピリッツ 持続可能かつ環境にやさしい製法を採用し、地元ガスコーニュ産ワインを連続式スチルで1回蒸溜したのち、8年以上熟成。そうしてできたアルマニャックをブレンドし、さらにオーク樽で5年以上熟成させている。

テイスト 琥珀色の、スパイシーな風味を特徴とする力強いスピリッツ。コショウ、ココナッツ、クルミ、ハチミツの香りが漂う。

Christian Drouin Sélection
クリスチャン・ドルーアン・セレクション

カルヴァドス　40度

蒸溜所 クリスチャン・ドルーアン　フランス、ノルマンディー　1960年設立

フィロソフィ 品質を重視し、カルヴァドスの国際的な認知度向上を目指す、歴史ある蒸溜所。

スピリッツ フランス北西部ドンフロン産のリンゴと洋ナシをコラムスチルで蒸溜後、おもに再生したボルドー樽などさまざまな樽で熟成している。

テイスト 大部分のカルヴァドスよりも軽いスタイルで、目を見張るようなフレッシュなフルーツのフレーバーが楽しめる。

HOW TO ENJOY おすすめの飲み方
カクテルに最適なカルヴァドス

Clear Creek Pear

クリア・クリーク・ペア

ブランデー　40度

蒸溜所 クリア・クリーク蒸溜所　アメリカ、オレゴン州　1985年設立

フィロソフィ 地元産の果物とヨーロッパの製法を用いる、アメリカ有数のクラフトディスティラー。

スピリッツ フッド・リバー産のバートレット種の洋ナシを破砕後に発酵させ、ドイツ製の銅製ポットスチルで1回蒸溜している。原料には、ボトル1本当たり14kgの洋ナシと清廉な貯水池水のみを使用。

テイスト 甘い洋ナシの力強い芳香、ピュアなフレーバー、クリーンな後味が五感を圧倒する。

Delamain Pale & Dry XO

デラマン・ペール&ドライXO

コニャック　40度

製造者 デラマン　フランス、コニャック　1824年設立

フィロソフィ 最古のコニャック製造者のひとつとして、もっともピュアで、もっともオーセンティックな味わいのグランド・シャンパーニュのコニャックを造る。

スピリッツ 原料栽培も行なう蒸溜所から若いオー・ド・ヴィを仕入れ、350リットルのオーク樽で熟成。20～25年の熟成を経てできたコニャックをブレンドし、フレーバーとテクスチャーをなじませるために、さらに2年熟成させている。

テイスト 明るい琥珀色が特徴的で、まさにその色合いとほのかな甘さから「ペール&ドライ」と名付けられた。ドライフルーツとバニラの香りが楽しめる。

Domaine d'Esperance Folle-Blanche

ドメーヌ・デスペランス・フォルブランシュ

アルマニャック　49度

蒸溜所 ドメーヌ・デスペランス　フランス、ガスコーニュ　2014年に初リリース

フィロソフィ 製造プロセスにおける愛情と心遣いこそが最高のアルマニャックを造る鍵、と信じてやまない、伝統ある蒸溜所。

スピリッツ 連続式スチルを用い、ブドウのアロマを殺さないようにごく低温で蒸溜を行なっている。蒸溜後はオークの新樽でねかせ、さらに大樽で熟成。

テイスト 樽熟成が生むバニラ、ウッド、甘草のフルーティな香りが堪能できる。

Domaine du Tariquet XO

ドメーヌ・デュ・タリケXO

アルマニャック　40度

蒸溜所 シャトー・デュ・タリケ　フランス、ガスコーニュ　1912年設立

フィロソフィ フランスの由緒ある蒸溜所として、テロワールをストレートに表現したアルマニャックの製造を目指す。

スピリッツ 敷地内で白ワイン用ブドウの栽培、圧搾、醸造のプロセスを手がけている。伝統的な銅製の半連続式スチルで1回蒸溜後、内側を軽く焦がしたフレンチオーク樽で12～15年熟成させている。

テイスト 芳醇かつ複雑な味わいがあり、黄味がかった美しい琥珀色で目にも嬉しいアルマニャック。力強いブーケはアーモンドとマルメロが主体で、プルーンやローストナッツの香りも楽しめる。

Encanto

エンカント

ピスコ　40.5度

蒸溜所 カンポ・デ・エンカント　ペルー、イカ　2010年設立

フィロソフィ バーテンダーとソムリエと蒸溜所の協力により生まれた、職人が手造りするピスコ。可能な限り産地の近くで製造するのがモットー。

スピリッツ DOC（原産地名称保護制度）で定められたペルー産ピスコの製法に厳格に従い、単一畑のブドウを手摘みで収穫。1～2週間の発酵後、銅製ポットスチルで蒸溜し、1年間ねかせたのちにブレンドを行なっている。

テイスト 生き生きとしたピュアなブドウの味わいがあるスピリッツで、スムースなテクスチャーと華やかなアロマ、シナモンや核果、メントール、アーモンド、ラベンダーの風味が味わえる。

Germain-Robin Select Barrel XO

ジェルマン・ロビン・セレクトバレルXO

ブランデー　40度

蒸溜所 ジェルマン・ロビン　アメリカ、カリフォルニア州　1982年設立

フィロソフィ 伝統的な蒸溜技術と貯蔵技術を誇る蒸溜所として、コニャック用の無個性なブドウではなく、ワイン用の上質なブドウ品種を用いて新たな道を切り開く。

スピリッツ 熟成年数が同じ12種類のブランデー（うち7種類、容量の80%相当がピノ・ノワール種）をブレンド。熟成には風乾したリムーザンオーク樽を使用し、濾過した雨水を加水して仕上げている。年間生産量はわずか10樽。

テイスト ピノ・ノワールが主体とあって、特徴的なやさしいまろやかさが味わえる。余韻は長く、複雑。

Grosperrin XO Fine Champagne

グロスペラン XO フィーヌ・シャンパーニュ

コニャック　42.5度

製造者 コニャック・グロスペラン（ラ・ギャバール）　フランス、サント　1992年設立

フィロソフィ ジャン・グロスペランが創業した、最後の独立系コニャック製造者のひとつ。現在は息子のギレムが経営に当たり、ワイン生産者のネットワークとともに製造を続けている。

スピリッツ 生産者ごとのバッチをオリジナル樽のままねかせたのち、ブレンドを行なっている。XOは1969年のプティ・シャンパーニュを含む100種類以上のコニャックをブレンドした逸品。

テイスト えもいわれぬ風味と整ったバランス。複雑な味わいがあり、甘い柑橘類やレーズン、かぐわしい白ブドウの凝縮された香りが広がる。

H by HINE VSOP

Hバイ・ハインVSOP

コニャック　40度

製造者 ハイン　フランス、コニャック　1817年設立

フィロソフィ カクテル向きのコニャックに対するニーズの高まりを受け、セラーマスターのエリック・フォルジェがフランス・バーテンダー協会とのコラボレーションにより生み出した。

スピリッツ グランド・シャンパーニュおよびプティ・シャンパーニュ地域のブドウで造られた、いずれも4年以上の熟成を経ている20種類のコニャックをバランスよくブレンド。

テイスト 深い琥珀色の若いコニャック。トフィーとレーズンのやわらかいアロマがあり、シルキーな口あたりから、ぴりりとしたスパイス、フルーツ、ナッツの風味への変化が楽しめる。

Laird's Straight Apple

レアーズ・ストレート・アップル

ブランデー　50度

蒸溜所 レアード&カンパニー　アメリカ、バージニア州　1780年設立

フィロソフィ 国内最古の家族経営の蒸溜所としての歴史を誇る。現在は8代目と9代目が製造に携わっている。

スピリッツ 熟したリンゴを洗浄後に破砕して圧搾。果汁をおよそ1週間発酵させてリンゴ酒にし、これを蒸溜後、内側を軽く焦がしたオーク樽で3年以上熟成させている。

テイスト 濃いハチミツ色と生き生きとしたリンゴのアロマ、スパイシーな香りが特徴。口に含むとカラメルとぴりりとしたスパイスの風味があり、フィニッシュには酸味も。

Grosperrin XO Fine Champagne

グロスペランXOフィーヌ・シャンパーニュ｜

グロスペランXOフィーヌ・シャンパーニュは、フランス西部ポワトゥー＝シャラント地域圏のサントに拠点を置く家族経営の蒸溜所、コニャック・グロスペラン（ラ・ギャバール）で造られるコニャックだ。シングルヴィンテージの極めて上質なスピリッツで、コニャックの銘醸畑で栽培されたブドウ、数十年におよぶ丹念な熟成工程、セラーマスターの熟練したブレンド技術によって生み出されている。

右）マスターブレンダーを目指して修行中の職人。コニャック・グロスペランの非常に古いバッチをボトリングしているところ。

成り立ち

ジャン・グロスペランはかつて、地元のワイン生産者の仲介人として、のちには貿易業者と生産者をつなぐ卸売商として働いており、その頃に上等なコニャックに魅せられるようになったという。ワイン生産者は、収穫期ごとに数樽のワインを自家用にとっておくことがある。ジャンは、これらのヴィンテージコニャックの宝の山が外界の誰の手にもほぼ渡っていない点に目をつけた。そうしてコネと専門知識を駆使し、生産者から最良のヴィンテージだけを買い付けると、貯蔵、ボトリング、ときには自らブレンドも行ない、1992年にラ・ギャバールを設立した。現在、その仕事は息子であるギレムが引き継いでいる。

グロスペランのすべてのヴィンテージには、グランド・シャンパーニュからボワ・ゾルディネールまでのコニャックの6つのテロワールの際立った特徴がくっきりと表れている。各ヴィンテージには独自の個性があり、その個性がブレンドものにも、シングルヴィンテージにも色濃く表現される。コニャックは原料、産地、トレーサビリティについて厳格なルールがあり、AOP（原産地名称保護制度）の認証を得るには、樽ごとにブドウ畑からボトリングに至る詳細を文書化して提出しなければならない。

2015年
グローバル・コニャック・マスターズで4つのゴールドメダルを獲得

セラーには ボトル換算で 8万1500本分 のヴィンテージ コニャックが眠る

大半の ヴィンテージで それぞれ 500リットル 以上を保有

造り手

ギレム・グロスペラン（右）が経営を引き継いだのは2003年。父と同じく、砂糖やカラメルを添加せずにもっとも自然な方法でコニャックを製造、ブレンドすることをモットーとしている。ギレムの姉妹であるアクセル・グロスペラン（左）はサントにあるセラーの隣でワインとスピリッツの店を経営。

上）1982年ものの「ファン・ボワ」のボトルに手作業でラベルを貼る。

左）セラーに貯蔵されている多種多様なヴィンテージを「ラボ」で試飲中のギレム・グロスペラン。

Larressingle VSOP
ラレサングルVSOP

アルマニャック　40度

蒸溜所 シャトー・ドゥ・ラレサングル　フランス、ガスコーニュ　1837年設立

フィロソフィ 創業一家が今なお所有する、数少ないアルマニャック蒸溜所のひとつ。数世代におよぶ伝統、テロワールへの敬意、近代的な蒸溜技術がもたらすさまざまなメリットを組み合わせている。

スピリッツ バ・アルマニャックとテレナーズという、アルマニャックのもっとも高品質な産地のスピリッツを使用。ベースワインを小ぶりなポットスチルで蒸溜後、伝統的なオーク樽で熟成させたのち、ブレンドしている。

テイスト フルーツ感たっぷりで、プルーンの濃厚なブーケがあり、長く芳醇なフィニッシュが楽しめる。

Osocalis XO
オソカリスXO

ブランデー　40度

蒸溜所 オソカリス蒸溜所　アメリカ、カリフォルニア州　2003年に初リリース

フィロソフィ 旧世界の技術と新世界のフルーツを組み合わせてスピリッツを製造。

スピリッツ 伝統的なコニャックの製法を採用し、ポットスチルで2段階の蒸溜を行なっている。熟成は厳選したオーク樽で数年。ブレンドの工程においてさらに樽でなじませる。

テイスト 繊細な味わい。柑橘類とショウガ、カラメルの凝縮された香りが広がり、奥行きのある余韻が長く続く。

Poire (Metté)
ポワール（メッテ）

オー・ド・ヴィ　42度

蒸溜所 メッテ蒸溜所　フランス、アルザス　1960年設立

フィロソフィ フランスでもっとも有名なブランデー蒸溜所のひとつとして、職人的な製法にこだわり、スペシャルなスピリッツを製造。

スピリッツ ごく小さな銅製ポットスチルで丁寧に2回蒸溜を行なっている。ボトル1本につきローヌ渓谷で採れた洋ナシ9～10kgを使用。人工的なフレーバー、着色料、砂糖は一切使わない。

テイスト みずみずしい洋ナシのピュアでクリーンな香りが、テイスティングの間中ずっと楽しめる。口あたりはシルキーで余韻は長い。

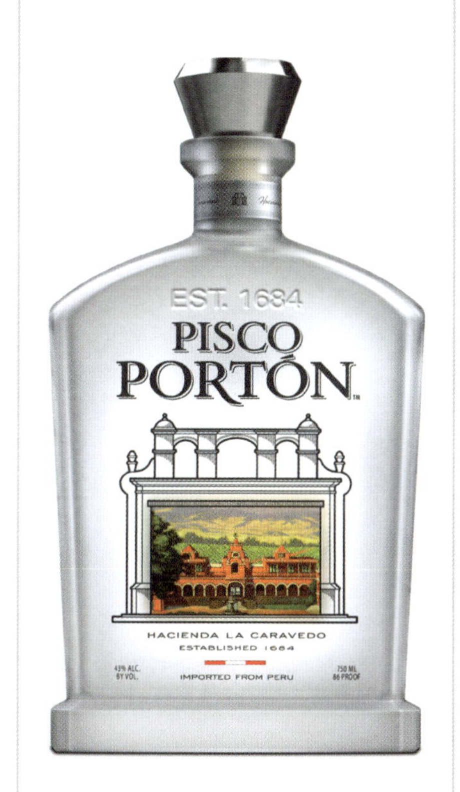

Portón

ポルトン

ピスコ　43度

蒸溜所 アシエンダ・ラ・カラベド　ペルー、イカ　1684年設立

フィロソフィ アメリカ大陸最古の蒸溜所に拠点を置くペルー人の造り手で、数世紀の歴史を誇る職人的な製法で最上級のピスコを手造りする。

スピリッツ 手摘みした4種類のブドウが使われている。収穫後のブドウをステンレスタンクで7～10日間発酵させたのち、銅製ポットスチルで少量ずつ蒸溜。セメントコンテナで1年以上ねかせてからボトリングを行なう。

テイスト 澄みきったクリアな色合いで、やや粘度のあるテクスチャー。シナモン、オレンジの花、柑橘類のフレーバーが楽しめるフルボディのピスコ。

Purkhart Blume Marillen

プルクハルト・ブルーム・マリレン

オー・ド・ヴィ　40度

蒸溜所 プルクハルト蒸溜所　オーストリア、シュタイアー　1931年設立

フィロソフィ フレーバー感とフルーツ感がたっぷりのブランデーをアルプス地方独特のスタイルで製造。

スピリッツ 伝統的なポットスチルで2回蒸溜を行なっている。「Blume Marillen（アプリコットの花）」という名前の通り、オーストリア東部クロスターノイブルク産の上質なアプリコットの個性が際立っている。1本当たり約2.25kgのアプリコットを使用。

テイスト スムースな飲み口で、フィニッシュにも喉が焼けつくような感じがない。アプリコットの果皮の香りが前面に現れ、フィニッシュにはアプリコットのフレーバーが広がる。

Purkhart Pear Williams

プルクハルト・ペア・ウィリアムズ

オー・ド・ヴィ　40度

蒸溜所 プルクハルト蒸溜所　オーストリア、シュタイアー　1931年設立

フィロソフィ フレーバー感とフルーツ感がたっぷりのブランデーをアルプス地方独特のスタイルで製造。

スピリッツ 南チロルで育ったウィリアムズ種の洋ナシだけを原料とするブランデー。洋ナシを発酵させたのち、ポットスチルで1回蒸溜している。多くのヨーロッパ産ブランデーと異なり、蒸溜時に添加するのは水のみ。

テイスト 芳醇かつクリーミーでバランスに優れており、熟した洋ナシの果皮のアロマと、洋ナシ感たっぷりの長い余韻が楽しめる。

St. George Pear

セント・ジョージ・ペア

ブランデー　40度

蒸溜所 セント・ジョージ・スピリッツ　アメリカ、カリフォルニア州　1982年設立

フィロソフィ ヨルグ・ルップ（アメリカにおけるクラフトスピリッツ・ムーブメントの草分け）が旧世界の蒸溜技術を用い、新世界の最高のブランデーを造ろうと考えて創業した蒸溜所。ルップが定めた厳格な標準は、あらゆるスピリッツに今なお影響を与え続けている。

スピリッツ 乾地農法で栽培されたオーガニックのバートレット種の洋ナシが熟しきったところで破砕し、約2週間にわたって低温発酵させたのち、銅製ポットスチルで蒸溜。1本当たりおよそ14kgの洋ナシが使われている。

テイスト フルーツが前面に出た野性的なアロマが漂う。口あたりはドライで、熟したバートレット種の洋ナシの味わいがあり、ほのかなハチミツとスパイスの香りも楽しめる。

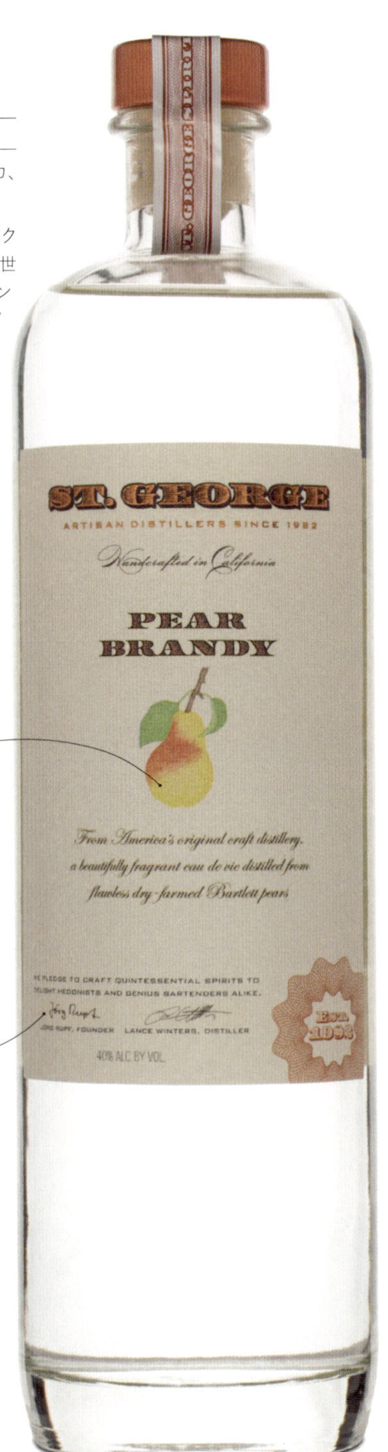

洋ナシのイラストは、カリフォルニア州バークレーの有名レストラン「シェ・パニーズ」の象徴的なメニューとレシピブックでつとに知られるアーティスト、パトリシア・カータンによるもの。

創業者ヨルグ・ルップと蒸溜家ランス・ウィンターズのサインが、ラベルデザインの一環として記されている。

Soberano

ソベラーノ

ブランデー　36度

蒸溜所 ゴンザレス・バイアス　スペイン、ヘレス・デ・ラ・フロンテーラ　1913年に初リリース

フィロソフィ スパニッシュブランデーの世界を牽引する蒸溜所として、長年にわたる経験とワイン学の知識を生かした製造を続ける。

スピリッツ 上質なアイレン種のブドウを連続蒸溜したのち、ワイン樽とシェリー樽を使ったソレラ＆クリアデラシステムで熟成。

テイスト 琥珀色がかったマホガニーカラーが特徴的。香り高くスムースで、オークやプルーン、レーズンの馥郁たる香りが口内に驚きをもたらす。

Van Ryn's 12 Year

ヴァン・リンズ12年

ブランデー　38度

蒸溜所 ヴァン・リンズ蒸溜所　南アフリカ、西ケープ州　1845年設立

フィロソフィ 創業者ヴァン・リンの哲学である「卓越した熟成」を今なお守り続ける先駆的な蒸溜所。

スピリッツ シュナン・ブラン種とコロンバール種のブドウを収穫後に発酵させ、さわやかでフルーティなワインにしたのち、小ぶりな銅製ポットスチルで2回蒸溜。オーク樽に入れて冷暗セラーで熟成させてから、ブレンドしている。

テイスト 黄金色が美しいスパイシーでフルーティなブランデー。フルーツケーキやオレンジ、熟したトロピカルフルーツの豊かなフレーバーが広がる。

Ziegler No. 1 Wildkirsch

ツィーグラー No.1ヴィルトキルシュ

オー・ド・ヴィ　43度

蒸溜所 ゲブリューダー J.M.ツィーグラー社　ドイツ、バーデン＝ヴュルテンベルク州　1865年設立

フィロソフィ 歴史ある蒸溜所として伝統的な価値を重んじつつ、蒸溜の未来を見据える。

スピリッツ 野生のサクランボを高さ15mもある樹から手摘みし、発酵させたのち、銅製ボイラーで蒸溜後、3～5年熟成させている。サクランボはボトル1本当たり15kgを使用。

テイスト かぐわしいフローラル香に続いて、生き生きとしてフルーティなサクランボの香りが広がる。長くスムースなフィニッシュは、刺激的に感じる人もいれば、マイルドに感じる人もいそう。

MORE to TRY

次に試すなら

Château de Montifaud VSOP

シャトー・ドゥ・モンティフォー VSOP

コニャック　40度

蒸溜所 シャトー・ドゥ・モンティフォー　フランス、コニャック　1837年設立

フィロソフィ コニャック地方では数少ない、コニャックの製造と輸出も行なうブドウ栽培者。

家族所有のブドウ栽培者兼蒸溜所として、製造の全プロセスを敷地内で行なっている。口あたりはスムースで、トフィー、カラメル、バタースコッチ、さまざまなスパイス、革、シダーの香りが漂う。

Didier Meuzard Vieux Marc de Bourgogne

ディディエ・ムザール・ヴィユー・マール・ドゥ・ブルゴーニュ

ブランデー　40度

蒸溜所 ディディエ・ムザール　フランス、ブルゴーニュ　1990年設立

フィロソフィ ブルゴーニュのブドウを使って世界に通用するスピリッツを製造。

ブドウ畑にスチルを置き、上質なブドウを収穫後すぐにスチルに投じている。芳醇な味わいのブランデーで、オーク樽での熟成期間は18年。琥珀色がかったローズカラーを特徴とし、ローストアーモンド、スイカズラ、オークの複雑なブーケがあり、核果や革、スパイスのフレーバーが楽しめる。

Macchu Pisco

マチュ・ピスコ

ピスコ　40度

蒸溜所 マチュ・ピスコ　ペルー、イカ　2005年設立

フィロソフィ ペルー固有のケブランタ種のブドウから、独特のエッセンスを引き出す。

ペルーでのみ栽培されるケブランタをやさしく圧搾して、皮の苦味が皆無の果汁を抽出している。蒸溜は1回で、1年熟成ののちにボトリング。透き通ったクリアなピスコで、ハーブの香りと洋ナシ、甘いクリーム、コショウが織りなす複雑なフレーバーが楽しめ、フィニッシュはドライかつフルーティ。

Infusing Brandy and Cognac

ブランデー、コニャックにインフューズ

ブランデーやコニャックのフレーバーをさらに高める材料をインフューズしよう。
ドライフルーツを使えば、甘くやわらかいブランデー漬けのフルーツも楽しめる。
スピリッツの原料と同じフルーツ（アップルブランデーならリンゴなど）を
インフューズするもよし、多彩に組み合わせるもよし。
インフュージョンのくわしい方法は24 ～ 25ページを参照のこと。

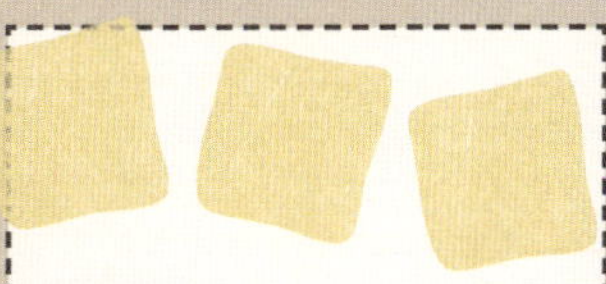

Pear
洋ナシ

洋ナシをインフューズしたブランデーは、秋らしいカクテルによく合う。

材料 熟した洋ナシ2～3個（芯を取り除いてぶつ切り）、ブランデーまたはコニャック750ml

漬け込み期間 1～2週間

さらなるヒント シナモンスティック1～2本を加えると素晴らしいフレーバーのハーモニーが生まれる。

Dried Apricot
ドライアプリコット

ひとくちサイズのドライアプリコットは、ほぼあらゆるブランデーに完璧な選択肢だ。

材料 ドライアプリコット900g、ブランデーまたはコニャック750ml

漬け込み期間 3～4週間

さらなるヒント フルーツの風味を前面に出したくないときは、バニラの莢またはシナモンスティック1/2本を加える。

Apple
リンゴ

たいていのアップルブランデーやカルヴァドスに合う。

材料 熟したリンゴ2～3個（芯を取り除いてぶつ切り）、ブランデーまたはコニャック750ml

漬け込み期間 1～2週間

さらなるヒント スパイス風味にしたければ、ドライクローブ、オールスパイス、シナモンスティックのどれを組み合わせて加えてもよい。

Cherry
サクランボ

サクランボはブランデーに甘酸っぱい香りを足してくれる。

材料 新鮮なサクランボ450g（軸を取る）、ブランデーまたはコニャック750ml

漬け込み期間 2～3週間

さらなるヒント テーブルスプーン1のドライクローブまたはオールスパイスで、ハーバルフレーバーを足しても。

Walnut
クルミ

ローストしたクルミを、若くおだやかな味わいのブランデーやコニャックにインフューズすると、リッチなナッティフレーバーが生まれる。

材料 クルミ280g（180°Cに予熱したオーブンで5～10分ローストしたもの）、ブランデーまたはコニャック750ml

漬け込み期間 2～3日

さらなるヒント ドライフルーツ（干しブドウやゴールデンレーズン）ひとつかみを足せば深みが増す。

Prune
プルーン

ドライプルーンをインフューズすれば、ブランデー漬けのやわらかいプルーンができる。カクテルのガーニッシュにしてもいい。

材料 種なしプルーン450g、ブランデーまたはコニャック750ml

漬け込み期間 3～4週間

さらなるヒント 他のドライフルーツひとつかみまたは乾燥フルーツチップス（イチジク、洋ナシやリンゴのスライス）を加える。

Sidecar

サイドカー

サイドカーは1922年に初めてカクテルマニュアルに
登場し、1920〜30年代にかけて
ヨーロッパで人気が爆発した。20世紀には、
愛好家たちが完璧なサイドカーについて熱く論じ合い、
ある者はもっとドライなほうがいいと主張し、
またある者は甘い余韻を好んだ。
あなた自身はどちら派なのか、自分の好みでつくって
確かめてみては?

スタンダードレシピ

正しいサイドカーとは、甘みと酸味を両天秤にかけながら、コニャックのフレーバーを引き立たせたものだ。

1 よく冷やしたクープグラスの縁にレモンのスライス滑らせて濡らし、グラニュー糖をまぶす。シェイカーにコニャック30mlを注ぐ。

2 オレンジリキュール20mlを加える。

3 フレッシュのレモン果汁20mlと角氷を加え、10秒間シェイクする。クープグラスにストレーナーを使って注ぐ。

仕上げ レモンツイストを飾る。

自分だけのシグネチャーカクテルをつくる

基本のつくり方

1 シェイカーに**コニャック30ml**を注ぐ。
ベーシックなコニャックだと甘口に仕上がり、より芳醇な味わいのものを選べばバランスに優れたサイドカーができ上がる。アルマニャックやフルーツブランデー、バーボンを使うのも手。

2 オレンジリキュール20mlを加える。
オレンジリキュールにはビター、フローラル、スイートなどさまざまな種類があるので、幅広いフレーバーの選択肢が楽しめる。

3 フレッシュのレモン果汁20mlと**角氷**を加え、10秒間シェイクする。クープグラスにストレーナーを使って注ぐ。
レモン果汁は搾りたてがベスト。酸味を楽しむには、飲む直前にレモン果汁少量をたらし、グラスの上でレモンの皮をツイストする。オレンジジュースとオレンジツイストに替えれば、より甘口に仕上がる。

仕上げのアレンジ

ガーニッシュ スタンダードなレモンツイストの代わりに、レモンの皮の砂糖漬けやレモンの乾燥チップスで。

砂糖でリムド 甘口が好みなら多めの砂糖でリムドするか、バニラやラベンダーなどのフレーバードシュガーを使う。挽いたシナモンやショウガを砂糖に混ぜても。

クラフトカクテル

サイドカーは非常に柔軟性の高いカクテルだ。
ミクソロジストはコニャックの代わりにアルマニャックやバーボンを使ったり、甘いフルーツジュースやビターズを足したりして、甘酸っぱさに変化を与えている。3つのバリエーションを紹介しよう。

Le Sidecar du Armagnac
ル・シドゥカール・デュ・アルマニャック

シェイカーにアルマニャック、リキュール、果汁、ビターズ、角氷を入れ、10秒間シェイクし、よく冷やしたクープグラスにストレーナーを使って注ぐ。レモンツイストを飾る。

Bourbon Tangerine Sidecar
バーボン・タンジェリン・サイドカー

よく冷やしたクープグラスの縁をグラニュー糖でリムドする（p.29参照）。シェイカーに液体の材料と氷を入れ、10秒間シェイクし、グラスにストレーナーを使って注ぐ。ツイストを飾る。

◀Autumnal Apple Sidecar
オータムナル・アップル・サイドカー

よく冷やしたクープグラスの縁をグラニュー糖とシナモンでリムドする（p.29参照）。シェイカーに液体の材料と氷を入れ、10秒間シェイクし、グラスにストレーナーを使って注ぐ。リンゴを飾る。

Vieux Carré

ヴュー・カレ｜

ヴュー・カレは、ニューオーリンズの有名なフレンチクオーター地区の別名にちなんで名付けられた、アルコール度数の高いカクテルだ。由緒あるホテル・モンテレオーネのヘッドバーテンダー、ウォルター・バージェロンが1930年代末に編み出して以来、レシピはほとんど変わっていない。手に入りにくい材料もあるが、探してみるだけの価値がある。このグラマラスなカクテルを、個性的な解釈で楽しんでほしい。

スタンダードレシピ

強くて個性的な4種の酒がもたらす、愉悦の奥行き。真の辛党のためのカクテルだ。

1 ミキシンググラスにコニャックまたはブランデー 30mlを注ぐ。

2 ライウイスキー 30mlを加える。

3 スイートベルモット30mlを加える。

4 ベネディクティン（ティースプーン1）、ペイショーズビターズとアンゴスチュラビターズ各1ダッシュを加える。

5 ミキシンググラスに氷を入れ、中身が冷えるまでバースプーンでステアしたら、よく冷やして氷で満たしたダブル・オールドファッションドグラスにストレーナーを使って注ぐ。

自分だけのシグネチャーカクテルをつくる

基本のつくり方

1 ミキシンググラスに**コニャックまたはブランデー 30ml**を注ぐ。
甘口が好みなら、リンゴや洋ナシのクラフトフルーツブランデーで。

2 ライウイスキー 30mlを加える。
ライウイスキーの代わりに、さらに甘くまろやかな味わいのウイスキーを使っても。

3 スイートベルモット30mlを加える。
スイートベルモットは、アルコールが前面に出るのを抑えてくれる。辛めの味わいを求めるなら、ドライベルモットに替えるかドライとスイートを半々で。

4 ベネディクティン（ティースプーン1）、ペイショーズビターズとアンゴスチュラビターズ各1ダッシュを加える。
フランス産リキュールのベネディクティンは多くのカクテルに欠かせない。シャルトリューズや甘いドランブイを使ってもいい。複雑な味わいのビターズを選べば、スパイシーでスイートなフレーバーに。

5 中身が冷えるまでバースプーンでステアしたら、よく冷やして**氷**で満たしたグラスにストレーナーを使って注ぐ。
普通の角氷の代わりに大きな角氷1個を使えば、氷が溶けて薄くなるのを防げる。

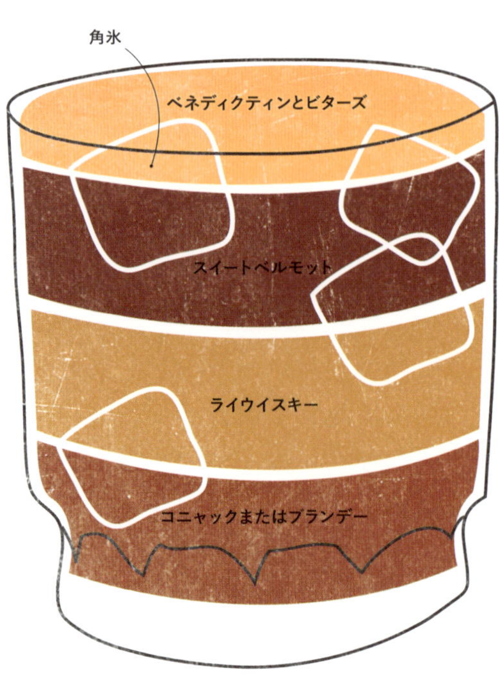

仕上げのアレンジ

ガーニッシュ ヴュー・カレのハーブ香に合わせて、食用ラベンダーやジュニパー、タイムなどのフレッシュハーブの枝を飾る。

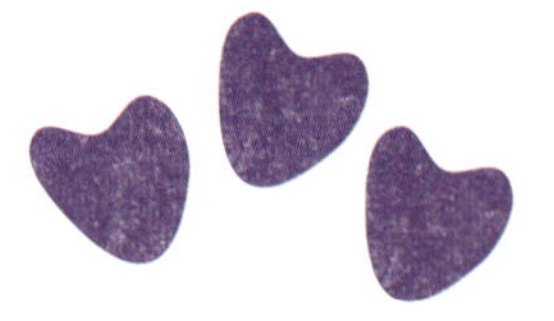

デコレーション 可愛らしさを演出したければ、スミレなどの花びらの砂糖漬けを散らす。

クラフトカクテル

ミクソロジストたちはヴュー・カレの新たなバージョンの開発にいそしみつつ、スタンダードレシピへの敬意も失っていない。生のフルーツや酸味のある柑橘の果汁で中和すると、驚くほどスムースかつ飲みやすいヴュー・カレが完成する。3つのツイストレシピを紹介しよう。

Nouveau Carré ヌーヴォー・カレ

ミキシンググラスに液体の材料を入れ、氷を加えて、中身が冷えるまでステアする。氷を入れたダブル・オールドファッションドグラスまたはよく冷やしたクープグラスに、ストレーナーを使って注ぐ。レモンツイストを飾る。

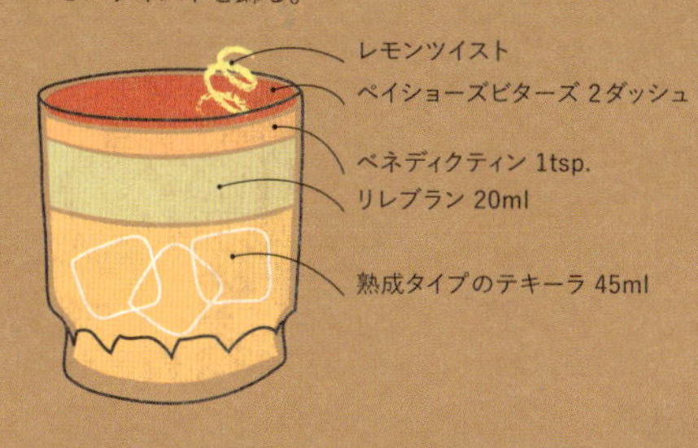

Apple–Pear Vieux Carré
アップル・ペア・ヴュー・カレ

ミキシンググラスに液体の材料を入れ、氷を加えて、中身が冷えるまでステアする。氷を入れたダブル・オールドファッションドグラスまたはよく冷やしたクープグラスに、ストレーナーを使って注ぐ。レモンツイストを飾る。

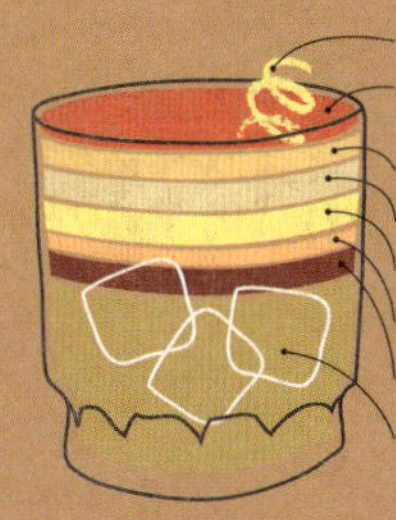

◀Tart and Sweet Honeymoon
タート&スイート・ハネムーン

ミキシンググラスに液体の材料を入れ、氷を加えて、冷えるまでステアする。ダブル・オールドファッションドグラスまたは冷やしたクープグラスにストレーナーを使って注ぐ。ローズマリーとレモンを飾る。

Pisco Sour

ピスコ・サワー

ペルーの国民的カクテルであるピスコ・サワーは、1900年代初頭にリマのバー「ビクトル・モリス」で誕生した。今ではさまざまなレシピで提供されているが、材料はおおむね変わらない。
卓越のスキルでつくられたピスコ・サワーを飲めば、誰もがあらゆるカクテルに卵白を使いたくなってしまう。
白い泡カクテルの決定版に、刺激的なモダンバリエーションを展開しよう。

スタンダードレシピ

1回目は氷なしで、2回目は氷入りで、2回シェイクするのがピスコ・サワーの鍵。このプロセスが、あのふわふわのテクスチャーを生む。

1 シェイカーにペルー産のピスコ60mlを入れる。

2 フレッシュのライム果汁20mlを加える。

3 シンプルシロップ（テーブルスプーン1）を加える。

4 卵白（中サイズの卵）を加え、15秒間シェイクする。氷を加えてさらに10秒間シェイクしたら、よく冷やしたクープグラスまたはダブル・オールドファッションドグラスにストレーナーを使って注ぐ。

仕上げ アンゴスチュラビターズ3ダッシュをたらす。

自分だけのシグネチャーカクテルをつくる

基本のつくり方

1 シェイカーに
ペルー産のピスコ60mlを入れる。

ピスコは世界中で人気が高まっており、種類も豊富になった。香り高いもの、そうではないもの、あるいは両方をブレンドしてみよう。

2 フレッシュのライム果汁20mlを加える。

ライム果汁は甘口のブランデーや砂糖、卵のリッチな風味に、キレを与える。ライムの代わりに、より酸味の強いキーライムやレモンを使っても。

3 シンプルシロップ（テーブルスプーン1）を加える。

シンプルシロップは、ピスコ・サワーの強烈な個性をやわらげてくれる。

4 卵白（中サイズの卵）を加え、15秒間シェイクする。氷を加えてさらに10秒間シェイクしたら、よく冷やしたグラスにストレーナーを使って注ぐ。

ふわふわのテクスチャーは卵白によって生まれる。乾燥卵白でもいいが、ふわふわ感を楽しむなら、本物に勝るものはない。

仕上げのアレンジ

ガーニッシュ ライムの皮の砂糖漬けやライムの乾燥チップスで、見た目にも刺激を。

ビターズ 甘いフルーツ系、酸っぱい柑橘系など、異なるフレーバーを足して、ピスコ・サワーに新たな個性を。

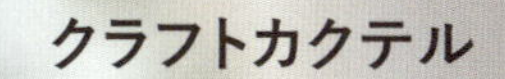

クラフトカクテル

ピスコ・サワーをピスコなし、あるいは卵なしでつくれば
まったく別ものになってしまう…とは言うものの、ミクソロジストたちは
想像力あふれるバリエーションを生み出してきた。
なかでも主流は、生のフルーツやスパイスでフレーバーを加えるアプローチ。
カクテルレパートリーを広げる3つのレシピを右に。

Spicy Passionfruit Pisco Sour
スパイシー・パッションフルーツ・ピスコ・サワー

シェイカーにピスコ、果肉、シロップ、卵白、果汁を入れ、15秒間シェイクする。氷を加えてさらに10秒間シェイクしたら、よく冷やしたクープグラスにストレーナーを使って注ぐ。チリパウダーを散らす。

Grappa Sour
グラッパ・サワー

シェイカーにグラッパ、果汁、卵白を入れ、15秒間シェイクする。氷を加えてさらに10秒間シェイクしたら、よく冷やしたクープグラスにストレーナーを使って注ぐ。ビターズをたらす。

◀ Chilean Pisco Sour
チリアン・ピスコ・サワー

ブレンダーにピスコ、氷、砂糖、果汁を入れ、30〜45秒間ブレンドし、フラッペ状にする。よく冷やしたクープグラスまたはダブル・オールドファッションドグラスに注ぐ。ビターズをたらし、チェリーを飾る。

Corpse Reviver No. 1

コープス・リバイバーNo.1

コープス・リバイバーNo.1は、
ふつか酔いの迎え酒にぴったりと言われる。
1930年版の『サヴォイ・カクテルブック』によると、
「午前11時までに、または元気やエネルギーが足りない
ときに飲む」カクテル、とのこと。
コニャックベースのNo.1はジンベースのNo.2よりも
芳醇で力強い味わいが楽しめる。
気付けの一杯を必要とする人にも、そうではない人にも、
進化の機が熟したカクテルだ。

スタンダードレシピ

この気付けの一杯は、ストレートに効く。アルコールのパンチを甘みがやわらげてくれる。

1 ミキシンググラスにコニャック60mlを入れる。

2 カルヴァドスまたは他のアップルブランデー30mlを加える。

3 スイートベルモット30mlを加える。

4 角氷を加え、中身が冷えるまでバースプーンでステアしたら、よく冷やしたクープグラスにストレーナーを使って注ぐ。

仕上げ 好みでマラスキーノチェリーまたはオレンジツイストを飾る。

自分だけのシグネチャーカクテルをつくる

基本のつくり方

1 ミキシンググラスに
コニャック60mlを入れる。
甘口が好みならフルーティなコニャックを、他の材料とのバランスを重視するならドライなコニャックを選ぶ。

2 カルヴァドスまたは
他の**アップルブランデー 30ml**を加える。
コープス・リバイバー No.1は甘くて強い酒だ。中和するには、ブランデーの代わりにフレッシュのリンゴ果汁を使うとよい。

3 スイートベルモット30mlを加える。
甘みを抑えたければ、ドライベルモットとスイートベルモット各テーブルスプーン1に替える。

4 角氷を入れ、
中身が冷えるまでステアしたら、
グラスにストレーナーを使って注ぐ。
強さをやわらげたいときはステアの時間を長くして氷を溶かす。

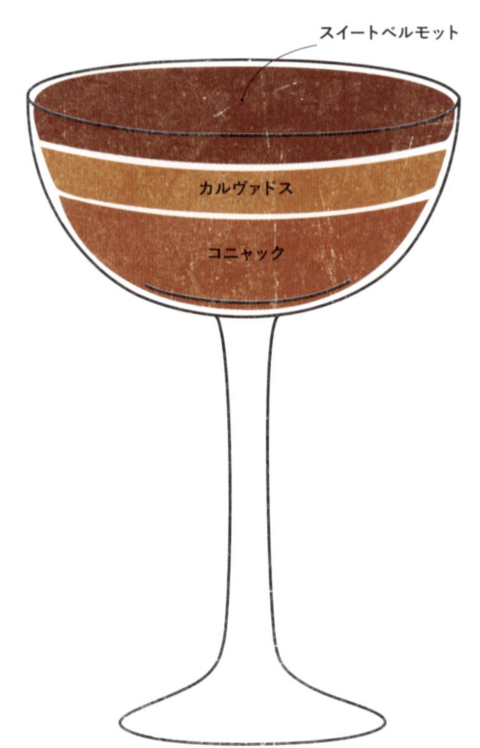

仕上げのアレンジ

ガーニッシュ オレンジのスライスやマラスキーノチェリーなどの甘いガーニッシュで、口の中をリフレッシュする。

水 冷水を数滴足すと、強さをやわらげてくれる。

クラフトカクテル

たいていのバーテンダーは、アルコール度数の高さを抑えたレシピでつくっている。冷たい水を加える、スピリッツの一部をスパークリングワインやグレナデンシロップなどの別材料に置き換える、というものだ。3つの創造的なレシピを紹介しよう。

Mint Corpse Reviver
ミント・コープス・リバイバー

ミキシンググラスにブランデー、クレーム・ド・ミント、フェルネット・ブランカを入れる。氷を入れ、中身が冷えるまでステアしたら、よく冷やしたクープグラスにストレーナーを使って注ぐ。

Armagnac Corpse Reviver
アルマニャック・コープス・リバイバー

シェイカーにブランデー、ベルモット、アルマニャック、果汁、ビターズを入れる。氷を加え、10秒間シェイクしたら、よく冷やしたクープグラスにストレーナーを使って注ぐ。チェリーを飾る。

◂Sparkling Corpse Reviver
スパークリング・コープス・リバイバー

シェイカーにブランデー、果汁、グレナディンシロップを入れる。氷を加え、10秒間シェイクしたら、クープグラスまたはフルートグラスにストレーナーを使って注ぐ。スパークリングワインを注ぎ、ラズベリーを飾る。

アガベスピリッツ――テキーラ、そのいとこであるメスカル、ソトル、ライシーヤ、バカノラ――はいずれも、メキシコの砂漠植物を蒸溜して造られるスピリッツ。**砂漠植物**の生育にはメキシコの火山性土壌が不可欠であり、それゆえスピリッツにも**メキシコという土地**の個性が色濃く表われている。近年、アガベスピリッツは**世界中で人気**が高まりつつあり、クラフト系の製造者も、ウイスキーやラムのように**ストレートでちびちびやる**のに適した長期熟成タイプの上質な製品を造るようになってきた。マゲーという植物(アガベの一種)を原料とするファッショナブルなメスカルは刺激的な**スパイシーフレーバー**で知られ、デザートスプーンという植物を原料とするソトルはアガベスピリッツのなかでもとくに**表情に富んだ**味わいで愛されている。本章をガイドにすれば、多様なアガベスピリッツが身近に感じられるはず。**フレーバー材料**をインフューズしたり、マルガリータやパロマなどのスタンダードカクテルを自由に**ツイスト**してみては?

AGAVE SPIRITS

アガベスピリッツ

123 Organic Blanco
123オーガニック・ブランコ

テキーラ　40度

製造者 123スピリッツ　メキシコ、ハリスコ州　2010年設立

フィロソフィ オーナーのダビド・ラバンディがワイン愛飲家のためにと考えて生み出したテキーラ。

スピリッツ 伝統的な石窯でアガベの根茎を48時間蒸し焼きにしたのち、3～4日間にわたり自然発酵。その後、銅製とステンレス製の2種類のポットスチルで蒸溜を行なっている。ボトルには再生ガラスを使用。

テイスト 熟成を行なわないクリーンな味わいのテキーラで、フレッシュなアガベの力強いアロマが楽しめる。生き生きとしたフレーバーはレモンの皮、黒コショウ、ミネラルなど多彩。

Amarás Espadín
アマラス・エスパディン

メスカル　40.7度

蒸溜所 メスカル・アモーレス　メキシコ、オアハカ州　2010年に初リリース

フィロソフィ メキシコの文化的ルーツを大切にし、伝統製法による持続可能な製造を支持し続ける蒸溜所。

スピリッツ 樹齢10年のエスパディン・アガベを収穫後、円錐形の石窯で蒸し焼き。これを巨大な石臼で挽き、松材の容器で発酵させ、銅製のポットスチルで2回蒸溜を行なっている。

テイスト ベルガモットと花のほのかな香りに続いて、サンダルウッドと熟したマンゴーのフレーバーが広がる。

Bosscal Joven
ボスカル・ホーベン

メスカル　42度

蒸溜所 ボスカル　メキシコ、ドゥランゴ州　2013年に初リリース

フィロソフィ メキシコの人と文化と伝統を尊重しながらスピリッツを製造する小規模な蒸溜所。

スピリッツ 4代目メスカレロ（ディスティラー）が、火山岩で補強した土窯でシルベストレ・アガベを4日間にわたり蒸し焼き。手作業ですりつぶしたのちに2日間の自然発酵を経て、ステンレス製スチルで蒸溜している。

テイスト パッションフルーツのように酸味と甘みを同時に楽しめる複雑な味わいのスピリッツで、バナナ、キウイ、ブラッドオレンジのほかな香りが漂う。

Cabeza
カベーサ

テキーラ　43度

蒸溜所 エル・ランチト蒸溜所　メキシコ、ハリスコ州　2012年に初リリース

フィロソフィ 5世代にわたってアガベを一族で栽培し、「フィールド・トゥ・ボトル」をモットーに、バー・コミュニティのための万能のシングルエステートテキーラを製造。

スピリッツ 熟したアガベをレンガ窯で24時間蒸し焼き後、すぐさまシャンパン酵母で発酵を促している。2基の銅製ポットスチルで1回ずつ蒸溜したのち、ステンレスタンクで60日間ねかせ、ボトリング。

テイスト 真の「アガベ栽培者が造るテキーラ」であり、アガベらしさが前面に出た複雑な味わいが楽しめる。ほろ苦い柑橘系と黒コショウの香り。

Casa Dragones Joven
カサ・ドラゴネス・ホーベン

テキーラ　40度

蒸溜所 カサ・ドラゴネス　メキシコ、ハリスコ州　2008年設立

フィロソフィ 少量生産の蒸溜所として、新しい機器を使ってテキーラの限界を超えることにより業界の未来をつくる。

スピリッツ 持続可能性をモットーとする最新の製法を採用。たとえば先進的なコラムスチルで複数回蒸溜することにより、不快なアルコール臭を除去している。地下70mの天然帯水層から汲み上げた、火山性土壌のミネラルを豊富に含む水を使用。

テイスト 輝くようなプラチナカラーと、力強く余韻の長い口あたりが特徴。さわやかな花のアロマはやがてバニラと洋ナシのフレーバーへと変化する。

Chinaco Blanco
チナコ・ブランコ

テキーラ　40度

蒸溜所 テキーラ・ラ・ゴンザレーナ　メキシコ、タマウリパス州　1977年設立

フィロソフィ タマウリパス州初のテキーラ蒸溜所として、新たなテキーラ革命の道を切り開く。

スピリッツ 100%アガベだけを原料とし、蒸溜の5日後にボトリングすることでフレッシュな味わいを生み出している。アガベは標高1500mのミネラル豊富な土壌で栽培。

テイスト 洋ナシ、マルメロ、ディル、ライムのうっとりするようなブーケが広がり、スムースで長い余韻が楽しめる。

Clase Azul Reposado

クラセ・アスール・レポサド

テキーラ　40度

蒸溜所 フィノス・デ・アガベ製造所　メキシコ、ハリスコ州　1997年に初リリース

フィロソフィ メキシコ伝統の美を深く尊重し、人々に伝え、さらに再発見するという使命のもとにスピリッツを製造。

スピリッツ ブルー・アガベを伝統的な石窯で72時間以上かけてじっくりと蒸し焼きし、発酵させたのちに蒸溜。さらにオーク樽で8カ月間にわたり熟成させている。ボトルはメキシコ人の職人による手描きのハンドメイド。

テイスト くっきりとした琥珀色と芳醇なボディを特徴とする、風味豊かなテキーラ。土、バニラ、トフィーキャラメルの香りがある。口に含むと、蒸し焼きしたアガベがもたらす木のようなアロマが楽しめる。

Del Maguey Vida

デル・マゲイ・ヴィーダ

メスカル　42度

製造者 デル・マゲイ　メキシコ、オアハカ　2010年に初リリース

フィロソフィ 先見性に優れた創業者のロン・クーパーが生み出した、かつてないメスカル。認証済み有機原料のみを用い、古くから伝わる独自の有機製法により職人が造る。

スピリッツ デル・マゲイのほかの製品同様、ヴィーダも昔ながらの村落で一族の「パレンケロ（造り手）」によって製造されている。エスパディン・アガベを銅製スチルで蒸溜する。

テイスト 蒸し焼きしたアガベとトロピカルフルーツ、ハチミツのやさしいアロマに続き、ショウガ、シナモン、焼いたサンダルウッド、バナナ、マンダリンオレンジの風味が広がり、長くやわらかな余韻が残る。

Fidencio Clásico

フィデンシオ・クラシコ

メスカル　45.5度

蒸溜所 ファブリカ・デ・アミーゴ・デル・メスカル　メキシコ、オアハカ州　2007年に初リリース

フィロソフィ 4代目マエストロメスカレロ（マスターディスティラー）であり農業も営むエンリケ・ヒメネスがすべての製造工程を監督。

スピリッツ 敷地内で栽培したエスパディン・アガベをブラックオークの熾火で5日間にわたり蒸し焼きにしたのち、つぶして、6～12日間発酵。2回の蒸溜後、加水せずにバッチプルーフで瓶詰めしている。

テイスト ストレートでちびちび飲むタイプのメスカルで、繊細なウッドスモークとピーマンのアロマがあり、パイプタバコ、焼きパイナップル、セージ、松葉の風味が楽しめる。

Hacienda de Chihuahua Plata

アシエンダ・デ・チワワ・プラタ

ソトル　38度

蒸溜所 アシエンダ・デ・チワワ社　メキシコ、チワワ州　1997年に初リリース

フィロソフィ 伝統製法にのっとり、野生のアガバシア（チワワ砂漠固有のアガベの一種）を用いて本物のソトルを製造する著名な蒸溜所。

スピリッツ ロバでなければ行くこともできないチワワ砂漠の僻地でアガバシアを手作業により収穫後、3日間蒸し焼きにし、シャンパン酵母で発酵を促している。2塔式のコラムスチルで蒸溜ののち、コニャック樽で熟成。

テイスト 風味豊かなソトルで、最初は焙煎油の香りが漂う。コニャック樽に由来する芳醇なブランデーに似た味わいがあり、アガベ特有のフレーバーも楽しめる。

Leyenda Guerrero

レジェンダ・ゲレーロ

メスカル　45度

蒸溜所 メスカル・デ・レジェンダ蒸溜所　メキシコ、ゲレーロ州　2008年設立

フィロソフィ ひとつの村とメキシコ人の小規模な造り手たちとともに伝統的なメスカルを世に送る蒸留所。

スピリッツ アガベの一種であるパパロテの根茎を、溶岩と岩でできた窯で蒸し焼きにしてからつぶし、屋外に設置した木桶で発酵。7～14日後に銅製スチルで2回蒸溜を行なう。

テイスト 芳醇かつ奥行きのあるメスカルで、バランスとスタイルに大変優れている。焼きマンゴー、燻製ナッツ、コショウの香りが五感に嬉しい。

Los Siete Misterios Tobalá

ロス・シエテ・ミステリオス・トバラ

メスカル　48.3度

蒸溜所 ロス・シエテ・ミステリオス社　メキシコ、オアハカ州　2010年に初リリース

フィロソフィ 100%伝統製法にのっとり、メキシコの風習、文化、情熱をスピリッツで表現。

スピリッツ 熟したトバラ・アガベの根茎を、川の石で熱した土窯で3～5日間蒸し焼きにしたのち、木槌でつぶして粗いペースト状に。これを2段階の蒸溜にかけて完成させている。

テイスト クリーンで生き生きとした味わいのメスカルで、ビターチョコレート、タール、タバコ、ドライプラムの香りがあり、フィニッシュには花とナツメグのほのかなフレーバーが広がる。

Partida Blanco
パルティダ・ブランコ

テキーラ　40度

蒸溜所　テキーラ・パルティダ蒸溜所　メキシコ、テキーラ　2004年設立

フィロソフィ　少量生産の造り手として、昔ながらの製法と近代的なテクノロジーを組み合わせ、100%ブルー・アガベのみを原料に本物のテキーラを製造。

スピリッツ　熟したアガベをスチール製オーブンで20～24時間じっくりと焼き、2回蒸溜。1回目で発酵液を精製し、2回目でバランスを整える。瓶詰めは一本一本手作業で行なう。

テイスト　さわやかな花と柑橘類の香りに続いてピュアなアガベのフレーバーが広がり、口内にやさしくとどまる心地よい余韻が楽しめる。

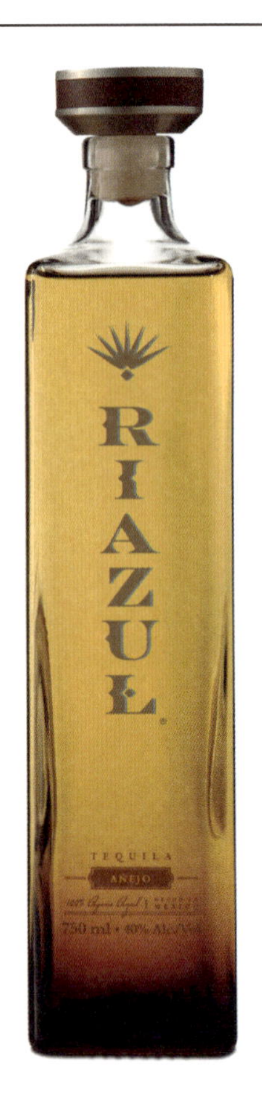

Riazul Añejo
リアスル・アネホ

テキーラ　40度

蒸溜所　テキーラ・デ・アランダス社　メキシコ、ハリスコ州　2008年に初リリース

フィロソフィ　100%ブルー・アガベのみを原料に、産地の特色を生かした革新的なスピリッツを製造。

スピリッツ　熟したアガベをステンレス製の圧力釜で加水分解し、発酵させたのち、銅製ポットスチルで2回蒸溜後、フレンチオーク樽で2年熟成させている。

テイスト　バナナケーキとフロストシュガー、マラスキーノチェリー、スパイシーなパイナップルコンポートの生き生きとしたアロマに続いて、フルーティなボディと深みのあるフレーバーが堪能できる。

San Cosme
サン・コスメ

メスカル　40度

蒸溜所　カサ・レヘンダリア　メキシコ、オアハカ州　2011年に初リリース

フィロソフィ　メキシコの今を敬意とともに体現するべく、伝統製法と近代的製法を組み合わせてメスカルを製造。

スピリッツ　昔ながらの職人的な製法を7世代にわたり維持してきた。原料はエスパディン・アガベのみを使用。アガベを土窯でゆっくりと蒸し焼きし、馬の牽引力を使ってすりつぶし、発酵させたのち、銅製ポットスチルで2回蒸溜を行なっている。

テイスト　アガベ、煙、木、湿った大地の香りに続き、スモーキーなアガベのフレーバーが口内を覆い、フィニッシュには甘みと酸味が味わえる。

Siembra Valles Blanco
シエンブラ・バリェス・ブランコ

テキーラ　40度

蒸溜所　カスカウィン蒸溜所　メキシコ、ハリスコ州　2014年に初リリース

フィロソフィ　持続可能性とクオリティを重視し、メキシコの象徴的なスピリッツに関する知識と敬愛を世界に広める。

スピリッツ　レンガ窯でアガベを72時間蒸し焼きにしたのち、42時間にわたって発酵後、1回目は1900リットルのステンレス製スチルで、2回目は350リットルの銅製スチルで蒸溜を行なう。

テイスト　ドライスパイス、デーツ、イチジク、花、スチル由来の銅の香りが口内を覆う。

Tapatio Blanco
タパティオ・ブランコ

テキーラ　40度

蒸溜所　ラ・アルテニャ蒸溜所　メキシコ、アランダス　1937年設立

フィロソフィ　メキシコ最後の家族経営のテキーラ蒸溜所のひとつとして、旧世界の製法にのっとり、最大限のフレーバーともっともスムースなボディを生み出す。

スピリッツ　ブルー・アガベのみを原料に、4日間蒸し焼きした材料をひき臼でつぶして圧搾。75年ものの培養酵母を使って発酵させたのち、2回蒸溜し、濾過してからさらに6カ月間ねかせている。

テイスト　芳醇なフルボディのテキーラ。バラ、ゼラニウム、パンジーが香り、生き生きとしたアガベの自然な甘みが味わえる。

MORE to TRY
次に試すなら

Cielo Rojo Blanco
シエロ・ロホ・ブランコ

バカノラ　42度

蒸溜所　テプア蒸溜所　メキシコ、ソノラ州　2010年に初リリース

フィロソフィ　1800年代半ばから一族でバカノラの製造に携わり、その文化遺産の結実を世界と共有。

熟した野生アガベ（マゲイ・バカノラ）を収穫後、薪の火床で加熱してからつぶす。5〜10日間にわたる自然発酵ののち、蒸溜を行なう。バランスがよく、心地よい飲み口で、核果や熟したサボテン、焼いたマシュマロのワイルドかつ複雑な香りが楽しめる。

Por Siempre
ポル・シエンプレ

ソトル　45度

蒸溜所　エラボラドラ・デ・ソトル社　メキシコ、チワワ州　2015年に初リリース

フィロソフィ　6代続く蒸溜所。野生のソトルを原料に伝統を守る。

近くの山腹でソトルを収穫後、地面の穴で蒸し焼きにし、屋外で発酵させることで煙と土のフレーバーを生み出し、2回蒸溜によってそのフレーバーを閉じ込める製法。黒コショウと濡れた石の風味があり、まったりとした飲み口から、ほのかにスモーキーでドライな余韻が長く続く。

La Venenosa Costa
ラ・ベネノサ・コスタ

ライシーヤ　45.5度

蒸溜所　ラ・ゴローパ　メキシコ、ハリスコ州カボ・コリエンテス　2009年設立

フィロソフィ　伝統的な設備と製法を用いることで、歴史的に正しいフレーバーを実現。

樹齢8〜10年のロダカンタ・アガベを収穫後、3日間にわたり蒸し焼きにし、手作業でつぶす。発酵後、空洞にした木の幹を使って2回蒸溜を行なう。グリーンオリーブ、シダー、焚き火の力強く芳しいフレーバーが特徴。

Infusing Agave Spirits

アガベスピリッツにインフューズ |
アガベスピリッツのなかでインフュージョンに最適なのはテキーラだ。メスカルはものによってはスパイシー過ぎることがある。フレーバーの組み合わせを考える際には、巷にいろいろあるマルガリータのバリエーションが参考になるだろう。どのスピリッツを使う場合でも、まずは選んだ銘柄を味見して、メインとなるフレーバーが何であるかを見極めてからインフューズに挑戦したい。くわしい方法は、24 ～ 25ページを参照のこと。

Jalapeño
ハラペーニョ

スパイシーさがアガベスピリッツによく合う。

材料 中サイズのハラペーニョ2～3個（種を取り除いてスライス）、アガベスピリッツ750ml

漬け込み期間 1～2日

さらなるヒント テーブルスプーン1のアガベシロップを足して、このトウガラシのひりつく辛さを甘さで中和する。

Pineapple
パイナップル

甘いパイナップルは、軽めのアガベスピリッツに自然な深みをもたらす。

材料 パイナップル1個（皮をむいてぶつ切り）、アガベスピリッツ750ml

漬け込み期間 5～7日

さらなるヒント バニラの莢1/2本またはハラペーニョのスライス少量を足して、ひと味異なるフレーバーに。

Watermelon
スイカ

祝祭的なテキーラカクテルにぴったり。スイカの自然な甘みは、テキーラのアグレッシブなフレーバーをやわらげてくれる。

材料 スイカ小1個（あれば種なしを選び、皮をむいてぶつ切り）、アガベスピリッツ750ml

漬け込み期間 5～7日

さらなるヒント よく熟したスイカを使う場合は、ハラペーニョかキュウリのスライスを加えると甘さを抑えられる。

Cucumber
キュウリ

キュウリをインフューズすると、どんなスピリッツもフレッシュでクリーンな香りに。

材料 キュウリ2本（ピーラーでリボン状にスライス）、アガベスピリッツ750ml

漬け込み期間 1～2日

ヒント 生トウガラシのスライス少量を足すと、フレッシュかつスパイシーな仕上がりに。

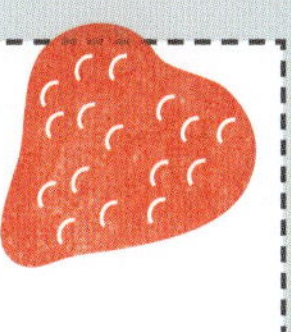

Strawberry
イチゴ

ストロベリー・マルガリータをつくるなら、イチゴをインフューズしたテキーラを使えば自然な甘さを出せる。

材料 新鮮なイチゴ500g（ヘタを取る）、アガベスピリッツ750ml

漬け込み期間 3～5日

ヒント キュウリのスライスを加えると甘さを少し中和できる。ハラペーニョのスライス少量を足せば甘くスパイシーなスピリッツが完成する。

Lime
ライム

テキーラには必ずライムを添える…のであれば、ライムの皮を使ったインフュージョンもぜひ試したい。

材料 ライム10個分の皮（白いワタは取る）、アガベスピリッツ750ml

漬け込み期間 3～5日

さらなるヒント ライムの酸味を中和させたいときはテーブルスプーン1のアガベシロップを足す。

Margarita

マルガリータ

テキーラベースのカクテルとしてもっとも有名なマルガリータは、1930年代後半にメキシコで誕生したと言われる。今日では、安物テキーラの味をごまかすためいろいろなものを混ぜた特徴のないマルガリータが大々的に消費されているが、一方でミクソロジストたちはクラフトテキーラに注目し、エキサイティングかつ革新的なマルガリータのバリエーションを創作している。ここにあるレシピが、あなたをその流れに引き寄せてくれるはず。

スタンダードレシピ

一からつくったマルガリータのおいしさは、既製のミックスを使ったものとは比べものにならない。

1 マルガリータグラスまたはクープグラスの縁にライムのくし切りを滑らせて濡らす。クリスタル塩を広げた皿に、グラスの縁をつけてリムドする。

2 シェイカーにテキーラ60mlを注ぐ。

3 トリプルセック30mlを加える。

4 フレッシュのライム果汁30mlを加え、角氷を入れて10秒間シェイクする。

5 クラッシュドアイスで満たしたグラスにストレーナーを使って注ぐ。

仕上げ ライムのくし切りをグラスの縁に添える。

自分だけのシグネチャーカクテルをつくる

基本のつくり方

1 マルガリータグラスまたはクープグラスの縁に**ライムのくし切り**を滑らせて濡らす。**クリスタル塩**を広げた皿に、逆さにしたグラスの縁をつけてリムドする。

趣向を変えて、カクテルに塩1ダッシュを加えてもよい。スモークソルトやピンクヒマラヤンソルトを使っても。

2 シェイカーに**テキーラ60ml**を注ぐ。

ここでは熟成させていないクラフトテキーラを使う。熟成タイプを甘いフレーバーでごまかすのはもったいない。

3 **トリプルセック30ml**を加える。

甘みの少ないもの、たとえばブランデーやオレンジエキスに替えてもよい。

4 **フレッシュのライム果汁30ml**を加え、角氷を入れて、10秒間シェイクする。

塩と同じく、ライム果汁はテキーラに欠かせないパートナーだ。

5 **クラッシュドアイス**で満たしたグラスにストレーナーを使って注ぐ。

クラッシュドアイスを使うことで、きんとした冷たさとフレッシュな味わいが保たれる。

クラッシュドアイス
フレッシュのライム果汁
トリプルセック
テキーラ

仕上げのアレンジ

フルーツ マンゴー、イチゴ、モモが合う。トリプルセックの代わりにこれらの果物のピュレまたはジュースを使い、さらにデコレーションとして飾る。

フローズン テクスチャーを変えたいときは、ブレンダーにカクテル材料と角氷数個を投じ、シルキーななめらかさになるまでブレンドする。

スパイス テキーラにはスパイシーフレーバーがよく合う。基本材料を入れる前にシェイカーにハラペーニョを入れてつぶしておいたり、チリパウダーをリムドに使う。

クラフトカクテル

クラッシュドアイスと塩がアイコンのマルガリータは今、
多くのミクソロジストによってさまざまにアップデートされ、リフレッシュされている。
テキーラの代わりに流行りのメスカルを使うのはもちろん、
珍しいフルーツフレーバーを試すのもおもしろい。
「スイートカクテル」と呼ばれてきた過去に別れを告げよう。

Mango Strawberry Margarita
マンゴー・ストロベリー・マルガリータ

シェイカーにテキーラ、トリプルセック、ビターズ、果汁、氷を入れ、10秒間シェイクする。クラッシュドアイスで満たしたクープグラスにストレーナーを使って注ぐ。イチゴとライムのくし切りを添える。

Smoky Spicy Mezcal Margarita
スモーキー・スパイシー・メスカル・マルガリータ

クープグラスの縁をスモークソルトでリムドし、クラッシュドアイスを入れる。シェイカーに液体の材料と角氷を入れ、10秒間シェイクし、グラスにストレーナーを使って注ぐ。ライムのくし切りをのせる。

◀ Watermelon Margarita
スイカ・マルガリータ

クープグラスの縁をクリスタル塩でリムドし、クラッシュドアイスを入れる。シェイカーに液体の材料と氷を入れ、10秒間シェイクし、グラスにストレーナーを使って注ぐ。フルーツを飾る。

Paloma

パロマ ｜

スペイン語で「鳩」を意味するパロマは、
メキシコでもっとも人気の高いカクテル。
シンプルなドリンクで、
テキーラと柑橘系フルーツを組み合わせる――
テキーラの一番よいところを引き出すマリアージュだ。
さわやかで、いかにもメキシコらしい、
そして驚くほど簡単にできるこのカクテルを、
あなた自身の解釈で再創造してみては。

スタンダードレシピ

スタンダードなパロマは、塩でリムドしたグラスとソーダのぴちぴち感が特徴だ。

1 コリンズグラスの縁にグレープフルーツのスライス滑らせて濡らす。クリスタル塩を広げた皿に、逆さにしたグラスの縁をつけてリムドする。

2 シェイカーにテキーラ60mlを注ぐ。

3 フレッシュのルビーグレープフルーツ果汁90mlを加える。

4 ソーダ90mlと角氷を入れ、10秒間シェイクする。

5 角氷で満たしたグラスにストレーナーを使って注ぐ。

仕上げ グレープフルーツのスライスを飾る。

自分だけのシグネチャーカクテルをつくる

基本のつくり方

1 コリンズグラスの縁に**グレープフルーツのスライス**滑らせて濡らす。**クリスタル塩**を広げた皿に、逆さにしたグラスの縁をつけてリムドする。
フレーバーにひとくせがほしければ、スモークソルトで。

2 シェイカーに**テキーラ60ml**を注ぐ。
やさしい味わいのブランコテキーラを好む人もいれば、熟成させたテキーラのほうがおいしいと言う人もいる。スパイシーなメスカルもよく合う。

3 フレッシュのルビーグレープフルーツ果汁90mlを加える。
ピンクグレープフルーツに替えると、かすかにビターなフレーバーに。

4 ソーダ90mlと**角氷**を入れ、10秒間シェイクする。
ソーダにキュウリのスライスを加えると、さわやかでクールな風味を楽しめる。

5 角氷で満たしたグラスにストレーナーを使って注ぐ。
スパイスをほんのり効かせたいときは、チリソースやチリパウダー1ダッシュを加えた水で氷をつくる。

仕上げのアレンジ

ビターズ グレープフルーツのパンチを強めるため、グレープフルーツビターズ1ダッシュをたらす。

ガーニッシュ ホワイトグレープフルーツのスライスを加えて、自然なビターフレーバーを楽しむ。甘めが好みなら、ピンクまたはルビーを選ぶ。

ハーブ パロマはさまざまなフレッシュハーブと相性がよい。ローズマリー、タイム、バジルの枝がおすすめ。

クラフトカクテル

テキーラをメスカルに替える、甘みやスパイシーなタッチを付け加える…
パロマをアレンジするための方法はいろいろある。
メキシコ人が愛するこのカクテルの最高のツイストレシピ3つを紹介する。

Spicy Mezcal Paloma
スパイシー・メスカル・パロマ

コリンズグラスの縁をサル・デ・グサーノ(イモムシのローストの粉末とトウガラシを混ぜた塩)でリムドし、氷を入れる。シェイカーに液体材料と氷を入れ、10秒間シェイクし、グラスにストレーナーを使って注ぐ。

Salt and Honey Paloma
ソルト・アンド・ハニー・パロマ

コリンズグラスの縁をスモークソルトでリムドし、氷を入れる。シェイカーに液体材料と氷を入れ、20秒間シェイクし、グラスにストレーナーを使って注ぐ。グレープフルーツを飾る。

◀Jalapeño Paloma
ハラペーニョ・パロマ

コリンズグラスまたはジャーの縁をクリスタル塩でリムドし、氷を入れる。シェイカーの中でハラペーニョをつぶしながらビターズと混ぜる。液体の材料と氷を加え、10秒間シェイクし、グラスにストレーナーを使って注ぐ。ハラペーニョを飾る。

スピリッツは、世界各地でさまざまな素材、フレーバー、技法を用いて造られている。私たちは今日、製造技術と輸送手段の進歩のおかげで、地球上のどこにいても中国の**白酒**やブラジルの**カシャーサ**を楽しむことができる。北欧には**アクアビット、**日本には**焼酎**がある。いずれもそのままの味わいを楽しんでも、カクテルのベースにしてエキゾチックなニュアンスを加えてみてもよい。**ベルモット**は、昔からスタンダードカクテルの重要な構成要素だが、今やクラフトスピリッツの造り手たちが、ストレートで楽しみたい**高品質**なものを世に送り出している。

本章に掲載されているスピリッツ（濃厚な**アブサン**から、エレガントな**クレーム・ド・ヴィオレット**まで）はどれも、つねに何かしら**珍しい素材**を探し求めている世界中の一流バーテンダーから愛されている。彼らにならって、ぜひ興味を惹かれたものから試してみよう。ストレートでスピリッツを味わう、インフュージョンをつくる、スタンダードカクテルをアレンジするなど、楽しみ方は無限にある。

ABSINTHE, BAIJIU, AND MORE

アブサン、白酒、焼酎ほか

Amaro delle Sirene

アマーロ・デッレ・シレーネ

リキュール　29度

蒸溜所 ドン・チッチオ&フィッリ　アメリカ、ワシントンD.C.　2012年設立

フィロソフィ イタリアのアルチザンリキュールへの愛情と敬意を感じさせる、ハンドクラフトの幅広いスピリッツを造る蒸溜所。

スピリッツ 1931年までイタリアのアマルフィ海岸で造られていたアマーロのレシピを元に、厳選した30種の植物の根とハーブを漬け込み、手造りしたスピリッツ。ベーススピリッツにはトウモロコシと大麦が使われている。

テイスト タバコ色の苦みのあるスピリッツ。ユーカリ、煮込んだ完熟フルーツ、甘草、ルバーブのアロマが楽しめる。

HOW TO ENJOY
おすすめの飲み方
よく冷やし、オレンジピールを添えてストレートで

Amaro Lucano

アマーロ・ルカーノ

リキュール　28度

蒸溜所 アマーロ・ルカーノ社　イタリア、バジリカータ州　1894年設立

フィロソフィ 長年変わらぬクオリティで、イタリアでもっとも愛され続けるリキュールのひとつ。製造の最終工程に携われるのは、現在4代目の創業家のヴェーナ家の人間のみという徹底した体制で、一貫した品質と門外不出のレシピを保持している。

スピリッツ 30種以上の地元産のハーブとスパイスを使った秘伝のレシピ。カラメルブラウン色のリキュールは、おもに食後酒として楽しまれている。

テイスト 百花繚乱のボタニカルの風味に満ちた、ほろ苦いフレーバーが楽しめる。

Amaro Sibilla

アマーロ・シビッラ

リキュール　34度

蒸溜所 ヴァルネッリ蒸溜所　イタリア、マチェラータ　1868年設立

フィロソフィ 歴史ある家族経営の蒸溜所。現在は4代目となる4人の女性たちが、すべて手作業による伝統製法を継承している。

スピリッツ 地元のハーブと植物を使った、長年受け継がれている秘伝のレシピ。すり鉢とすりこ木で材料をすりつぶし、薪火で煮出したのち、ハチミツで甘みを加えている。さらに長い熟成期間とデカンタ（おり引き）を経て完成する逸品。

テイスト スムースな味わいで、おだやかな苦みが楽しめるリキュール。苦みのあるハーブとドライフルーツ、栗、クルミのアロマに続いて、コーヒーとハチミツの香りが立ちのぼる。

Artemisia La Clandestine

アルテミジア・ラ・クランデスティーヌ

アブサン　53度

蒸溜所 アルテミジア蒸溜所　スイス、ヴァル・ド・トラヴェール　2005年設立

フィロソフィ アブサン発祥の村で、1935年にスイス人主婦が考案したレシピを復刻再現する蒸溜所。

スピリッツ ニガヨモギやヒソップを含む地元産の植物を、一度蒸溜したニュートラルなグレーンアルコールに浸漬。その後、銅製スチルで再蒸溜し、山の渓流水を加水する。

テイスト ハチミツの甘みに続いて、おだやかな苦みが広がる。バラの花びらやミントを含む、生き生きとした花の香りが楽しめる。

Averell Damson Gin

アヴェレル・ダムソン・ジン

リキュール　33度

蒸溜所 ジ・アメリカン・ジン・カンパニー　アメリカ、ニューヨーク州　2010年に初リリース

フィロソフィ ニューヨーク州で旬の時期に収穫するダムソン・プラムの味わいを生かした個性的なリキュール。

スピリッツ ダムソン・プラムを原料にした非常に珍しいリキュール。濃厚な風味をもつダムソン・プラムはややスパイシーで、皮には渋み、身には強い酸味がある。プラムの果汁を搾り、少量生産のアメリカ産ジンとブレンドしている。

テイスト 鮮やかな液色で酸味がある。甘いイチジクやプルーンのエッセンスと、温かみのある冬のスパイスの風味が感じられる。

Avuá Amburana

アヴア・アンブラーナ

カシャーサ　40度

蒸溜所 ファゼンダ・ダ・キンタ社　ブラジル、リオデジャネイロ　2013年に初リリース

フィロソフィ カシャーサ造りの伝統的な価値観を守り、ブラジル原産の材料と素材にこだわりをもつ。

スピリッツ 人里離れた渓谷で自らサトウキビを栽培するシングルエステートの蒸溜所。搾りたてのサトウキビの汁を野生酵母で発酵後、ポットスチルで蒸溜。カシャーサ造りによく使用されるブラジル原産のアンブラーナの木でつくった樽で2年間熟成させる。

テイスト シナモンや冬のスパイスからミントまで、温かみがあり食欲をそそる香りが最初から最後まで楽しめる。

Belsazar Rosé
ベルサザール・ロゼ

ベルモット　17.5度

蒸溜所 アルフレッド・シュラドラー蒸溜所　ドイツ、シュタウフェン・イム・ブライスガウ　2014年に初リリース

フィロソフィ 伝統に根ざし、ドイツ産の上質なワインを独自の方法で活用する造り手。

スピリッツ 約20種のハーブ、スパイス、柑橘類の皮、花を浸漬し、南バーデン地方のワインとブレンド。濾過したのち、炻器（せっき）の樽で最長3カ月間熟成させる。

テイスト ほろ苦い味わいで、グレープフルーツ、オレンジの花、ダイダイ、ラズベリー、赤スグリの風味が広がる。

HOW TO ENJOY
おすすめの飲み方
よく冷やして、食前、または食後にミントを添えて

Borgmann 1772
ボーグマン1772

リキュール　39度

蒸溜所 ホフ・アポティーク　ドイツ、ブラウンシュヴァイク　1890年に初リリース

フィロソフィ ブラウンシュヴァイク公の薬局が手作業で蒸溜、濾過、瓶詰めする歴史あるハーブリキュール。

スピリッツ 造り手の一族に代々受け継がれている古式製法にのっとり、手摘みした薬草や香り高い植物を原料に一本一本を丁寧に製造。低温熟成後に少量ずつ濾過している。

テイスト 液色は茶色。ほのかなシナモン、クローブ、ダイダイ、キナ皮の香りが感じられる。

Byrrh Grand Quinquina
ビイル・グラン・キンキナ

リキュール　18度

蒸溜所 カーヴ・ビイル　フランス、チュイル　1866年設立

フィロソフィ 当初からの製法と伝統を守り続ける、おそらくフランスでもっとも有名なアペリティフワインを造る蒸溜所。

スピリッツ 秘伝の組み合わせのハーブとスパイスを、ミステル（弱発酵の白ワインにブランデーを添加したもの）とルーション地方のワインに浸漬。その後、最長で1年熟成させる。

テイスト みずみずしくジューシーな飲み口だが、スパイシーでおだやかな苦みを感じさせる複雑な味わい。

Clear Creek Moscato

クリア・クリーク・モスカート

グラッパ　40度

蒸溜所 クリア・クリーク蒸溜所　アメリカ、オレゴン州　1985年設立

フィロソフィ 地元産の果物とヨーロッパの製法を用いる、アメリカン・クラフトディスティラーの第一人者。

スピリッツ ブドウ栽培が盛んなオレゴン州という土地柄を生かし、地元産の上質なミュスカ種のブドウの皮と種（搾りかす）を蒸溜して造る、洗練されたアメリカ産グラッパ。

テイスト フローラルな香りがかぐわしい、スムースで心地よい口あたりのスピリッツ。スイカズラとレモンの香り、クリーンなフィニッシュが楽しめる。

Cocchi Torino

コッキ・トリノ

ベルモット　16度

蒸溜所 ジュリオ・コッキ　イタリア、コッコナート・ダスティ　1891年設立

フィロソフィ 創業者ジュリオ・コッキが確立した製法を今日に継承する。ジュリオは、食べ物とワインのペアリングに魅せられた元パティシエ。

スピリッツ 原産地呼称の認証を受ける世界で2品しかないベルモットのひとつ（もうひとつはp.196参照）。上質なモスカート種のワインをベースに、秘伝のレシピのボタニカルを浸漬して造っている。

テイスト 焦げたオレンジの皮、バニラ、カラメルのアロマ。苦く土臭いフレーバーと、甘草やオレンジの甘い香りとのバランスがよい。

Crispin's Rose

クリスピンズ・ローズ

リキュール　25.4度

蒸溜所 グリーンウェイ・ディスティラーズ　アメリカ、カリフォルニア州　2007年に初リリース

フィロソフィ 消費者の味覚の活性化を目指して、比類なきスピリッツを創造。

スピリッツ リンゴとハチミツのオー・ド・ヴィにバラの花びらを短期間漬け込み、濾過する。リキュールの色とフレーバーはすべてこのバラに由来する。

テイスト 繊細なフローラルの香り。ほのかに甘く、カラメル、ブランデー、スパイスの風味が広がる。フィニッシュはタンニンが感じられる。

Dolin Rouge

ドラン・シャンベリー・ルージュ

ベルモット　16度

蒸溜所 ドラン社　フランス、シャンベリー　1821年設立

フィロソフィ ベルモットではフランスで唯一の原産地呼称の認証を受けている「シャンベリーのベルモット」を造る。

スピリッツ ハーブとスパイスをユニ・ブラン種の白ワインに浸漬して造る、軽くフレッシュな味わいのスピリッツ。濃い液色は植物と、甘み付けのためにカラメリゼした砂糖に由来する。

テイスト 軽いフローラル香のやさしい味わいのベルモット。イタリアのスイートベルモットに比べて甘さが控えめで、ドライフルーツとハチミツの風味が広がる。

Duplais Verte

デュプレ・ヴェルト

アブサン　68度

蒸溜所 オリヴァー・マッター社　スイス、カルナッハ　2005年に初リリース

フィロソフィ 由緒ある19世紀の蒸溜所を手本にした、本物のスピリッツを造る。

スピリッツ 1876年初版のフランスの書籍に掲載されたレシピを再現。スイスの専門農家がこの製品のために栽培する特別なボタニカルを使用し、1920年代製の銅製ポットスチルで蒸溜している。

テイスト 金色がかったグリーンの液色。ニガヨモギとフェンネルのクリアな香り、クリーミーで濃厚な飲み口、長いフィニッシュが楽しめる。

Green Chartreuse

グリーン・シャルトリューズ

リキュール　54度

蒸溜所 グランド・シャルトリューズ修道院　フランス、ローヌ=アルプ圏ヴォワロン　1764年設立

フィロソフィ シャルトリューズの修道士たちが造る、世界で唯一の天然の緑色をしたリキュール。

スピリッツ 変わらぬ製法と秘伝の調合を用いて、グランド・シャルトリューズ修道院で造り続けられている。レシピに使用される130種ものハーブの種類を知っているのは修道士のみ。100年以上使われているオーク樽で数年熟成させる。

テイスト ハチミツの甘みからおだやかな苦みへと展開する。バラの花びらやミントを含む、フレッシュフローラルの香り。

HOW TO ENJOY おすすめの飲み方

シャンパン、ジン、ウオッカと混ぜ合わせて

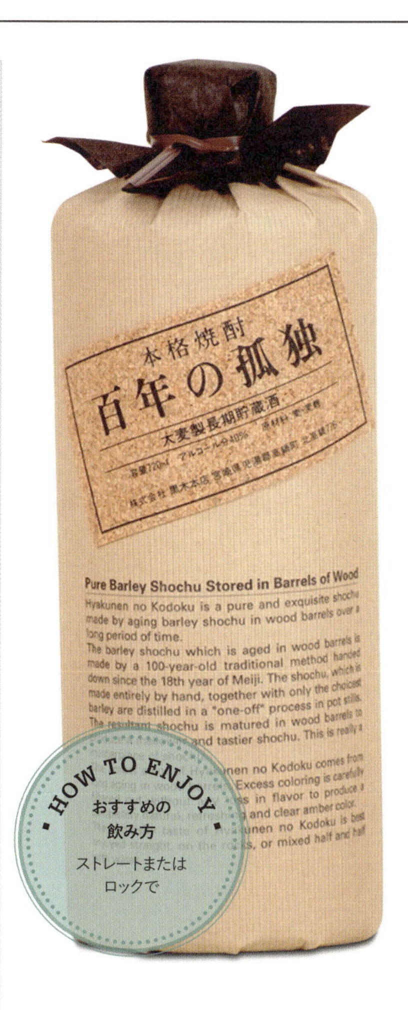

Hyakunen no Kodoku

百年の孤独

本格焼酎　40度

蒸溜所 黒木本店　日本、宮崎県　1885年設立

フィロソフィ 自家農場で原料の栽培から収穫まで行ない、自然循環農法を実践する、焼酎の新たな表現を創出する業界の第一人者。

スピリッツ 有機肥料で栽培した麦を原料に、ポットスチルで1回蒸溜した本格焼酎。ホワイトオーク樽で数年熟成させて仕上げている。

テイスト 琥珀色で、大麦の力強いフレーバーが感じられる。

Iichiko

いいちこ

本格焼酎　25度

蒸溜所 いいちこ日田蒸留所　日本、大分県　1979年に初リリース

フィロソフィ 伝統製法にのっとり、良質なスピリッツを造る。「いいちこ」とは、大分の方言で「いいですよ」という意味。

スピリッツ 蒸した大麦と黒麹菌で大麦麹をつくり、その後、2回の仕込みで大麦麹と大麦麦芽、酵母、地元の軟水を合わせて発酵。タンクで貯蔵してから、いくつかの原酒をブレンドしている。

テイスト 芳醇だがやさしい味わいのスピリッツ。深い旨みが広がる、フレッシュかつフルーティなフレーバー。

Jade 1901 Absinthe Supérieure

ジャド1901アブサン・シュペリウール

アブサン　68度

蒸溜所 コンビエ　フランス、ソミュール　2006年に初リリース

フィロソフィ 現代的な産業用機器や材料は一切使わずに、正真正銘オリジナルのアブサンを完全復刻。

スピリッツ アブサン研究家のT・A・ブローが現代科学を活用し、歴史的なアブサンを分析して得たレシピ。ボタニカルとブドウのオー・ド・ヴィを原料に、19世紀に使われていた銅製ポットスチルで蒸溜している。

テイスト バランスがよくすっきりとした飲み口のヴィンテージスタイルのアブサン。刺激的なハーブのアロマとフィニッシュが楽しめる。

Jade 1901 Absinthe Supérieure

ジャド1901アブサン・シュペリウール｜
フランスのソミュールに建つ歴史あるコンビエ蒸溜所で造られる「ジャド1901アブサン・シュペリウール」は、19世紀ベル・エポックの時代の真正アブサンを完全復刻した製品。アメリカ人アブサン研究家であるT・A・ブローが、未開封の古いアブサンのボトルを分析して得たレシピをもとに造り出したものだ。

成り立ち

2000年、ブローは世界で初めて、科学的手法を用いて100年以上前に造られた未開封のアブサンを分析することに成功した。この分析結果をもとに、ブローは「ジャド1901」のレシピをつくり出した。
歴史を重んじるブローが製品造りのパートナーに選んだのは、由緒あるコンビエ蒸溜所だ。現在はフランク・ショワンヌが所有する同蒸溜所が設立されたのは1834年。その後19世紀後半には、（エッフェル塔で知られる）ギュスターヴ・エッフェルの設計により増築した。エッフェルのトレードマークでもある鉄骨構造が特徴的なコンビエ蒸溜所は、いわば稼働中の博物館と言ってもいい。ブローはこの場所で、5つのクラフト・アブサンに加え、タバコのリキュール「ペリック」と「ピメント・アロマティック・ビターズ」を製造している。
蒸溜はすべて19世紀の機材と製法を用いて、古典的なアブサンのレシピを完璧に再現している。大変な時間と労力を要する製造工程には、それぞれの原産地で栽培されたハーブを完全な状態で調達することから、熟成に数年の時間をかけることまで含まれる。最近では、他所から調達するのが困難なボタニカルを、自家農場で栽培することも始めた。

上）ジャド・リキュール社のロゴに描かれた「フルール・ド・リス」。ブローがフランス人の家系（先祖がコンビエ蒸溜所のあるソミュール周辺の出身の一族）であることを表わしている。

上）自家農場では、アブサンの名前の由来となった「アルテミシア・アブサンティウム（Artemisia absinthium）」（ニガヨモギ）が2品種栽培されている。

左）エッフェル塔で知られるギュスターヴ・エッフェルが設計した鉄骨構造の中に並ぶ、年代物の銅製ポットスチル。

造り手

ジャド・リキュール社の創設者で社長のT・A・ブローは、20年以上にわたってアブサンの研究を続けてきた米ニューオーリンズ出身の科学者。2005年、ブローがコンビエ蒸溜所のオーナー、フランク・ショワンヌとの革新的な共同事業により「ジャド1901」を造ったのは、グリーンに着色しただけのウオッカがアブサンとして大量に流通されている市場に喝を入れるためだった。そして2007年、ブローとニューヨークの弁護士ジャレッド・ガーフェインは、1912年から敷かれていたアメリカのアブサン禁止令を解除させるのに一役買った。

ブローの「ジャド」シリーズのアブサンはすべて、綿密な歴史考証のもとで造られている。

2000年設立

2012年
「ディフォーズ・ガイド」で5点中 4.5点を獲得

2012年
「ワームウッド・ソサエティ」で5点中 4.6点を獲得

2007年 インターナショナル・ワイン・アンド・スピリッツ・コンペティション銀賞受賞（開催地ロンドン）

Jian Nan Chun Chiew

剣南春

白酒　52度

蒸溜所 剣南春　中国、四川省　1998年設立

フィロソフィ 1200年以上の歴史あるスピリッツの特徴と精神である「繊細さ、純粋さ、洗練」を継承する蒸溜所。

スピリッツ 高粱（モロコシ）50%、各種の穀物（米、小麦、もち米、トウモロコシ）50%からなる原料を、300年以上前から使われている地面に掘った穴（発酵窖）に入れて発酵させている。

テイスト「濃香タイプ」に分類されるほかの白酒とは一線を画する製品。繊細で、サトウキビを思わせるほのかな甘み、丸みのあるやわらかな味わいが楽しめる。

Kings County Distillery Moonshine

キングス・カウンティ・ディスティラリー・ムーンシャイン

ムーンシャイン　40度

蒸溜所 キングス・カウンティ蒸溜所　アメリカ、ニューヨーク州　2010年設立

フィロソフィ 熟成させないウイスキーにこそ、蒸溜家の思いと能力が表れると考える新進気鋭の造り手。

スピリッツ 砕いた有機栽培トウモロコシ80%と大麦麦芽20%で酸味のあるマッシュをつくり、スコットランドから輸入した伝統的なポットスチルで2回蒸溜。おだやかなアルコール度数になるまで蒸溜水を加え、一切の添加物、冷却濾過、熟成を行なわずに瓶詰めしている。

テイスト トウモロコシの皮の香りと、トウモロコシの濃厚なフレーバーが顕著。全体的な印象はややぼんやりしている。

Koval Orange Blossom

コーヴァル・オレンジ・ブロッサム

リキュール　20度

蒸溜所 コーヴァル蒸溜所　アメリカ、イリノイ州　2008年設立

フィロソフィ 1800年代半ば以降、シカゴに初めて建てられた蒸溜所。元学者のオーナーが、オーガニックスピリッツを一から造ることに情熱を注いでいる。

スピリッツ 受賞歴のある同蒸溜所のホワイトライウイスキーをベースに、フローラルなオレンジの花とサトウキビを加えた奥行きのあるスピリッツ。

テイスト 甘く香り高く、オレンジの花のフレーバーに満ち満ちている。

Kuro Kirishima
黒霧島

本格焼酎　25度

蒸溜所 霧島酒造　日本、宮崎県　1916年設立

フィロソフィ 芋焼酎を含む自社製品を丁寧に造り続けながら、独自の道を切り開いている。

スピリッツ サツマイモ「黄金千貫」と地下から湧き出るやわらかな「霧島裂罅水」という2種類の貴重な原料から造られる。黒麹仕込みにより、とろりとした甘みが加わっている。

テイスト 麦焼酎や米焼酎よりも芳醇で、温かみのある口あたり。ややスパイシーな複雑な風味が感じられる。

Krogstad Festlig
クログスタッド・フェストリグ

アクアビット　40度

蒸溜所 ハウス・スピリッツ蒸溜所　アメリカ、オレゴン州　2004年設立

フィロソフィ 禁酒法時代以前のアメリカ産ジンからの着想。高い評価を受ける蒸溜所が造る、受賞歴のあるアクアビット。

スピリッツ 北欧の伝統的なレシピにヒントを得て、スターアニスの風味を強調したスウェーデンスタイルのアクアビット。バランスのとれた味わいで、グルテンフリーの米国産グレーンスピリッツをベースに、熟成させずに瓶詰めしている。

テイスト やわらかなミディアムボディ。アニスシード、ライ麦パン、フェンネル、オールスパイスのアロマとフレーバーが楽しめる。

Kweichow Moutai Feitian
貴州茅台酒

白酒　53度

蒸溜所 貴州茅台　中国、貴州省　1704年設立

フィロソフィ「醤香タイプ」に分類される数少ない白酒を、地元の水と微生物を活用して造る歴史ある蒸溜所。

スピリッツ 1951年に中華人民共和国の国酒に認定された白酒。ほかの伝統的な白酒と異なり、100%高粱（モロコシ）を原料に、石の穴で発酵している。最低でも3年以上の熟成を経てブレンドされる。

テイスト フローラルな香り。味噌や銀杏、おこげの風味も感じられる。ドライでスムースな飲み口で、トフィー、コーヒー、土の香りが広がる。

Linie
リニア

アクアビット　41.5度

製造者 アルカス社　ノルウェー、アルケスフース　1807年に初リリース

フィロソフィ ノルウェーでもっとも古く、かつ高名なアクアビットを、200年以上前から変わらぬ製法で造り続ける。

スピリッツ ジャガイモが原料のベーススピリッツに、キャラウェイ、コリアンダー、スターアニスなどのスパイスの蒸溜液で香り付けする。シェリー樽で16カ月間熟成するうち、4カ月は航海中の船内に置かれるのが特徴だ。海上のおだやかな、だが場所によって変化する気温、波の動き、そして海風が熟成のプロセスに重要な影響を与え、フレーバーを高めてくれる。

テイスト 淡い琥珀色。ほのかなオレンジピール、バニラ、オーク、スパイス、シェリーの香りが感じられる。

ラベルに描かれているのは、1807年、売れ残ったアクアビットを積んで東インド諸島からノルウェーに戻ってきた船。そのときの航海中に風味が向上したため、今日までリニアは海上で熟成されている。

リニアの生みの親であるヨルゲン・B・リショルムのサイン。

Luzhou Laojiao Zisha
瀘州老窖

白酒　52度

蒸溜所 瀘州老窖　中国、四川省　1573年設立

フィロソフィ 明朝の頃から続く、中国でも最古の蒸溜所のひとつ。宇宙と調和したスピリッツを地球上で創出することを目指す。

スピリッツ 高粱（モロコシ）60%、小麦20%、米20%からなる原料を、地面に掘った穴（発酵窖）で発酵後、連続式スチルで蒸溜する。

テイスト「濃香タイプ」の白酒。コショウ、熟したモモ、おこげの香り。モモと洋ナシを思わせるほのかに甘いフレーバーがある。

Mãe de Ouro

マイ・ジ・オーロ

カシャーサ　40度

蒸溜所 ファゼンダ・マイ・ジ・オーロ社　ブラジル、ミナスジェライス州　2002年設立

フィロソフィ 国民的スピリッツにハンドクラフトによる新たな解釈を施しながら、ブラジルの豊かな歴史と伝統を共有する。

スピリッツ サトウキビを焼かずに手作業で収穫し、圧搾して発酵。その後、伝統的な銅製ポットスチルで蒸溜する。瓶詰め前に3回の濾過を経て、バーボン樽で最低1年熟成させる。

テイスト フレッシュなメレンゲ、バショウの皮、ブラジルナッツ、ドライトロピカルフルーツ、バナナの葉のアロマとフレーバーが楽しめる。

La Maison Fontaine Blanche

ラ・メゾン・フォンテーヌ・ブランシュ

アブサン　56度

蒸溜所 エミール・ペルノ蒸溜所　フランス、ポンタルリエ　2010年に初リリース

フィロソフィ「アブサンの都」と称されるポンタルリエにある蒸溜所が造る、現代的なツイストを加えた古典的製法のアブサン。

スピリッツ 約15種のハーブを蒸溜アルコールのブレンドにひと晩浸漬し、世界最古のアブサン用スチルである900リットルの蒸気加熱式機器で蒸溜している。

テイスト 甘くさわやかなフレーバー。レモン、ミント、アニス、フェンネルを思わせる濃厚なフローラル香が広がる。

Mizu (Mizunomai)

美鶴乃舞 MIZU SHOCHU

本格焼酎　35度

蒸溜所 宗政酒造　日本、佐賀県　2013年に初リリース

フィロソフィ 豊かな歴史を誇る焼物の町に根付く職人技と、創造性と革新性を併せもった造り手。

スピリッツ 地元で栽培された二条大麦67%と米麹（黒）33%を原料に、ステンレス製ポットスチルで蒸溜した高アルコール度数の焼酎。仕込み水には近隣の黒髪山の軟水を使用している。

テイスト カンタロープメロンや刈り草のアロマ。バナナ、カラメルカスタード、バニラの風味。黒麹が深みと豊潤さを加えている。

Mizu Shochu (Mizunomai)

美鶴乃舞 MIZU SHOCHU |

「美鶴乃舞 MIZU SHOCHU」は、佐賀県の有田町で造られている本格焼酎。
日本で16世紀には造られ始めた焼酎の伝統製法にのっとり、米麹と磨いた二条大麦を合わせて発酵させ、これら原料の風味や個性を保つために1回のみ蒸溜している。

成り立ち

宗政酒造のオーナーである宗政家は、もともと広島で日本酒の酒蔵を営んでいたが、第二次世界大戦後に廃業を余儀なくされた。しかしその後、祖先が焼酎の造り手であった事実に触発され、1985年に佐賀県有田町で宗政酒造を創業した。
有田町は、有田焼の磁器で世界的に知られているが、昨今では、宗政酒造が地元の素材と農業の伝統を大切にしながら造り出す焼酎や日本酒、梅酒、クラフトビールにも注目が集まっている。宗政酒造は、地域の農家との緊密なつながりを誇り、すべての原料を有田周辺で調達している。
「美鶴乃舞 MIZU SHOCHU」の原料は、黒麹（でんぷん質を糖分に変える微生物）をまぶした蒸し米と精白した二条大麦。そうしてできたもろみ（マッシュ）を1回蒸溜後、最低6カ月以上ねかせる。竹炭で濾過し、近隣の黒髪山の天然水をブレンドして仕上げる。1500年代から造られ続けている焼酎だが、21世紀に入って新たなフレーバーも誕生している。日本国内の売上もここ10年で日本酒を上回り、焼酎バーもとくに若い層に人気だ。

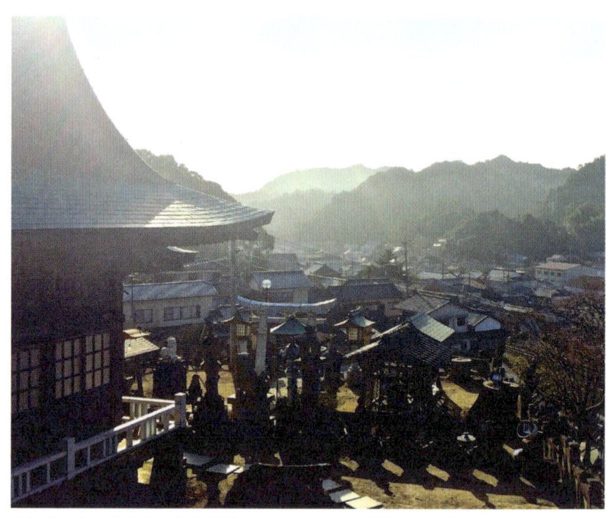

上）丘の上に鎮座する陶山神社から臨む有田町。「有田焼陶祖の神」が祀られ、地元の職人たちに幸運をもたらすと伝えられている。宗政酒造の酒蔵は、陶山神社から南に約6キロの「有田ポーセリンパーク」内にある。

原酒のアルコール度数は
38〜44%

原料の割合は
米麹（黒）1に対して大麦2

2013年
ニューヨーク・ワールド・ワイン・アンド・スピリッツ・コンペティション
最優秀金賞受賞

左）大麦、米、サツマイモなどのもろみ（マッシュ）を蒸溜する宗政酒造のステンレス製ポットスチル。

下）「美しい鶴の舞」を意味する名前の通り、ラベルには2羽の美しい鶴の姿が描かれている。

美鶴乃舞・mizu™ shochu

造り手

杜氏（マスターディスティラー）の大古場博文は、自らが造る焼酎の魂である原料の穀物を熟知している。実家も麦や米をつくる農家だった。大古場は原料の調達先である地元の栽培農家と親しく交流し、栽培から瓶詰め、製品化まで、「焼酎はみんなで力を合わせて造るもの」だと考えている。

Nadeshiko
なでしこ

本格焼酎　25度

蒸溜所 壱岐の蔵酒造　日本、長崎県　1984年設立

フィロソフィ 壱岐島に400年以上前から伝わる伝統的な技法を守りながら、壱岐焼酎の豊かな歴史を継承する造り手。

スピリッツ 原料は大麦67%、米33%。ナデシコの花から分離した酵母で仕込んでおり、独特の複雑な風味が醸されている。

テイスト 魅惑的なチェリーの香りが立ちのぼり、やがて個性的なフレーバーが展開する。スパイシーなアルコール香と甘い花のエッセンスが拮抗している。

Novo Fogo Silver
ノーヴォ・フォーゴ・シルバー

カシャーサ　40度

蒸溜所 アグロエコロジカ・マルンビ　ブラジル、パラナ州　2010年に初リリース

フィロソフィ 熱帯雨林に位置するサトウキビ農園兼蒸溜所が持続可能な製法で造る、幅広いラインアップのオーガニック・カシャーサ。

スピリッツ 新鮮なサトウキビの搾り汁を、蒸溜所が所有するサトウキビ畑で採取した天然酵母を使って発酵。蒸溜後、大きなステンレス製タンクで1年間ねかせる。

テイスト サトウキビとテロワールの純粋な表現とでもいうべきカシャーサ。バナナを思わせる熱帯雨林の香り、海塩、甘みのある赤トウガラシの風味が感じられる。

La Quintinye Blanc
ラ・カンティニ・ブラン

ベルモット　16度

蒸溜所 ユーロワインゲート・スピリッツ＆ワイン　フランス、コニャック　2014年に初リリース

フィロソフィ ベルサイユ宮殿の「王の菜園」を造った園芸家ジャン＝バティスト・ラ・カンティニにオマージュを捧げたスピリッツ。

スピリッツ 地元産のワインのブレンドをベースに、18種のボタニカルを加え、ブドウが原料のニュートラルスピリッツで酒精強化している。砂糖やカラメルは無添加。甘みは、ブドウ果汁の天然の果糖に由来する。

テイスト バニラからスパイシーなボタニカルまで、フレーバーのブーケを感じる。フィニッシュは長い。

Rothman & Winter Crème de Violette

ロスマン&ウィンター
クレーム・ド・ヴィオレット

リキュール　20度

蒸溜所 プルクハート蒸溜所　オーストリア、シュタイアー　1931年設立

フィロソフィ 世界最高峰のスミレのリキュールを造る蒸溜所。ほかのスミレリキュールによくある、バニラや柑橘類の香料添加を一切行なっていない。

スピリッツ 香り高いスミレの根、茎、花を浸漬後、ブドウ原料のアルコールとブレンド。砂糖と水、着色料を加えて仕上げている。

テイスト カクテルに複雑な花のエッセンスを加えたいときに効果的。心地よい飲み口で、ほのかな甘みとおだやかな酸味のバランスがとれている。

ラベルのデザインと細長いボトルは、同蒸溜所が設立された1930年代に流行したアールデコ様式の影響を受けている。

リキュールの色は、アルプスに群生するクイーンシャーロットやニオイスミレなどの野スミレに似ている。

Salers Gentiane Apéritif

サレール・ジャンシアン・アペリティフ

リキュール　16度

蒸溜所 テール・ルージュ蒸溜所　フランス、テュレンヌ　1885年設立

フィロソフィ 万能薬として長い歴史をもつフランスのゲンチアナ（リンドウ科の植物の根）のリキュール。そのなかでも最古の製品を、100%天然素材を原料に独自の製法で手造りする蒸溜所。

スピリッツ 地元に自生する、黄色い花を咲かせるリンドウ科の植物ゲンチアナを手作業で収穫し、その根を数週間にわたって漬け込んだのち別々に蒸溜。漬け込んだものと蒸溜液をブレンドし、さらにスパイスとハーブで風味付けしてリムーザンオークの樽で数カ月熟成させる。

テイスト 独特の苦みに加え、さまざまなハーブと柑橘類のブーケが楽しめる。

Shui Jing Fang Wellbay

水井坊

白酒　52度

蒸溜所 水井　中国、四川省　2000年に初リリース

フィロソフィ 中国最古の白酒の蒸溜所の遺跡にちなんだスピリッツ。600年の豊かな伝統を生かし、集積した多くの特徴ある酵母を元に中国の歴代王朝の味を継承する。

スピリッツ 高粱（モロコシ）36%とほかの穀物を原料とする「濃香タイプ」の白酒。地面に掘った穴（発酵窖）で30～90日間発酵後、蒸気による蒸溜を行なう。テラコッタ（素焼き）の壺で1～3年熟成させている。

テイスト プラムの香りが顕著なフルーティかつフローラルなアロマ。ほのかな土と苔を思わせる、さわやかで繊細な甘いフレーバーが広がる。

Stählemühle Sicilian "Moro" (No. 239)

スティーレミューレ・シチリア・"モロ"（No.239）

リキュール　42度

蒸溜所 スティーレミューレ蒸溜所　ドイツ、アイゲルティンゲン　2004年設立

フィロソフィ オーナー夫妻が200種類を超えるフルーツのスピリッツを製造。糖化、蒸溜、瓶詰めまですべて手作業で行なう。

スピリッツ 砂糖と添加物は一切加えず、秘伝の浸漬および蒸溜製法を用いて造るノンチルフィルタード（冷却濾過しない）のリキュール。ベースにあるのは、シチリア産モロ種のブラッドオレンジだ。

テイスト ほとばしるオレンジの香りに始まり、スパイシーな風味と長く温かみのあるフィニッシュが楽しめる。

Tim Smith's Climax

ティム・スミスズ・クライマックス

ムーンシャイン　45度

蒸溜所 ベルモント・ファーム蒸溜所　アメリカ、バージニア州　1987年設立

フィロソフィ マスターディスティラー、ティム・スミスの一族が1世紀にわたって造ってきた違法な密造酒（ムーンシャイン）の秘伝のレシピを再現。

スピリッツ 地元で栽培されたトウモロコシ、大麦、ライ麦のみを使用し、ポットスチルでゆっくりと蒸溜。スピリッツが穀物の旨みをしっかりと吸収できるよう、加水はしない。

テイスト ムーンシャインにしてはやわらかな飲み口で、やさしい甘みがある。若いウイスキーに似たクリーンでナチュラルな味わい。

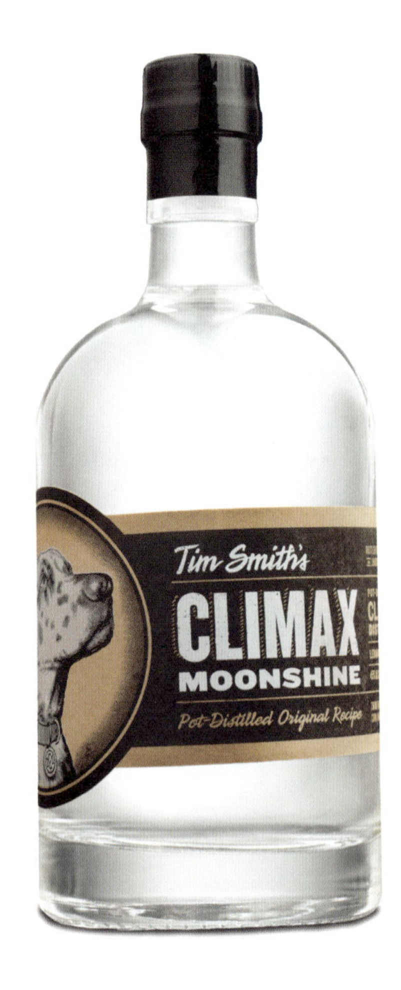

Vieux Pontarlier
ヴュー・ポンタルリエ

アブサン　65度

蒸溜所 エミール・ペルノ蒸溜所　フランス、ポンタルリエ　2001年設立

フィロソフィ ウェルメイドなカクテルの栄光に捧げるべく、希少な歴史的スピリッツとリキュールを再現する蒸溜所。

スピリッツ 歴史ある「アブサンの都」で、厳選されたボタニカルと地元産の最高品質のニガヨモギから造られるアブサン。ベーススピリッツには、ブルゴーニュ産シャルドネ種のブドウを使用し、アブサン専用に設計された年代物のアランビックスチルで蒸溜している。

テイスト 淡いグリーンの液色。フレッシュでややスパイシーなアロマを感じさせる。アニス、フェンネル、ミントのフレーバーが顕著。

Velvet Falernum
ヴェルヴェット・ファレナム

リキュール　10度

蒸溜所 フォースクエアー蒸溜所　バルバドス、サン・フィリップ　1920年設立

フィロソフィ 現存するうちでもっとも古くて有名なファレナム（スパイスをインフューズしたアルコール性またはノンアルコールのシロップ）を造る、歴史ある蒸溜所。ライトラムに、ドミニカ島産のスパイスとライムをブレンドしている。

スピリッツ ホワイトラムとスパイスを大樽で浸漬し、一度だけ濾過。その後、砂糖とライムをブレンドする。

テイスト スパイスと柑橘類のアロマ、ホワイトラム由来の新鮮なサトウキビの風味が楽しめる。

HOW TO ENJOY
おすすめの飲み方
トロピカルカクテルのラムの代わりに

MORE to TRY
次に試すなら

Kronan Swedish Punsch
クローナン・スウェディッシュ・プンシュ

リキュール　26度

蒸溜所 L・O・スミス　スウェーデン、イェーテネ　1993年設立

フィロソフィ スウェーデンの国民的な飲み物、プンシュ。長い歴史をもつリキュールで、スタンダードカクテルには欠かせない。

東インド諸島と西インド諸島のサトウキビのスピリッツに、スパイス、砂糖という昔ながらの伝統的なレシピにのっとって造っている。浸漬タンクで材料をブレンド後、数カ月ねかせたのちに瓶詰め。ティキカクテルに最適で、ラムを思わせる複雑なフレーバーがある。

Montanaro Barolo
モンタナーロ・バローロ

グラッパ　43度

蒸溜所 モンタナーロ蒸溜所　イタリア、アルバ　1885年設立

フィロソフィ 伝統に基づくスピリッツを造るために、すべての製造工程を一貫して管理する造り手。

地元で最高のワイン生産者から調達したブドウの皮を入れた釜を蒸気で熱して蒸溜。その後、100年以上前のオーク樽で最低1年熟成させる。やわらかく洗練された、エレガントで複雑な味わいの麦わら色のグラッパ。

Suprema Refosco
スプレマ・レフォスコ

グラッパ　41度

蒸溜所 ファンティネル・ファミリー　イタリア、ポルデノーネ　2006年設立

フィロソフィ 長年のリサーチの結果、フリウリスタイルのグラッパの頂点ともいうべき製品をリリースした造り手。

厳選した地元のブドウ品種「レフォスコ・ダル・ペドゥンコロ・ロッソ」の皮を原料に、現代的にアップデートした古式蒸溜の工程を経たスピリッツ。ブドウ、レモン、アーモンドのフレーバーが残り、石のようなミネラル感のあるフィニッシュが楽しめる。

Infusing Absinthe, Baijiu, and More

アブサン、白酒、焼酎ほかにインフューズ |
注意と配慮を忘れなければ、どんなスピリッツにもインフューズすることが可能だ。不安に思うなら、まずはそのスピリッツの原料として使われている素材のインフューズから始めてみるといい――これは、スピリッツ本来のフレーバーをさらに高めるプロセス。
一方、ここに紹介するのは、むしろ冒険心に満ちた組み合わせだ。
インフュージョンのくわしい方法は24 ～ 25ページを参照のこと。

Chai and Sweet Vermouth

チャイ&スイートベルモット

スイートベルモットを使用するカクテルは多い。スパイシーなチャイのティーバッグをインフューズすることで、それらのカクテルに複雑な味わいを加えることができる。

材料 チャイのティーバッグ3個、スイートベルモット750ml

漬け込み時間 12～14時間

さらなるヒント シナモンスティック1本とテーブルスプーン1のクローブを足せば、よりハーバルな味わいに。

Pink Peppercorn and Baijiu

ピンクペッパー&白酒

中国の国民的スピリッツ、白酒をピンク色のコショウでスパイスアップ。

材料 ピンクペッパーの実（テーブルスプーン4）、白酒750ml

漬け込み期間 1～2日

さらなるヒント 半分に割いたレモングラスの茎1本を加えると、フローラルな香りが増す。

Fennel and Aquavit

フェンネル&アクアビット

スカンジナビアを代表するスピリッツ、アクアビットにフェンネルを加えて北欧テイストに。

材料 フェンネル1株（薄切り）、アクアビット750ml

漬け込み期間 3～5日

さらなるヒント フレッシュディルひとつかみを加えると、風味を引き立ててくれる。

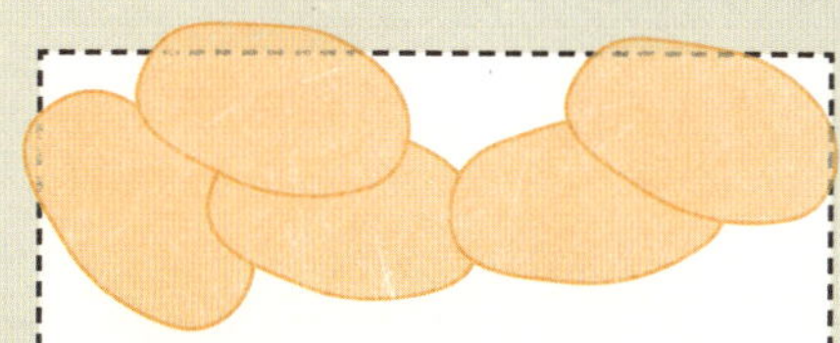

Ginger and Cachaça

ショウガ&カシャーサ

若いカシャーサに生のショウガをインフューズすれば、風味豊かなカイピリーニャをつくるのに最適なベースに。

材料 5cm大の生ショウガ（薄切り）、カシャーサ750ml

漬け込み期間 5～7日

さらなるヒント ライムまたはレモン1個分の皮を加えてさわやかな酸味をプラス。皮の内側の白いワタは苦いので取り除く。

Pineapple and Cachaça

パイナップル&カシャーサ

トロピカルな味わいのスピリッツには、パイナップルがよく合う。

材料 パイナップル1個（皮をむいてぶつ切り）、カシャーサ750ml

漬け込み期間 5～7日

さらなるヒント 輪切りにしたハラペーニョひとつかみを加えて、スパイスアップする。

Peach and Moonshine

モモ&ムーンシャイン

熟したモモが、アルコール度数の高いムーンシャインの粗さをやわらげ、甘いフレーバーを加えてくれる。

材料 モモ2～3個（種を取って4等分に切る）、ムーンシャイン750ml

漬け込み期間 3～5日

さらなるヒント さらに甘みがほしければ、テーブルスプーン1のアガベシロップまたはシンプルシロップを加える。

Caipirinha

カイピリーニャ |

ブラジル発祥のカクテルとしてはもっとも有名なカイピリーニャ。正しくつくった一杯をひと口飲めば、すぐさま太陽の降り注ぐリオのビーチにワープしてしまうこと請け合いだ。カイピリーニャの起源は不明だが、同様のレシピのカクテルが20世紀初頭に流行したスペイン風邪の治療に用いられたという説がある。酸味と甘みが共存するカイピリーニャは、クラフト的解釈を施すには格好の素材だ。

スタンダードレシピ

このカクテルの人気の理由のひとつは、そのシンプルさにある。必要なのはわずか3つの材料と、少々の腕力だけだ。

1 大きめのライムの半分を4等分にカットし、ダブル・オールドファッションドグラスに入れる。

2 グラニュー糖（ティースプーン2）を加え、ライムと一緒につぶしながら混ぜる。

3 グラスをクラッシュドアイスで満たす。

4 カシャーサ60mlを注ぎ入れ、軽くステアする。

仕上げ ライムの輪切りを飾る。

自分だけのシグネチャーカクテルをつくる

基本のつくり方

1 大きめのライムの半分を4等分にカットし、グラスに入れる。

フレッシュライムがカシャーサの強い味わいをやわらげてくれる。ブラジルでは酸味の強いキーライムを使用するが、甘めのフレーバーが好みであればタヒチライムがおすすめ。

2 グラニュー糖（ティースプーン2）を加え、**ライム**と一緒につぶしながら混ぜる。

グラニュー糖を使い（よく混ざる）、分量は好みで調整する。土臭いフレーバーが好みなら、ブラウンシュガーに替えても。

3 グラスを**クラッシュドアイス**で満たす。

このカクテルには細かいクラッシュドアイスを使うこと。早く溶けて、スピリッツの強さを薄めてくれる。

4 カシャーサ60mlを注ぎ入れ、軽くステアする。

ほとんどのレシピは熟成したカシャーサを使用するが、未熟成タイプでもおいしい。カシャーサをウオッカに替えれば「カイピロスカ」、ラムなら「カイピリッシマ」になる。

仕上げのアレンジ

ガーニッシュ ライムの輪切りのトッピングでさらに酸味を加える。スパイシーで甘い風味を足したければ、砂糖漬けのショウガのスライスを試してみて。

ビターズ トロピカルやティキ、シトラス系フレーバーのビターズ1〜2ダッシュを加えると、風味が増す。

マドル ライムをつぶして混ぜる（マドルする）際に、キュウリのスライスやラズベリーを加える。

クラフトカクテル

ミクソロジストは、さまざまな方法でスタンダードレシピをアレンジする。フルーツを足して酸味や甘みを加えたり、ベースのスピリッツをウオッカやラムに変えたり。ブラジルが誇るカクテルを斬新に変身させる、3つのモダンレシピを紹介しよう。

Lychee Caipirinha
ライチ・カイピリーニャ

砂糖、ライチ2個、ビターズをダブル・オールドファッションドグラスに入れ、つぶしながら混ぜる。クラッシュドアイスを加え、カシャーサを注ぎ入れて軽くステアする。ライチを飾る。

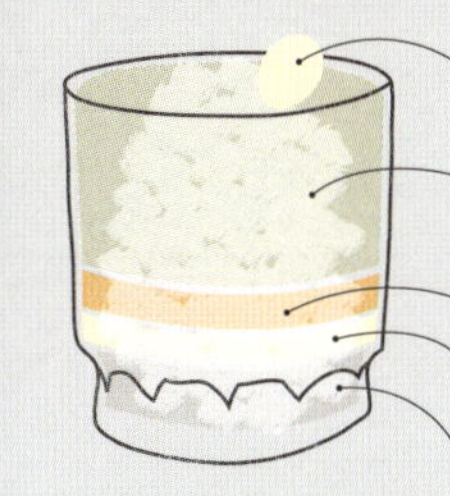

Grapefruit Mint Caipiroska
グレープフルーツ・ミント・カイピロスカ

砂糖、グレープフルーツ、ミントの葉をシェイカーに入れ、軽くつぶしながら混ぜる。氷、果汁、ウオッカを加えて10秒間シェイクする。クラッシュドアイスで満たしたダブル・オールドファッションドグラスにストレーナーを使って注ぐ。ミントの枝を飾る。

◀ Clementine Caipirinha
クレメンタイン・カイピリーニャ

砂糖、クレメンタイン、ビターズをダブル・オールドファッションドグラスに入れる。つぶしながら混ぜ、果肉はバースプーンを使って取り除く。氷を加え、カシャーサを注ぎ入れて軽くステアする。クレメンタインの輪切りを飾る。

Negroni

ネグローニ |

ネグローニは、世界中のカフェで大人気のファッショナブルなカクテル。1920年代のイタリアで生まれたこのスタイリッシュカクテルは、鮮やかな赤い色が魅力的な、軽くて飲みやすいアペリティフだ。必要な材料はわずか3種類の同量のスピリッツ。準備するのも、自分の好みに合わせてカスタマイズするのも簡単だということだ。

スタンダードレシピ

世界一のアペリティフとも称されるネグローニは、カンパリの最高の生かし方。

1 ジン30mlを氷で満たしたミキシンググラスに入れる。

2 カンパリ30mlを加える。

3 スイートベルモット30mlを加え、バースプーンを使って冷えるまでしっかりとステアする。

4 氷で満たしたダブル・オールドファッションドグラス、またはよく冷やしたマティーニグラスにストレーナーを使って注ぐ。

仕上げ オレンジツイストを飾る。

自分だけのシグネチャーカクテルをつくる

基本のつくり方

1 ジン30mlを**氷**で満たしたミキシンググラスに入れる。

ネグローニには、ボタニカルの主張が強すぎない、マイルドでクセのないジンがおすすめ。好みでジンを同量のラムまたはテキーラに替えてもいい。

2 カンパリ30mlを加える。

ネグローニにはカンパリの苦みが欠かせない。でももしカンパリ独特のフレーバーが好みに合わなければ、チナール、カルダマーロ、アペロールなど甘みの強いリキュールに替えてみても。

3 スイートベルモット30mlを加え、バースプーンを使って冷えるまでしっかりとステアする。

ベルモットが甘みとまろやかさを加えてくれる。ほかの酒精強化ワイン、たとえばシェリー、甘いタッチを加えたければポートに替えてもよい。

4 氷で満たしたダブル・オールドファッションドグラス、またはよく冷やしたマティーニグラスにストレーナーを使って注ぐ。

氷はアルコールの強さを薄めてくれる。薄めたくなければマティーニグラスを使うか、大きめの角氷をひとつだけ入れる。

仕上げのアレンジ

ビターズ シンプルなネグローニはとても魅力的だが、メープルやシナモンなど個性的なビターズを加えてみるのもおもしろい。

ガーニッシュ ガーニッシュの王道といえばオレンジツイストだが、キンカンなど他の柑橘類、またはローズマリーをトッピングしてもいい。

スパークリング 背の高いコリンズグラスを使用し、スパークリングワイン30mlを足したらスパークリング・ネグローニのでき上がり。

クラフトカクテル

昨今、バーに行けば、さまざまにツイストを加えたおいしいネグローニを飲むことができる。多くのミクソロジストが、ジンを別のスピリッツに替えているが、なかでもメスカルがカクテルの味に与えるインパクトの大きさには驚きだ。刺激的な3つのバージョンをどうぞ。

Orange Negroni オレンジ・ネグローニ

ジン、カンパリ、果汁、ビターズを氷で満たしたミキシンググラスに入れる。冷えるまでステアする。氷で満たしたダブル・オールドファッションドグラスにストレーナーを使って注ぐ。オレンジの皮の砂糖漬けを飾る。

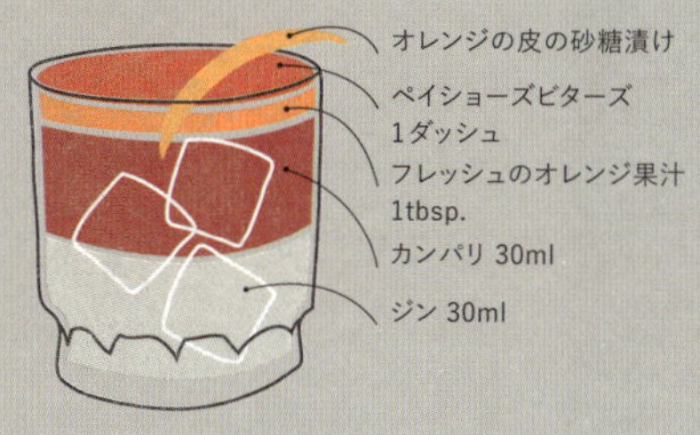

White Negroni
ホワイト・ネグローニ

ジン、スーズ、リレブランを氷で満たしたミキシンググラスに入れる。20秒間ステアする。氷で満たしたダブル・オールドファッションドグラスにストレーナーを使って注ぐ。レモンツイストを飾る。

◀Mezcal Negroni
メスカル・ネグローニ

メスカル、カンパリ、ビターズ、ベルモットを氷で満たしたミキシンググラスに入れる。20秒間ステアする。氷で満たしたダブル・オールドファッションドグラスにストレーナーを使って注ぐ。グラスの縁にオレンジの皮を滑らせる。

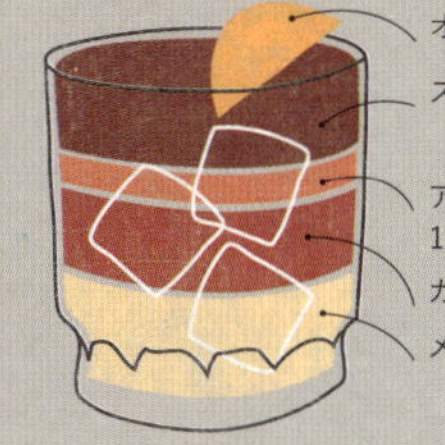

Absinthe Frappé

アブサン・フラッペ

アブサン・フラッペは、おそらく世界でもっとも悪名を馳せたスピリッツ、アブサンへの入門として格好のカクテルだ。「グリーン・フェアリー(緑の妖精)」の異名をもつアブサンは、19世紀のパリにおいてはすさまじい人気で、独特の香りが街中に漂っていたという。きんきんに冷やしてサーブすることで、アニスシードのフレーバーがやわらぐ。口にさわやかで、アブサン初心者におすすめだ。

スタンダードレシピ

アブサンの個性が光るカクテル。シンプルシロップやミントの存在を疑問視する純粋主義者もいるが、クラッシュドアイスの必要性については誰もがうなずくところだろう。

1 コリンズグラスにクラッシュドアイスを詰める。

2 ミントの葉8枚をシェイカーに入れる。

3 シンプルシロップ(テーブルスプーン1)を加え、やさしくつぶしながら混ぜる。

4 アブサン45mlと角氷を入れ、15秒間シェイクする。

5 グラスにストレーナーを使って注ぎ、ソーダ60mlで満たす。

仕上げ ミントの枝を飾る。

自分だけのシグネチャーカクテルをつくる

基本のつくり方

1 コリンズグラスに**クラッシュドアイス**を詰める。

フラッペは、ずっと冷たいままでなければならない。クラッシュドアイスまたはペブルドアイス(小石状の氷)は必須。

2 ミントの葉8枚をシェイカーに入れる。

ミントの葉4枚とキュウリのスライス3枚に替えると、清涼感のあるフレーバーに。

3 シンプルシロップ(テーブルスプーン1)を加え、やさしくつぶしながら混ぜる。

アブサンを愛好する人は、角砂糖と少量の水を加えてストレートで飲んでいる。このカクテルにはよく混ざるシンプルシロップが最適だが、ティースプーン1の砂糖に替えても。

4 アブサン45mlと**角氷**を入れ、15秒間シェイクする。

本物のアブサンを使うこと——"アブサンもどき"の類似スピリッツは無数にある。アブサンの味は好きだけど強い酒は苦手という人は、度数の低いパスティスや他のアニスフレーバーのリキュールで。

5 グラスにストレーナーを使って注ぎ、**ソーダ60ml**で満たす。

ソーダがアブサンの強さをやわらげてくれる。代わりにレモン果汁入りの天然水や、フレッシュミントをインフューズしたソーダを使ってもいい。

仕上げのアレンジ

デコレーション 楽しい"ひねり"として、ロックシュガー(氷砂糖)スティックを添える。定番のブラウンシュガーからカラフルなタイプまで。

ガーニッシュ ミントは、アブサンの主成分であるニガヨモギの風味との相性が抜群。葉または枝を添えてカクテルの風味を高める。

クリーム シェイカーにアブサンと氷、さらにテーブルスプーン1のダブルクリームを加えるというレシピも。クリームが濃厚な泡とスムースな味わいをもたらしてくれる。

クラフトカクテル

バーテンダーたちは、新しいフレーバー要素を加えることで、
アブサン・フラッペをより幅広い層に好まれるカクテルへとアップデートしている
——それはたとえば酸っぱいレモン果汁や清涼感のあるミント、
旨みの強いアーモンド…。新鮮な解釈が施された3つのレシピを紹介する。

Sour and Frothy Frappé
サワー&フロッシー・フラッペ

ミントの葉とシロップをシェイカーに入れ、つぶし混ぜる。果汁、アブサン、卵白、氷を加えて20秒間シェイクし、氷で満たしたグラスにストレーナーを使って注ぐ。ソーダで満たしてステアする。ミントを飾る。

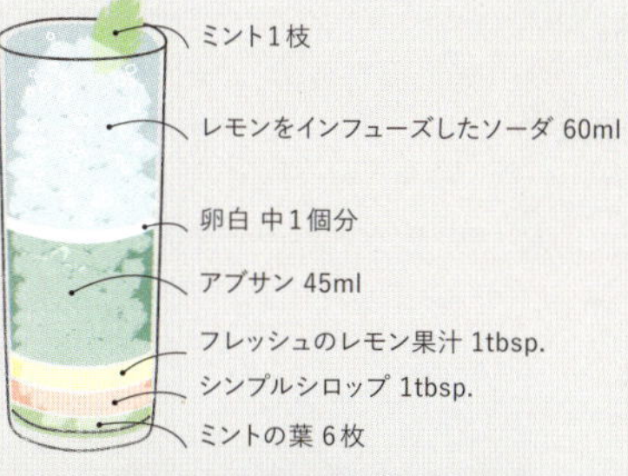

Lime–Mint Absinthe Frappé
ライムミント・アブサン・フラッペ

ミントの葉とシロップをシェイカーに入れ、やさしくつぶしながら混ぜる。果汁、ビターズ、アブサン、氷を加えて20秒間シェイクする。クラッシュドアイスで満たしたコリンズグラスにストレーナーを使って注ぐ。ソーダで満たしてステアする。ミントの枝を飾る。

◀ Almond Absinthe Frappé
アーモンド・アブサン・フラッペ

アブサン、リキュール、シロップ、果汁、氷をシェイカーに入れる。20秒間シェイクする。クラッシュドアイスで満たしたコリンズグラスにストレーナーを使って注ぐ。ソーダで満たしてステアする。アーモンドをトッピングする。

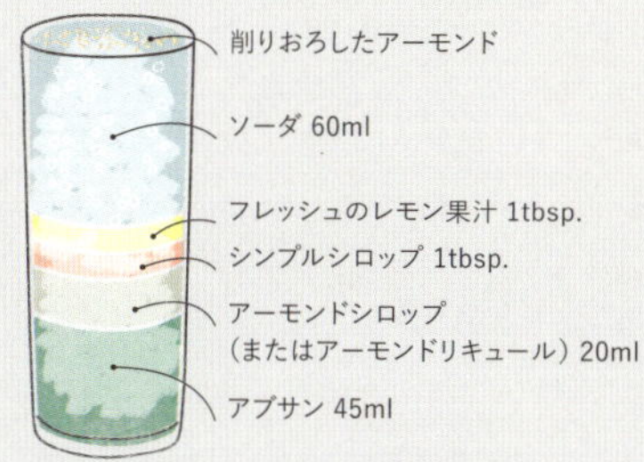

Index

太字で記載しているものは
カクテルレシピ

123オーガニック・ブランコ 178
1792スモールバッチ 94
"1"テキサス・シングルモルト 111
Hバイ・ハインVSOP 159
MBローランド 111
No.209 75
V2C 78

あ

アービキー 32
アーモンド・アブサン・フラッペ 217
アーモンドシロップ 217
アーモンドリキュール：トーステッド・アーモンド **59**
アイアンワークス 39
アイリッシュウイスキー 16, 17,92–123
グレンダロッホ・ダブル・バレル 98
ターコネル 109
ティーリング・スモールバッチ 108
バジル・ジンジャー・ウイスキー・ジュレップ **115**
レッドブレスト12年 106
アヴア・アンプラーナ 193
アヴィエーション 62, **91**
アヴェレル・ダムソン・ジン 193
アガベ 19
アガベスピリッツにインフューズ 184–185
アガベスピリッツ 17, 19, 176–189
アクアビット 190–217
クログスタッド・フェストリグ 201
リニア 202
アシエンダ・デ・チワワ・プラタ 181
アッシュヴィル・ブロンド 94
アップル：（リンゴをブランデーにインフューズ） 167
アップルサイダー・ミュール **57**
アップル・ペア・ヴュー・カレ **171**
アドナムス・コッパー・ハウス 62
アビタシオン・クレマン 132–133
アビタシオン・サン・テティエンヌVSOP 141
アブサン 19, 190–217
アーモンド・アブサン・フラッペ **217**
アブサン・フラッペ **216–217**
アルテミジア・ラ・クランデスティーヌ 193
ヴュー・ポンタルリエ 209
サゼラック **116–117**
サワー&フロッシー・フラッペ **217**
ジャド1901アブサン・シュペリウール 197, 198–199
デュプレ・ヴェルト 196
ライム・ミント・アブサン・フラッペ **217**
ラ・メゾン・フォンテーヌ・ブランシュ 203
アブサン・フラッペ **216–217**
あぶった柑橘類の皮 2
アプリコット：（ブランデーにインフューズ） 167
アマート 62
アマーロ・シピッラ 192
アマーロ・デッレ・シレーネ 192
アマーロ・ルカーノ 192
アマラス・エスパディン 178
アラック 10, 126
アルテミジア・ラ・クランデスティーヌ 193
アルマニャック 19, 154–175
アルマニャック・コープス・リバイバー **175**
カスタレードVSOP 156
ドメーヌ・デスペランス・フォルブランシュ 157
ドメーヌ・デュ・タリケXO 158
ラレサングルVSOP 162
ル・シドゥカール・ドゥ・アルマニャック **169**
アンガヴァ 78
アンゴスチュラ 26
アンルーリー 48
イーグル・レア 97
いいちこ 197
イチローズモルト・ダブルディスティラリーズ 102
イリジウム・ゴールド 134
イングリッシュ・スピリット 37
イングリッシュ・ハーバー5年 131
ヴァン・リンズ12年 165
ウイスキー 12, 13, 92–123
"1"テキサス・シングルモルト 111
アッシュヴィル・ブロンド 94
イチローズモルト・ダブルディスティラリーズ 102
ウイスキー・フィズ **89**
カバラン・クラシック・シングルモルト 103
グラス 22, 23
原料 18,19
コッパー・ケトル 103
駒ケ岳 ザ・リバイバル 103
コルセア・トリプル・スモーク 95
サリヴァンズ・コーヴ・ダブルカスク 108
熟成 17
ストーク&バレル・シングルモルト 108
ティコズ・スター・シングルモルト 109
ハイ・ウエスト・シルバー 99
バジル・ジンジャー・ウイスキー・ジュレップ **115**
ピーチ・ジュレップ・フィズ **115**
フィジー・フルーティ・オールド・ファッションド **121**
ブラックベリー・ミント・ジュレップ **115**
フレーバー 23
ブレンドウイスキー 16
ベインズ・ケープ・マウンテン 94
ホワイトオーク・シングルモルト あかし 110
ホワイト・パイク 110
マクミラ・スヴェンスクEK 105
ミント・ジュレップ **114–115**
ラーク・シングルモルト 104
ロー・ギャップ2年ウィート 104
ヴィクトリア 79
ウィグル・オーガニック 111
ウィリアムスGB 79
ヴェスタル 48
ウエスト・ウィンズ（ザ・カットラス） 64
ヴェルヴェット・ファレナム 209
ウオーターシェッド 48
ウオーターメロン（スイカ）：
ウオーターメロン・ジン・フィズ **89**
（スイカをアガベにインフューズ） 185
スイカのマルガリータ **187**
ウオッカ 30–59
アービキー 32
アイアンワークス 39
アップルサイダー・ミュール **57**
アンルーリー 48
イングリッシュ・スピリット 37
インフューズの手順（レモン） 24–25
ヴェスタル 48
ウオーターシェッド 48
ウッディ・クリーク 49
エスプレッソ・マティーニ **83**
オカナガン・スピリッツ 45
カールソンズ・ゴールド 42
カレヴァラ 42
キャットヘッド 35
キャップロック 34
キューカンバー・サケティーニ **83**
キング・チャールズ 43
グラス 22
クリーミー・ピーチ・コスモ **55**
グレープフルーツ・ウオッカ・ギムレット **87**
グレープフルーツ・ミント・カイピロスカ **213**
原料 18, 19
コーニックス・テイル 43
コーピン・スイート・ポテト 36
コールド・リバー 36
コスモポリタン **54–55**
コロラド・ブルドック **59**
ザ・レイクス 43
サワー・アップル・コスモ **55**
シャーベイ 35
ジュエル・オブ・ロシア 42
シルバー・ツリー（レオポルト・ブラザーズ） 46
スキニー・ルシアン **59**
スクエア・ワン・オーガニック 47
スノウ・レパード 46
スパイシー・パイナップル・コスモ **55**
スプリング44 47
製造 12, 13, 16, 17, 20
ダブル・クロス 49
チェイス 35
デスドア 36
デボワ・オーク 49
トーステッド・アーモンド **59**
トゥルー・ノース 47
ナパ・ヴァレー 44
ニュー・ディール 44
ノース・ショア 44
バー・ヒル 33
バビッカ 32
ハンガー1 38, 40–41
ハンソン・オブ・ソノマ・オーガニック 39
ビーフィ・ブラッディ・ブル **53**
ピュリティ 46
ブートレッガー22NY 34
ファイア・ドラム 37
フィグ・ミュール **57**
フェア 37
フライムート 38
ブラック・カウ 33
ブラッディ・メアリー **52–53**
プリンス・エドワード・ポテト 45
ブルー・ダック 33
ブルーベリー・ミント・ミュール **57**

フロリダ・ケイン（セントオーガスティン） 38
ブロンド・メアリー **53**
ベインブリッジ・オーガニック 32
ボイド&ブレア 49
ホップヘッド 39
ホワイトウオーター（スムース・アンバー） 49
ホワイト・ルシアン **58–59**
モスコミュール **56–57**
ウッディ・クリーク 49
ウッディンヴィル・ストレート 111
ヴュー・カレ **170–171**
ヴュー・ポンタルリエ 209
エクストラダーク&ストーミー **151**
エクストラ・ブラッディ・ブラッド・アンド・サンド **123**
エクセルシオール 97
エスプレッソ・マティーニ **83**
エルドラド15年 130
エレファント 66
エンカント 158
オータムナル・アップル・サイドカー **169**
オー・ド・ヴィ 154–175
ツィーグラーNo.1ヴィルトキルシュ 165
ブクハルト・ブルーム・マリレン 163
ブクハルト・ペア・ウィリアムズ 163
メッテ（ポワール） 162
オールド・ファッションド 28, 29, **120–121**
オールド・ポトレロ 106
オアフ・ジン・スリング **91**
オウニーズNYC 135
大麦 18
オカナガン・スピリッツ 45
オソカリスXO 162
オレンジ：
エクストラ・ブラッディ・ブラッド・アンド・サンド **123**
オレンジ・ネグローニ **215**
スパークリング・コープス・リバイバー **175**
ニューブラッド、オールドサンド **123**
ハリケーン **146–147**
ビター・ブラッド・アンド・サンド **123**
フィジー・ハリケーン **147**
ブラッド・アンド・サンド **122–123**
オレンジリキュール：
オータムナル・アップル・サイドカー **169**
サイドカー **168–169**
バーボン・タンジェリン・サイドカー **169**

か

ガーニッシュ 29
カーニャ・ブラーバ 128
カールソンズ・ゴールド 42
カイピリーニャ 28, **212–213**
カクテルのサーブ 28–29
カサ・ドラゴネス・ホーベン 179
カシャーサ 19, 190–217
アヴア・アンブラーナ 193
カイピリーニャ **212–213**
クレメンタイン・カイピリーニャ **213**
ノーヴォ・フォーゴ・シルバー 206
マイ・ジ・オーロ 203
ライチ・カイピリーニャ **213**
カスタレードVSOP 156
カバラン・クラシック・シングルモルト 103
カベーサ 179
カルーン 64
カルヴァドス：
オータムナル・アップル・サイドカー **169**
クリスチャン・ドルーアン・セレクション 156
コープス・リバイバーNo.1 **174–175**
カレヴァラ 42
カンパリ：
オレンジ・ネグローニ **215**
ネグローニ **214–215**
ビター・マイタイ **153**
メスカル・ネグローニ **215**
ギムレット 29, **86–87**
キャットヘッド 35
キャップロック 34
ギャリスン・ブラザーズ・カウボーイ 98
キューカンバー（キュウリ）：
（アガベにインフューズ） 185
キューカンバー・サケティーニ **83**
キューカンバー・ミント・ギムレット **87**
キューバン・マンハッタン **119**
貴州茅台酒 201
キングス・カウンティ・ディスティラリー・ムーンシャイン 200
キング・チャールズ 43
クープグラス 29
グラス 22–23, 28–29
クラセ・アスール・レポサド 180
グラッパ 12, 19
グラッパ・サワー **173**
クリア・クリーク・モスカート 195
スプレマ・レフォスコ 209
モンタナーロ・バローロ 209
クランベリー：
クランベリー・ストーム **151**
コスモポリタン **54–55**
サワー・アップル・コスモ **55**
クリーム：
クリーミー・ピーチ・コスモ **55**
コロラド・ブルドック **59**
ホワイト・ルシアン **58–59**
グリーン・シャルトリューズ 196
グリーンフック・ジンスミス 69
クリア・クリーク・ペア 157
クリア・クリーク・モスカート 195
クリスチャン・ドルーアン・セレクション 156
クリスピンズ・ローズ 195
クルーソー・オーガニック・スパイスド（グリーンバー） 128
クルミ：（ブランデーにインフューズ） 167
クレイゲラキ13年 111
グレープフルーツ：
グレープフルーツ・ウオッカ・ギムレット **87**
グレープフルーツ・ミント・カイピロスカ **213**
（ジンにインフューズ） 81
クレーム・ド・ヴィオレット 190
クレーム・ドゥ・メント：
ミント・コープス・リバイバー **175**
クレマンVSOP 128, 132–133
クレメンタイン・カイピリーニャ **213**
グレンダロッホ・ダブル・バレル 98
クローナン・スウェディッシュ・プンシュ 209
黒霧島 201
クログスタッド・フェストリグ 201
グロスペランXOフィーヌ・シャンパーニュ 159, 160–161
燻液の角氷 29
原料 14, 18–19
コーヴァル・オレンジ・ブロッサム 200
コーヴァル・シングルバレル 104
コーニックス・テイル 43
コー・ハナ・ケア 134
コーヒー：
（ウイスキーにインフューズ） 113
コーヒー・オールド・ファッションド **121**
スキニー・ルシアン **59**
コーヒーリキュール：
エスプレッソ・マティーニ **83**
コロラド・ブルドック **59**
トーステッド・アーモンド **59**
ホワイト・ルシアン **58–59**
コービン・スイート・ポテト 36
コープス・リバイバーNo.1 29, **174–175**
コーラ：コロラド・ブルドック **59**
コールド・リバー 36
ココナッツ・パイナップル：
ココナッツ・パイナップル・ダイキリ **145**

マイタイ **153**
コスモポリタン 28, **54–55**
コッキ・トリノ 195
コッパー・ケトル 103
コニャック 154–175
Hバイ・ハインVSOP 159
ヴュー・カレ **170–171**
グラス 22, 23
グロスペランXOフィーヌ・シャンパーニュ 159, 160–161
原料 19
コープス・リバイバーNo.1 **174–175**
コニャックにインフューズ 166–167
サイドカー **168–169**
シャトー・ドゥ・モンティフォーVSOP 165
製造 12, 20–21
デラマン・ペール&ドライXO 157
フレーバー 23
ブレンディングと熟成 16, 17
駒ケ岳 ザ・リバイバル 103
小麦 18
コリンズグラス 29
コルセア・トリプル・スモーク 95
コロラド・ブルドック **59**
コンビエ蒸溜所 198–199

さ

サイダー：
アップル・サイダー・ミュール **57**
サイドカー 29, **168–169**
ザ・カットラス（ウエスト・ウィンズ） 64
ザカパ・ラム24年 141
ザクロのジン・スリング **91**
サゼラック 28, **116–117**
サトウキビ 19
ザ・ボタニスト 63
サリヴァンズ・コーヴ・ダブルカスク 108
ザ・レイクス 43
サレール・ジャンシアン・アペリティフ 207

サワー・アップル・コスモ **55**
サワー&フロッシー・フラッペ **217**
サン・コスメ 182
サンタ・テレサ1796 139
ジーヴァイン・フロレゾン 69
ジェラニウム 68
シェリー:ニューブラッド、オールドサンド **123**
ジェルマン・ロビン・セレクトバレルXO 158
シエロ・ロホ・ブランコ 183
ジェンセンズ・バーモンドジー 79
剣南春 200
シエンプラ・バリェス・ブランコ 183
シタデール 64
シップスミス 77
シナモン:
(ウイスキーにインフューズ) 113
(ラムにインフューズ) 143
ジャーニーマンW.R. 102
シャーベイ 35
ジャガイモ 19
ジャド1901アブサン・シュペリウール 197, 198–199
シャトー・ドゥ・モンティフォーVSOP 165
ジャマイカン・ダイキリ **145**
シャンパン:
ブラッドオレンジ75 **85**
フレンチ75 **84–85**
ペア75 **85**
ロゼ75 **85**
水井坊 208
ジュエル・オブ・ロシア 42
熟成 17
ジュニペロ 72
焼酎 18, 190–217
いいちこ 197
黒霧島 201
なでしこ 206
百年の孤独 197
美鶴乃舞 203, 204–205
蒸溜 10–11, 15, 20–21
蒸溜器 10, 20–21
蒸溜の歴史 10–11
シルバー・ツリー(レオポルト・ブラザーズ) 46
シロップ 26, 27
ジン 11, 60–91
No.209 75
V2C 78
アヴィエーション 62, **91**
アドナムス・コッパー・ハウス 62
アマート 62
アンガヴァ 78
ヴィクトリア 79
ウィリアムスGB 79
ウオーターメロン・ジン・フィズ **89**
エレファント 66
オアフ・ジン・スリング **91**
オレンジ・ネグローニ **215**
カルーン 64
ギムレット **86–87**
キューカンバー・ミント・ギムレット **87**
グラス 22
グリーンフック・ジンスミス 69
原料 18, 19
ザ・カットラス(ウエスト・ウィンズ) 64
ザクロのジン・スリング **91**
ザ・ボタニスト 63
ジーヴァイン・フロレゾン 69
ジェラニウム 68
ジェンセンズ・バーモンドジー 79
シタデール 64
シップスミス 77
ジュニペロ 72
ジン27 68
ジン・スリング 29, **90–91**
ジンにインフューズ 80–81
ジン・フィズ 29, **88–89**
ジン・マーレ 68
スパイシー・トマト・マティーニ **83**
スピリット・ワークス 78
スローンズ 77
セイクレッド 70–71, 77
製造 12, 17
ダッチ・カレッジ 65
デスドア 65
ドロシー・パーカー 65
ニヨルド 79
ネグローニ **214–215**
ノタリス・ヨンゲ・グラーンジュネヴァ 75
バジル・ギムレット **87**
バスNo.509 ラズベリー 63
ピンクペッパー(アウデムス) 75
フィラーズ・ドライジン28 バレルエイジド 67
フェルディナンズ・ザール 66
フォーズ 67
フュー・バレル 67
ブラッドオレンジ75 **85**
フレーバー 22
フレンチ77 **84–85**
ヘルシンキ 69
ヘルネ 72
ポートベロー・ロード 76
ボタニカ 79
ホワイト・ネグローニ **215**
マーティン・ミラーズ 74
マッケンリー・クラシック 74
マティーニ **82–83**
ミント・ジン・フィズ **89**
モンキー47 74
ラングリーズNo.8 72
ランサム・ドライ 76
レザビー 73
ローグ・ソサエティ 76
ロイヤリスト 73
ロゼ75 **85**
ジン27 68
シンガポール・スリング **90**
ジン・スリング **90–91**
ジン・フィズ **88–89**
ジン・マーレ 68
ジンジャー:(ショウガをカシャーサにインフューズ) 211
ジンジャービール:
エクストラダーク&ストーミー **151**
クランベリー・ストーム **151**
ジンジャー・モヒート **149**
ダーク&スパイシー **151**
フィグ・ミュール **57**
ブルーベリー・ミント・ミュール **57**
モスコミュール **56–57**
ラム&ジンジャー **150–151**
スーズ・ビターズ:
ホワイト・ネグローニ **215**
スイートポテト:(サツマイモをウイスキーにインフューズ) 113
スカーレット・アイビス・トリニダード 139
スキニー・ルシアン **59**
スクエア・ワン・オーガニック 47
スコッチウイスキー 16, 17, 20, 92–123
エクストラ・ブラッディ・ブラッド・アンド・サンド **123**
クレイゲラキ13年 111
スプリンクバンク10年 107
ダルモア・キング・アレキサンダー3世 96
ビター・ブラッド・アンド・サンド **123**
ブラッド・アンド・サンド **122–123**
モンキー・ショルダー 105
スターアニス:(ジンにインフューズ) 81
スター・アフリカン 140
スタッグJr. 107
スティーレミューレ・シチリア"モロ"(No.239) 208
ストーク&バレル・シングルモルト 108
ストロベリー:(イチゴをアガベにインフューズ) 185
スノウ・レパード 46
スパークリング・コープス・リバイバー **175**
スパイシー・サゼラック **117**
スパイシー・トマト・マティーニ **83**
スパイシー・パイナップル・コスモ **55**
スパイシー・パッションフルーツ・ピスコ・サワー **173**
スパイシー・ブラッディ・マリア **53**
スパイシー・メスカル・パロマ **189**
スパイス・ペア・モヒート **149**
スピリッツにインフューズ 24–25
アガベスピリッツ 184–185
アブサン、白酒、焼酎 210–211
ウイスキー、バーボン、ライ 112–113
ウオッカ 50–51
ジン 80–81
ブランデー、コニャック 166–167
ラム 142–143
スピリット・ワークス 78
スプリング44 47
スプリンクバンク10年 107
スプレマ・レフォスコ 209
スマッツ・ゴールド 140
スミス&クロス 140
スモーキー・サゼラック **117**
スモーキー・スパイシー・メスカル・マルガリータ **187**
スリー・シーツ 141
スローンズ 77
セイクレッド・スピリッツ 70–71, 77
セントオーガスティン(フロリダ・ケイン) 38
セント・ジョージ・ペア 164
ソトル 19, 176
アシエンダ・デ・チワワ・プラタ 181
ポル・シエンプレ 183
ソベラーノ 164
ソルト・アンド・ハニー・パロマ **189**

た

ダーク&ストーミー **150–151**
ダーク&スパイシー **151**
ターコネル 109
タート&スイート・ハネムーン **171**
ダイキリ 29, **144–145**
ダッズ・ハット 95
ダッチ・カレッジ 65
タットヒルタウン・スピリッツ 100–101
タパティオ・ブランコ 183
ダブル・オールドファッションド
グラス 28
ダブル・クロス 49
ダモワゾーVSOP 129
ダルモア・キング・アレキサンダー3世
96
タンジェリンジュース：バーボン・
タンジェリン・サイドカー **169**
チェイス 35
チェリー：
（ブランデーにインフューズ） 167
ブラッド・アンド・サンド **122–123**
チェリーリキュール：
エクストラ・ブラッディ・ブラッド・
アンド・サンド **123**
ビター・ブラッド・アンド・サンド **123**
チナコ・ブランコ 179
チャイ：（スイートベルモットに
インフューズ） 211
茶葉：（ウオッカにインフューズ） 51
チョコレート：（ウオッカにインフューズ）
51
チリアン・ピスコ・サワー **173**
ツィーグラーNo.1ヴィルトキルシュ 165
ティーリング・スモールバッチ 108
ティコズ・スター・シングルモルト 109
テイスティング 22–23
ディディエ・ムザール・ヴィユー・マール・
ドゥ・ブルゴーニュ 165
ディプロマティコ・レセルバ・
エクスクルーシバ 130
ティム・スミスズ・クライマックス 208
ディロンズ・ホワイト 96
テキーラ 17, 19, 22, 176–189
123オーガニック・ブランコ 178
カサ・ドラゴネス・ホーベン 179
カベーサ 179
クラセ・アスール・レポサド 180
シエンプラ・バリェス・ブランコ 183
スイカ・マルガリータ **187**
スパイシー・ブラッディ・マリア **53**
ソルト・アンド・ハニー・パロマ **189**
タパティオ・ブランコ 183
チナコ・ブランコ 179
テキーラ・マンハッタン **119**
ヌーヴォー・カレ **171**
ハラペーニョ・パロマ **189**
パルティダ・ブランコ 182
パロマ **188–189**
マルガリータ **186–187**
マンゴー・ストロベリー・
マルガリータ **187**
リアスル・アネホ 182
デスドア 36, 65
デパズ・ブルー・ケイン 129
デボワ・オーク 49
デュー・ノース 131
デュプレ・ヴェルト 196
デラマン・ペール&ドライXO 157
デル・マゲイ・ヴィーダ 180
トーステッド・アーモンド **59**
トゥー・ジェームス・ライ・ドック 109
トウモロコシ 18
トゥルー・ノース 47
トマト：
（ウオッカにインフューズ） 51
ブロンド・メアリー **53**
トマトジュース：
スパイシー・トマト・マティーニ **83**
スパイシー・ブラッディ・マリア **53**
ビーフィ・ブラッディ・ブル **53**
ブラッディ・メアリー **52–53**
ドメーヌ・デスペランス・
フォルブランシュ 157
ドメーヌ・デュ・タリケXO 158
ドラン・シャンベリー・ルージュ 196
トリプル・セック：
コスモポリタン **54–55**
マルガリータ **186–187**
ドロシー・パーカー 65
ドン・パンチョ・オリヘネス30年 130

な

なでしこ 206
ナパ・ヴァレー 44
日本酒：キューカンバー・サケティーニ **83**
ニュー・ディール 44
ニューブラッド、オールドサンド **123**
ニヨルド 79
ヌーヴォー・カレ **171**
ネグローニ 28, **214–215**
ノーヴォ・フォーゴ・シルバー 206
ノース・ショア 44
ノタリス・ヨンゲ・グラーン
ジュネヴァ 75

は

バー・ビル 33
バーボンウイスキー
16, 17, 18, 92–123
1792スモールバッチ 94
MBローランド 111
イーグル・レア 97
ウイスキーにインフューズ 112–113
ウッディンヴィル・ストレート 111
エクセルシオール 97
オールド・ファッションド **120–121**
ギャリスン・ブラザーズ・カウボーイ
98
コーヴァル・シングルバレル 104
コーヒー・オールド・
ファッションド **121**
スタッグJr. 107
スパイシー・サゼラック **117**
バーボン・タンジェリン・
サイドカー **169**
ハドソン・ベイビー 99, 100–101
ピーチ・ジュレップ・フィズ **115**
ヒルロック・ソレラ・エイジド 99
フィジー・フルーティ・オールド・
ファッションド **121**
フュー・バレル 97
ブラックベリー・ミント・
ジュレップ **115**
ブラントン・シングルバレル 95
ミント・ジュレップ **114–115**
レンジャー・クリーク.36 106
ハイ・ウエスト・シルバー 99
白酒 190–217
貴州茅台酒 201
水井坊 208
剣南春 200
瀘州老窖 202
パイナップル：
（アガベにインフューズ） 185
（カシャーサにインフューズ） 211
スパイシー・パイナップル・コスモ **55**
（ラムにインフューズ） 143
ハイボール 29
バイユー・セレクト 126
バカノラ 176
シエロ・ロホ・ブランコ 183
バジル・ギムレット **87**
バジル・ジンジャー・ウイスキー・
ジュレップ **115**
バスNo.509 ラズベリー 63
バタヴィア・アラック・ファン・
オーステン 126
発酵 14
バッサーズ・ブルーラベル 136
パッションフルーツ：
ハリケーン **146–147**

スパイシー・パッションフルーツ・
ピスコ・サワー **173**
パッションフルーツ・ハリケーン
147
ハドソン・ベイビー 99, 100–101
バナナ：（ラムにインフューズ） 143
ハバネロ：（ラムにインフューズ） 143
バビッカ 32
ハラペーニョ：
（アガベにインフューズ） 185
ハラペーニョ・パロマ **189**
ハリケーン **146–147**
バルコネズ・テキサス 126
パルソル・ケブランタ 156
パルティダ・ブランコ 182
パロマ 29, **188–189**
ハンガー1ウオッカ 38, 40–41
ハンソン・オブ・ソノマ・
オーガニック 39
パンダバーグ 127
ピーチ（モモ）：
クリーミー・ピーチ・コスモ **55**
（ムーンシャインにインフューズ） 211
ピーチ・ジュレップ・フィズ **115**
ビーツ：（ウオッカにインフューズ） 51
ビーフィ・ブラッディ・ブル **53**
ビーンレイ・ホワイト 127
ビイル・グラン・キンキナ 194
ピスカヤVSOP 141
ピスコ 19, 154–175
エンカント 158
スパイシー・パッションフルーツ・
ピスコ・サワー **173**
チリアン・ピスコ・サワー **173**
パルソル・ケブランタ 156
ピスコ・サワー **172–173**
ポルトン 163
マチュ・ピスコ 165
ピスコ・サワー **172–173**
ビターズ 26–27
ビター・ブラッド・アンド・サンド **123**
ビター・マイタイ **153**

ヒップスター・ヘミングウェー **145**
百年の孤独 197
ピュリティ 46
ヒルロック・ソレラ・エイジド 99
ピンク・ピジョン 136
ピンクペッパー(アウデムス) 75
ピンクペッパー:
(白酒にインフューズ) 211
ブートレッガー21NY 34
ファイア・ドラム 37
フィグ(イチジク):
(ウイスキーにインフューズ) 113
フィグ・ミュール **57**
フィジー・ハリケーン **147**
フィジー・フルーティ・オールド・ファッションド **121**
フィデンシオ・クラシコ 180
フィラーズ・ドライジン28バレルエイジド 67
風船ガム:
(ウオッカにインフューズ) 51
フェア 37
フェルディナンズ・ザール 66
フェルネット・ブランカ:ミント・コープス・リバイバー **175**
フェンネル:
(アクアビットにインフューズ) 211
フォーズ 67
ブクハルト・ブルーム・マリレン 163
ブクハルト・ペア・ウィリアムズ 163
フュー・バレル 67, 97
プライヴァティア・シルバー・リザーブ 141
フライムート 38
ブラック・カウ 33
ブラックベリー:
(ウイスキーにインフューズ) 113
ブラックベリー・ミント・ジュレップ **115**
ブラッディ・マイタイ **153**
ブラッディ・メアリー 29, **52–53**
ブラッド・アンド・サンド 28, **122–123**
ブラッドオレンジ:
(ラムにインフューズ) 143
ブラッドオレンジ75 **85**
ブラッド・オレンジ・ハリケーン **147**
ブランデー 154–175
アップル・ペア・ヴュー・カレ **171**
アルマニャック・コープス・リバイバー **175**
ヴァン・リンズ12年 165
ヴュー・カレ **170–171**
オータムナル・アップル・サイドカー **169**
オソカリスXO 162
グラス 22, 23
クリア・クリーク・ペア 157
原料 19
ジェルマン・ロビン・セレクトバレXO 158
スパークリング・コープス・リバイバー **175**
製造 12, 13, 20
セント・ジョージ・ペア 164
ソベラーノ 164
タート&スイート・ハネムーン **171**
ディディエ・ムザール・ヴィユー・マール・ドゥ・ブルゴーニュ 165
ブラッド・アンド・サンド **122–123**
ブランデーにインフューズ 166–167
ブランデー・マンハッタン **119**
フレーバー 23
ブレンディングと熟成 16, 17
ペア75 **85**
ミント・コープス・リバイバー **175**
レアーズ・ストレート・アップル 159
歴史 11
ブラントン・シングルバレル 95
ブリー・ボーイ・ホワイト 127
プリンス・エドワード・ポテト 45
ブルー・ダック 33
フルーツ 19
ブルーベリー:
(ジンにインフューズ) 81
ブルーベリー・ミント・ミュール **57**
プルーン:
(ブランデーにインフューズ) 167
フレーバー 22, 23
フレッシュウオーター・ミシガン 131
フレンチ75 **84–85**
ブレンディング 16
フロリダ・ケイン(セントオーガスティン) 38
ブロンド・メアリー **53**
分別蒸溜 21
ベーコン:
(ウイスキーにインフューズ) 113
ペア(洋ナシ):
(ブランデーにインフューズ) 167
スパイス・ペア・モヒート **149**
ペア75 **85**
ペイショーズ 26
ペインズ・ケープ・マウンテン 94
ペインブリッジ・オーガニック 32
ペニー・ブルーXOシングルエステート 135
ベルサザール・ロゼ 194
ヘルシンキ 69
ヘルネ 72
ベルモット 190, 211
アルマニャック・コープス・リバイバー **175**
ヴュー・カレ **170–171**
エクストラ・ブラッディ・ブラッド・アンド・サンド **123**
キューバン・マンハッタン **119**
コープス・リバイバーNo.1 **174–175**
コッキ・トリノ 195
ジン・スリング **90–91**
テキーラ・マンハッタン **119**
ドラン・シャンベリー・ルージュ 196
ニューブラッド、オールドサンド **123**
ネグローニ **214–215**
ビター・ブラッド・アンド・サンド **123**
ブラッド・アンド・サンド **122–123**
ベルサザール・ロゼ 194
マティーニ **82–83**
マンハッタン **118–119**
メスカル・ネグローニ **215**
ラ・カンティニ・ブラン 206
ボーグマン1772 194
ホースラディッシュ:
(ウオッカにインフューズ) 51
ポートベロー・ロード 76
ホイッスルピッグ10年 110
ボイド&ブレア 49
ボスカル・ホーベン 178
ボタニカ 79
ボタニカル 19, 198
ホップヘッド 39
ボル・シエンプレ 183
ボルトン 163
ポワール(メッテ) 162
ホワイト・ウオーター(スムース・アンバー) 49
ホワイトオーク・シングルモルトあかし 110
ホワイト・ネグローニ **215**
ホワイト・パイク 110
ホワイト・ルシアン 28, **58–59**

ま

マーティン・ミラーズ 74
マイ・ジ・オーロ 203
マイタイ 28, **152–153**
マクミラ・スヴェンスクEK 105
マチュ・ピスコ 165
マッケンジー 105
マッケンリー・クラシック 74
抹茶モヒート **149**
マティーニ 28, **82–83**
マルガリータ **186–187**
マンゴー:
(ラムにインフューズ) 143
マンゴー・ストロベリー・マルガリータ **187**
マンハッタン 28, 29, 113, **118–119**
美鶴乃舞 203, 204–205
ミント:
ミント・コープス・リバイバー **175**
ミント・ジュレップ **114–115**
ミント・ジン・フィズ **89**
モヒート **148–149**
宗政酒造 204–205
ムーンシャイン 17, 18, 211
キングス・カウンティ・ディスティラリー・ムーンシャイン 200
ティム・スミスズ・クライマックス 208
メープル・サゼラック **117**
メイルストロム 134
メスカル 13, 19, 20, 176–189
アマラス・エスパディン 178
サン・コスメ 182
スパイシー・メスカル・パロマ **189**
スモーキー・スパイシー・メスカル・マルガリータ **187**
デル・マゲイ・ヴィーダ 180
フィデンシオ・クラシコ 180
ボスカル・ホーベン 178
メスカル・ネグローニ **215**
レジェンダ・ゲレーロ 181
ロス・シエテ・ミステリオス・トバラ 181
メスカル・ネグローニ **215**
メッテ(ポワール) 162
モスコミュール **56–57**
モヒート 29, **148–149**
モンキー47 74
モンキー・ショルダー 105
モンタナーロ・バローロ 209
モンタニャ・プラティノ 135

や、ら

ユーリ 102
ラーク・シングルモルト 104
ライウイスキー 16, 18, 92–123
ウィグル・オーガニック 111
ヴュー・カレ **170–171**
オールド・ポトレロ 106
サゼラック **116–117**
ジャーニーマンW.R. 102

スモーキー・サゼラック **117**
ダッズ・ハット 95
ディロンズ・ホワイト 96
トゥー・ジェームス・ライ・ドック 109
ホイッスルピッグ10年 110
マッケンジー 105
マンハッタン **118–119**
メープル・サゼラック **117**
ユーリ 102
ライシーヤ 176
ラ・ベネノサ・コスタ 183
ライチ・カイピリーニャ **213**
ライ麦 18
ライム：
(アガベにインフューズ) 185
オアフ・ジン・スリング **91**
ギムレット **86–87**
キューカンバー・ミント・ギムレット **87**
ジンジャー・モヒート **149**
スパイス・ペア・モヒート **149**
スモーキー・スパイシー・メスカル・マルガリータ **187**
ダイキリ **144–145**
バジル・ギムレット **87**
ハリケーン **146–147**
ピスコ・サワー **172–173**
ビター・マイタイ **153**
フィジー・ハリケーン **147**
ブラッディ・マイタイ **153**
ブラッド・オレンジ・ハリケーン **147**
マイタイ **152–153**
抹茶モヒート **149**
マルガリータ **186–187**
モヒート **148–49**
ライム・ミント・アブサン・フラッペ **217**
ラ・カンティニ・ブラン 206
ラ・ギャバール 159, 160–161
ラ・ベネノサ・コスタ 183
ラベンダー：(ジンにインフューズ) 81
ラム 124–153
アビタシオン・サン・テティエンヌVSOP 141
イリジウム・ゴールド 134
イングリッシュ・ハーバー5年 131
エクストラダーク&ストーミー **151**
エルドラド15年 130
オウニーズNYC 135
カーニャ・ブラーバ 128
キューバン・マンハッタン **119**
グラス 22
クランベリー・ストーム **151**
クルーソー・オーガニック・スパイスド(グリーンバー) 128
クレマンVSOP 128, 132–133
原料 19
コー・ハナ・ケア 134
ココナッツ・パイナップル・ダイキリ **145**
ココナッツ・パイナップル・マイタイ **153**
ザカパ・ラム23年 141
サンタ・テレサ1796 139
ジャマイカン・ダイキリ **145**
ジンジャー・モヒート **149**
スカーレット・アイビス・トリニダード 139
スター・アフリカン 140
スパイス・ペア・モヒート **149**
スマッツ・ゴールド 140
スミス&クロス 140
スリー・シーツ 141
製造 16, 20
ダーク&スパイシー **151**
ダイキリ **144–145**
ダモワゾーVSOP 129
ディプロマティコ・レセルバ・エクスクルーシバ 130
デパズ・ブルー・ケイン 129
デュー・ノース 131
ドン・パンチョ・オリヘネス30年 130
バイユー・セレクト 126
バタヴィア・アラック・ファン・オーステン 126
パッサーズ・ブルーラベル 136
パッションフルーツ・ハリケーン **147**
ハリケーン **146–147**
バルコネズ・テキサス 126
バンダバーグ 127
ビーンレイ・ホワイト 127
ビスカヤVSOP 141
ビター・マイタイ **153**
ヒップスター・ヘミングウェー **145**
ピンク・ピジョン 136
フィジー・ハリケーン **147**
プライヴァティア・シルバー・リザーブ 141
ブラッディ・マイタイ **153**
ブラッド・オレンジ・ハリケーン **147**
ブリー・ボーイ・ホワイト 127
フレーバー 23
フレッシュウオーター・ミシガン 131
ペニー・ブルーXOシングルエステート 135
マイタイ **152–153**
抹茶モヒート **149**
メイルストロム 134
モヒート **148–149**
モンタニャ・プラティノ 135
ラムJ.Mアグリコール 137
ラム&ジンジャー **150–151**
ラム・オールド・ファッションド **121**
リッチランド・シングルエステート 137
ルーガルー・シュガーシャイン 139
レヴォルテ 136
ロアリング・ダンズ 138
ロン・デル・バリリット 138
ラムJ.Mアグリコール 137
ラム&ジンジャー **150–151**
ラムアグリコール 124, 132
ラ・メゾン・フォンテーヌ・ブランシュ 203
ラレサングルVSOP 162
ラングリーズNo.9 72
ランサム・ドライ 76
リアスル・アネホ 182
リキュール：
アヴェレル・ダムソン・ジン 193
アマーロ・シビッラ 192
アマーロ・デッレ・シレーネ 192
アマーロ・ルカーノ 192
ヴェルヴェット・ファレナム 209
グリーン・シャルトリューズ 196
クリスピンズ・ローズ 195
クレーム・ド・ヴィオレット 190
クローナン・スウェディッシュ・プンシュ 209
原料 19
コーヴァル・オレンジ・ブロッサム 200
サレール・ジャンシアン・アペリティフ 207
スティーレミューレ・シチリア"モロ"(No.239) 208
ビイル・グラン・キンキナ 194
ボーグマン1772 194
ロスマン&ウィンター・クレーム・ド・ヴィオレット 207
リッチランド・シングルエステート 137
リニア 202
リムド 29
リレブラン：
ヌーヴォー・カレ **171**
ホワイト・ネグローニ **215**
ルーガルー・シュガーシャイン 139
ル・シドゥカール・ドゥ・アルマニャック **169**
瀘州老窖 202
レアーズ・ストレート・アップル 159
レヴォルテ 136
レザピー 73
レジェンダ・ゲレーロ 181
レッドブレスト12年 106
レモン：
アルマニャック・コープス・リバイバー **175**
(ウオッカにインフューズ) 24–25
グラッパ・サワー **173**
サイドカー **168–169**
ジン・スリング **90–91**
ジン・フィズ **88–89**
スパークリング・コープス・リバイバー **175**
チリアン・ピスコ・サワー **173**
ビター・ブラッド・アンド・サンド **123**
レモングラス：(ジンにインフューズ) 81
レンジャー・クリーク.36 106
ロー・ギャップ2年ウィート 104
ローグ・ソサエティ 76
ローズマリー：(ジンにインフューズ) 81
ロアリング・ダンズ 138
ロイヤリスト 73
濾過 15
ロス・シエテ・ミステリオス・トバラ 181
ロスマン&ウィンター・クレーム・ド・ヴィオレット 207
ロゼ75 **85**
ロン・デル・バリリット 138

著者紹介

Eric Grossman：エリック・グロスマン

米ボストンとニューオーリンズを拠点に、スピリッツ、ダイニング、トラベルに関する記事を専門に執筆するライター。とくにクラフトスピリッツとカクテルの国際トレンドに強く、定期的に『USA トゥデイ』紙に寄稿している。多くの蒸溜所を実際に訪ね、カクテルコンペティションの審査員を歴任。自他共に認めるクラフトスピリッツ業界のアンバサダーとして、知識を惜しみなく共有することに喜びを感じ、複数の酒造会社とブランディングエージェンシーからキーインフルエンサーとして認められている。

ホームページ **EHGrossman.com**

Eric Grossman would like to thank:
Brian Barrio, Tom Brady, Sharon Coppel, Scott Gastel, Chris Godleman, Armida Gonzalez, Ellen Grossman, Jeffrey Grossman, Grossman Family, Hayflick Family, Informed Diner supporters, Janne Johansson, Gerrish Lopez, Otto Lopez, Lopez Family, TK Gore, James Jackson, Jimmy Lynn, Chris Martin, Patrick McGee, Cheryl Patsavos, Alex Pember, Jim Raras, Brandon Ross, Richard Royce, Adam Salter, John Tierney, the entire DK team, and the world's finest producers, distillers, bartenders, and experts for their valued assistance.

DK would like to thank:
Photography: William Reavell. **Photography art direction:** Vicky Read. **Recipe styling:** Kate Wesson. **Prop styling:** Linda Berlin. **Cocktail consultancy:** Ed Thorpe. **UK spirits consultant:** Mark Ridgwell. **Design assistance:** Philippa Nash. **Editorial assistance:** Mickey Catelin, Mizue Kawai, Alice Kewellhampton, Mari Komoda, Tia Sarkar, and Amy Slack. **Proofreading:** Claire Cross. **Indexing:** Vanessa Bird.

Picture Credits

The publisher would like to thank all of the distilleries featured in the book for their kind permission to reproduce photographs. Thanks also to the following:

(Key: a-above; b-below/bottom; c-centre; f-far; l-left; r-right; t-top)

11 The Library of Congress, Washington DC: (tl, br). **74 McHenry & Sons**: Peter Jarvis (bc). **104 Osborne Images**: (l). **134 Manulele Distillers**: Ari Espay and Liza Politi (c). **159 n141.com**: Stéphane Charbeau (tl). **160–61 n141.com**: Stéphane Charbeau. **179 Tequila Casa Dragones**: (c). **183 Charbay Artisan Distillery and Winery**: Fany Camarena (tl).